아인슈타인

철학적 견해와 상대성 이론

아인슈타인
철학적 견해와 상대성 이론

D.P. 그리바노프 지음 · 이영기 옮김

일빛

아인슈타인 철학적 견해와 상대성 이론

펴낸곳 도서출판 일빛
펴낸이 이성우
지은이 D.P. 그리바노프
옮긴이 이영기
기획 문희정
편집 조혜정
디자인 이혜경
마케팅 최정원 · 노경석 · 송혜진

등록일 1990년 4월 6일
등록번호 제10-1424호

초판 1쇄 인쇄일 2001년 7월 25일
초판 1쇄 발행일 2001년 7월 30일

주소 121-837 서울시 마포구 서교동 339-4 가나빌딩 2층
전화 02) 3142-1703~1705   팩시밀리 02) 3142-1706
E-mail ilbit@unitel.co.kr

값 12,800원

ISBN 89-85893-74-2 03400

◆ 잘못된 책은 바꾸어 드립니다.

글 머리에

　이 책의 목적은 상대성이론이 형성되는 과정에서 철학이 차지했던 위치와 역할을 알아보는 것이다. 이를 위해서는 다음의 두 가지가 요구된다. 첫째 아인슈타인의 철학적 견해의 진정한 본질이 무엇인가를 결정하는 것이다. 왜냐하면 그는 실제로 철학의 모든 경향과 학파에 관계되어 있었기 때문이다. 둘째 아인슈타인의 관점이 형성되는 데 영향을 끼친 원천을 밝히는 것이다. 이러한 원천으로는 고전 역학과 전기 역학, 자연 과학의 여러 전제들을 기초한 사람들의 저서와 아인슈타인이 알고 있던 많은 철학 저서들이 포함된다. 이러한 목적을 위해 고대 사상가들의 사상과 형이상학적 유물론, 흄(D. Hume), 버클리(G. Berkely), 칸트(I. Kant), 마흐(E. Mach) 등의 저작, 신실증주의 등을 바라보는 아인슈타인의 태도를 분석할 필요가 있다. 아인슈타인의 철학적 관점에 대한 전체적인 상은 그가 했던 개별적인 진술들을 살펴봄으로써 가능할 것이다.

　상대성이론의 과학적 · 철학적 전제들을 조망할 때, 통상의 경우처럼 시간 · 공간 · 운동에 대한 전제를 살펴볼 뿐 아니라 그 전제들 속에 포함된 물질의 원리도 탐색하고 있다. 이러한 범주들이 변화해 온 과정을 분석하는 한편, 물질이 입자로서만이 아니라 장(場, field)의 형태로도 존재한다는 사실을 확인하게 되는 과정에서 아인슈타인이 했던 역할에 대해서도 밝혀 보겠다. 그럼으로써 상대성이론을 탄생시킨 원천에는 아인슈타인의 물질에 대한 연구가 관련되어 있다는 것을 알게 될 것이다. 상대성이론이 단지 피조(A. H. L. Fizeau), 마이컬슨(A. A. Michelson) 등의 실험에만 근원을 두고 있는 것이 아니라 패러데이(M. Faraday), 맥스웰(J. C. Maxwell)의 이론 및 실험에도 그 뿌리를 두고 있는 것이다. 또한 아인슈타인이 특수상대성이론과 일반상대성이론을 창출하는 과정에서 철학적 개념들이 기여했던 역할과 상대론적 물리학의 철학적 중요성을 밝히고 그 내용이 왜곡되는 인식론적 근원을 살펴볼 것이다. 상대성이론의 원리를 다룬 문헌들은 많지만, 이 책이 차별성을 갖는 것은 위와 같은 관점을 바탕으로 외국 학자들의 철학적인 결론에 주의를 기울였으며, 상대성이론의 철학적 문제에 대한 러시아 문헌들도 분석하였다는 점이다.

또한 문헌 연구를 하는 과정에서 아인슈타인이 다양한 철학 유파로부터 영향을 받았다는 사실을 출발점으로 삼았다. 여러 잡다한 철학들이 활개치는 분위기 속에서 획기적이면서도 뛰어난 과학적인 세계관으로 이르는 길을 발견하기 위해서는 거대한 철학적 문화를 흡수하지 않으면 안되었던 것이다. 아인슈타인이 자신의 철학적 사상을 표현하거나 범주라는 철학적 도구를 사용할 때 정확성이 다소 부족한 점이 있으며, 용어를 간혹 자의적이고 모순되게 사용하긴 했지만 그런 것들을 다 받아들이면서 그의 고전적인 저서들을 분석했다. 아인슈타인의 철학 사상을 분석할 때는 그가 물리학자였지 철학자는 아니었다는 사실을 항상 염두에 두어야 한다. 동시에 그런 과학적인 천재가 다소 주뼛거리고 가끔 더듬거리긴 하겠지만 결국에는 현실에 적합한 사상을 철학에서 발견해 내고 만다는 사실을 기꺼이 받아들여야 한다.

상대성이론의 전제들이 물리학사를 통해 어떻게 발전해 왔는가를 추적하려 하지는 않았다. 이 글을 쓴 주요 목적은 아인슈타인이 내놓은 상대성이론의 고전적인 기초를 탐구하는 것이었다. 이런 접근은 아인슈타인의 창조적인 탐구에 철학 사상이 얼마만큼 영향을 끼쳤는가를 가장 완전하게 보여 주었다.

이 책은 주로 문제에 접근하는 방식을 채택했으며, 두 방향의 자료를 통해 개념을 구성했다. 우선 아인슈타인의 원저작을 이용했으며, 그 다음으로 상대성이론을 분석하고 발전시키는 데 기여한 철학적 방법론적 문헌들을 이용했다. 후자의 문헌들을 살펴볼 때는 그것을 굳이 필자의 입장에서 평가하려고 하지 않았다. 이러한 접근은 우리를 역사적인 탐구로 이끌어갈 것이다.

차 례

■ 글 머리에 · 5

제1부 아인슈타인의 철학적 견해의 전개 과정

제1장 고전 물리학과 형이상학의 철학적 분석 · 17

코페르니쿠스의 영향 · 21
갈릴레이의 영향 · 23
케플러의 영향 · 28
뉴턴의 영향 · 31
기타 자연 과학자들의 영향 · 36
19세기 자연 과학 발달의 영향 · 38
방법론으로서의 기계주의 비판 · 44
헤겔 철학 비판 · 51
마르크스 · 엥겔스의 변증법과 고대 그리스 철학의 영향 · 54

제2장 아인슈타인과 관념론 철학의 개념들 · 59

버클리 · 흄 · 칸트의 주관적 관념론의 영향과 그 비판 · 62
마흐 철학의 영향과 그 비판 · 70
실증주의 비판 · 75
종교에 대한 견해 · 79

제3장 아인슈타인의 철학적 견해의 본질과 사회·역사관 · 87

   기본적 인식 · 89
   수학과 실재의 관계 · 94
   과학 이론과 경험 · 97
   세계의 인식 가능성 · 99
   변증법적 사상 · 101
   변증법과 인과율 · 103
   양자 역학과 인과율 · 105
   형이상학적 관점의 극복 · 111
   진리의 상대성과 절대성 · 114
   감각과 이성의 통일 · 116
   아인슈타인의 사회·역사관 · 126

제2부 상대성이론의 발달과 철학

제1장 물질의 개념과 물리학의 발달 · 151

   물질 개념의 변천 · 153
   입자 형태의 물질 · 156
   장 형태의 물질 · 162
   입자와 장의 통일 · 171
   철학적 범주로서의 물질 개념 · 177

차 례

제2장 물리학과 철학에서의 시간·공간·운동 개념 · 185
- 시간·공간의 절대성과 상대성 · 187
- 시간·공간과 변증법적 유물론 · 194
- 내적 변화로서의 운동 · 197
- 운동과 변증법적 유물론 · 203

제3장 특수상대성이론의 발생과 철학 · 209
- 물리학·수학·철학의 종합 · 211
- 로렌츠의 이론 · 214
- 푸앵카레의 이론 · 218
- 전자기 현상의 철학적 본질 규명 · 234

제4장 일반상대성이론의 발달 · 245
- 중력 질량과 관성 질량의 등가 원리 · 247
- 비유클리드 기하학의 응용 · 253
- 우주론에의 적용 · 260

제5장 상대론 물리학의 철학적 본질 · 267
- 물질의 객관성 · 269
- 물리 개념의 재분석 · 280

제3부 문헌을 통해 본 상대성이론의 철학적 문제점

제1장 문헌에 나타난 상대성이론을 둘러싼 해석 · 289
서양 문헌에 나타난 상대성이론의 관념론적 해석 · 291
러시아 문헌에 나타난 상대성이론 비판론 · 303
러시아 문헌에 나타난 상대성이론 옹호론 · 315

제2장 상대성이론을 둘러싼 여러 논쟁 · 325
상대성이론에 대한 러시아 과학자들의 제2단계 논쟁 · 327
《철학의 여러 문제》에 실린 논쟁 · 331
1958년 총동맹회의 논쟁 · 345
1964년 키예프 심포지엄 논쟁 · 357
아인슈타인 탄생 100주년 기념 논문집에 나타난 논쟁 · 369

- 글을 마치며 · 380

- 옮긴이의 글 · 383
- 아인슈타인 연보 · 386
- 인명 색인 · 387
- 사항 색인 · 392

제1부
아인슈타인의 철학적 견해의 전개 과정

제1장 고전 물리학과 형이상학의 철학적 분석 · 17
제2장 아인슈타인과 관념론 철학의 개념들 · 59
제3장 아인슈타인의 철학적 견해의 본질과 사회 · 역사관 · 87

아인슈타인은 상대성이론이 다른 모든 물리 일반 이론과 마찬가지로 폐쇄된 물리학에서는 결코 생성되거나 발전하지 못했을 것이라고 생각했다.

물리학자들의 비판적 사고가 자신이 다루는 특정 분야의 개념에만 국한되어서는 안 되는 이유가 여기에 있다.

몇몇 사람이 지적했듯이 아인슈타인에게 철학적 지식은 단순한 취미나 도락이 아니라 필수적인 것이었다. 그는 철학적인 지식을 경멸하는 자연 과학자들의 태도에 반대하면서 다음과 같이 썼다.

나는 돈을 벌거나 야망을 충족시킬 수 있다는 등의 전적으로 세속적인 동기에서 과학에 몰두한 적이 없으며, (최소한) 과학을 그것으로부터 만족을 얻을 수 있는 스포츠, 즉 일종의 지적 훈련으로 생각해 왔다. 그런데 과학자로서 나에게는 하나의 의문점이 항상 자리잡고 있었다. 내가 이토록 몰입하고 있는 과학의 진정한 목표는 무엇이며, 또 무엇일 수 있는가? 과학의 주요한 결과물들은 어느 정도 진실에 접근해 있는가? 과학에서 얻어진 결과들의 본질은 무엇이며 그것들의 발전을 통해 우리들은 무엇을 얻을 수 있는가?

아인슈타인이 거둔 과학적 업적에서 손꼽히는 점은 많은 그의 동료들과는 달리 물리학 본래의 문제를 비롯해 그것의 구체적인 탐구 방법론, 나아가 방법론의 역사에까지 철학적 분석을 집요하게 시도했다는 것이다. 그는 고전물리학의 기초가 혁명적으로 변화하기 위해서는 철학적 지식의 도움이 필요하다는 것을 확신하고 있었다.

아인슈타인이 상대성이론을 발견할 때 철학적인 지식에 의존하지 않았다는 주장을 펴는 사람이 가끔 있다. 그러나 그런 견해는 받아들일 수 없다. 아인슈타인의 저술을 연구해 보면 상대성이론을 발견하기 전부터 그가 과학의 방법론과 관련된 중요한 개념들을 이미 잘 파악하고 있었다는 것을 알 수 있다. 그것은 고전 물리학의 철학적 기초에 관해서 그가 했던 많은 발언들과 기술고등학교와 '올림피아 아카데미'* 시절에 동료들과 철학적 저술들을 토론하면서 그가 했던 진술들을 통해 명백히 알 수 있다. 그는 기술고등학교에 입학하기 전부터 이미 자연 과학의 방법론적 문제점에 관해 나름대로 흥미를 갖고 있었다. 그 점에 관해 아인슈타인은 다음과 같이 썼다.

나는 또한 자연 과학 전 분야의 핵심적인 성과물과 그것들의 방법론을 아주 쉽게 설명해 놓은 책을 만나는 행운을 누렸다. 그 책은 거의 정성적(qualitative : 定性的)**인 면에 설명을 국한시켰으며, 나는 숨을 죽이고 열심히 읽었다(베른슈타인Bernstein)의 『대중을 위한 자연 과학 전집 People's Book on Natural Science』 중 5권과 6권). 17세 때 취리히의 연방공과대학에 입학했는데, 그때 나는 수학과 물리학과의 학생으로 이미 몇몇 이론 물리학을 연구하고 있었다.

---

* 아인슈타인이 스위스 취리히 연방 공대를 졸업하고(1900), 베른(Bern) 특허국에서 근무하던 시절(1902~1909), 솔로빈(M. Solovine), 하비히트(C. Habicht) 등과 함께 만든 토론 모임. 이 모임에서 그들은 스피노자, 흄, 마흐 등의 철학 서적을 읽으며 철학적·물리학적 근본 문제들에 대해 토론했다.
** 화학 분석으로 물질의 성분을 밝혀 정하는 일.

제1장
고전 물리학과 형이상학의 철학적 분석

코페르니쿠스의 영향 · 21
갈릴레이의 영향 · 23
케플러의 영향 · 28
뉴턴의 영향 · 31
기타 자연 과학자들의 영향 · 36
19세기 자연 과학 발달의 영향 · 38
방법론으로서의 기계주의 비판 · 44
헤겔 철학 비판 · 51
마르크스 · 엥겔스의 변증법과 고대 그리스 철학의 영향 · 54

아인슈타인은 19세기의 과학을 지배했던 유물론 철학은 형이상학적이고 기계적인 형태로 표현되어 있어 발생기에 있던 상대론 물리학의 방법론적 기초가 될 수 없다는 것을 깨달았다. 그는 유물론의 몇 가지 명제가 시대에 뒤떨어져 있어 새로 발견된 물리 현상을 설명하는 데 적절하지 못하다는 것을 알았다. 특히 고정 불변의 상태로 존재하는 외부 세계의 물체와 현상들은 상호 작용 없이 서로 독립적으로 존재한다고 주장하는 명제는 시대착오적인 것의 대표적인 경우라고 보았다. 형이상학은 세계 전체와 물질을 하나의 변화 과정으로 보지 않는다. 변화란 사실상 단지 양적인 면이나 물체의 외양에서만 생기는 것이기 때문에 물질의 본질적인 속성에는 아무런 영향도 끼치지 않는다고 보는 것이다. 그러므로 외부 세계의 본질을 반영하는 과학적 개념들을 변경하거나 재검토할 필요를 느끼지 않는다. 실수나 잘못으로 과학적 진실이라고 받아들여진 것을 고치기는 하겠지만, 형이상학적 철학은 상대적인 진리가 존재한다는 것도 받아들이지 않는다. 엥겔스(F. Engels)는 형이상학자들에 대해 다음과 같이 말했다.

형이상학자들은 절대적으로 화해될 수 없는 대립 명제들 속에서 생각한다. 그들에게는 '예스면 예스, 노우면 노우' 둘밖에 없다. 이것보다 더 무서운 해악이 있는가." 그들에게는 존재하거나 존재하지 않거나 둘 중의 하나밖에 없다. 어떤 사물도 그것 자체이면서 동시에 또 다른 어떤 것일 수가 없다. 긍정과 부정은 서로에 대해 배타적이다. 원인과 결과는 서로에 대해 견고한 안티테제(Antithese)를 이루고 있는 것이다.

형이상학적 사고 방식은 과학의 문헌을 통해서뿐만 아니라 교과서를 통해서도 대중들의 의식에 깊숙이 침투해 있다. 형이상학적 관점은 일반 학교뿐 아니라 전문 기술 학원에도 그 뿌리를 두고 있는데 그곳에서는 자연 현상에 대해 일방적인 왜곡된 관점을 주입해 왔다. 이런 이유로 형이상학과의 싸움은 훨씬 복잡하다. 독일 과학자 매들러(J. H. Mädler)가 쓴 천문학 교과서를 살펴보자.

현재까지 우리가 파악할 수 있는 한 우리 태양계의 모든 배열은 현존하는 것의 보존과 그 영속 불변을 목적으로 한다. 태고부터 지구상의 어떤 동식물도 더 완벽해지거나 특별할 수 없었던 것처럼, 모든 유기체를 통해 그들의 발전 단계가 앞뒤 선후가 있는 것이 아니라 서로 똑같은 발전 단계를 거치고 있는 것을 발견할 수 있다. 또한 우리 자신의 종족, 즉 인류가 육체적인 면에서는 항상 똑같은 다양성을 보이더라도 그것을 발전 단계가 서로 다르기 때문이라고 생각하는 것은 잘못이다. 오히려 그것은 모든 사물들이 그 자체로서는 모두 다 똑같이 완벽하게 만들어져 있기 때문이라고 보아야 한다.

그러나 아인슈타인의 철학적 관점이 이런 형태의 문헌에 영향을 받아 형성됐다고 주장한다면 그것은 명백한 잘못이다. 그는 자연 과학에 대해 아주 깊이 이해하고 있었다. 그것도 단순히 단편적인 지식을 많이 획득한 정도가 아니라 진보적이면서 꾸준히 반론을 제기하는 과정을 통해서였다. 또한 자연 과학의 새로운 발견 및 기술에 대해서도 결코 뒤떨어지지 않았다. 그는 자신을 자연 과학의 문제에만 가두어두지 않고, 전 생애를 통해 사회적 문제까지 관심을 가졌다. 그는 자기 시대의 모든 첨단 과학과 문화에 자신을 흠뻑 적셨다. 거기에는 헤겔(G. W. Hegel)의 변증법에서 절정에 이른 독일 고전 철학까지도 포함돼 있었다. 그는 변증법적 유물론의 사상에 영향받지 않을 수 없었으며, 이것은 그를 이데올로기 논쟁의 중심부로 밀어 넣었다. 『논리학Logic』에서 헤겔이 했던 말은 아인슈타인에게 완전히 적용된다고 할 수 있다.

경험적으로 모든 사물은 우리가 현실에 어떤 정신을 쏟느냐에 따라 결정된다. 위대한 정신은 그 정신이 경험하는 것도 위대하다. 또한 위대한 정신은 잡다한 현상들 가운데서 가장 중요한 핵심을 한 눈에 집어낸다.

아인슈타인은 자신을 둘러싼 모든 현실로부터 자신만의 독특한 과학적·철학적 관점을 형성했기 때문에 형이상학적 사상과는 밑바탕에서부터 달랐다.

그는 항상 새로운 시각에서 과학 이론을 받아들임으로써 형이상학의 이론적 명제와는 명백히 모순되는 점을 과학 이론에서 찾아냈을 뿐 아니라 그것이 바로 현실의 변증법적 특성을 나타낸다고 보았다.

코페르니쿠스의 영향

아인슈타인 스스로도 인정하듯이 그에게 가장 큰 영향을 끼친 사람은 교회와 과학의 지배 사슬로부터 정신을 해방시키는 데 서양에서 그 어느 누구보다도 공헌을 많이 한 코페르니쿠스(N. Copernicus)였다. 엥겔스도 일찍이 코페르니쿠스에 대해 비슷한 결론을 내렸었다.

코페르니쿠스의 불멸의 저서*가 출판됨으로써 자연 과학은 독립을 선포했을 뿐 아니라, 그것은 루터(M. Luther)가 교황의 교서를 불태웠던 것에 버금가는 혁명적인 행동이었다. 코페르니쿠스가 비록 소심하게 그리고 일부에서 얘기하듯 임종이라는 자리를 빌어 취한 행동이긴 했지만 그 책을 통해 그는 자연에 관한 한 교회의 권위를 인정할 수 없다는 도전장을 냈던 것이다.

---

* 피타고라스와 아리스타르코스의 설에서 힌트를 얻어 1543년에 『천체의 회전에 대하여』를 출판했다. 이 책은 당시 천동설을 믿던 종교계와 과학계에 비난을 받아 금서가 됐다.

아인슈타인은 아리스토텔레스(Aristoteles)와 프톨레마이오스(C. Ptolemaeos)의 우주관을 연구해 본 후 그것이 형이상학적이고 신화적인 특성이 있다는 것을 알아차렸다. 두 사람이 주장하는 우주관은 다음과 같다.

지구의 중심은 실제로 우주의 중심과 일치한다. 태양과 달 그리고 수많은 별들은 결코 우주의 중심을 향해 떨어질 염려가 없는데, 그 이유는 그것들이 견고하고 투명한 구형의 껍질에 단단히 매달려 있기 때문이다. 그 구형의 중심은 우주의 중심과 일치한다. 하늘의 물체가 매달려 있는 그 껍질은 '천구(天球)'라 불리는데 거기에 있는 물체는 영속적이고 파괴되지 않으며 변형되지 않는 것으로 보인다. 반면 '더 낮은 곳에 있는 지구'는 달의 껍질로 둘러싸여 있으며 무상(無常)하고 소멸하여 부패하기 쉬운 것들로 충만해 있다.

코페르니쿠스는 이런 천체 구조는 과학적으로 올바르지 않다고 생각했다. 왜냐하면 그것은 천체의 운동을 관찰한 결과와 다르기 때문이었다. 코페르니쿠스는 지구가 우주에서 독점적인 위치를 점하고 있다는 사상, 즉 다른 천체들보다 '우월하다'는 사상은 잘못된 것이라고 비판했다. 그는 지구와 천구 두 세계가 본질적으로 서로 다르다거나 상호 연관 없이 독립해서 존재한다고 생각하지는 않았다. 그때까지 알려진 다섯 개의 행성으로부터 태양까지의 상대적인 거리를 계산하고, 그들이 궤도를 도는 주기와 속도를 측정해 본 결과 그는 행성의 회전 주기와 운동 속도가 태양으로부터의 거리에 의존한다는 것을 발견했다. 이런 이론적인 결론으로부터 그는 태양과 행성은 형이상학적인 방법론에서 주장하는 것처럼 서로 아무런 관련 없이 고립돼 있는 것은 아니라고 생각했다. 오히려 상호 연관된 체계라고 결론지었다. 이에 대해 코페르니쿠스는 다음과 같이 말하고 있다.

모든 별과 천체들은 일정한 크기와 등급을 가진 채 서로 밀접히 묶여 있는 상태이기 때문에 그 중의 일부가 본래 위치를 이탈하게 되면 다른 모든 부분들, 즉 우주 전체가 큰 혼란에 빠지게 된다.

코페르니쿠스가 당시의 우주론을 비판적으로 분석하고 태양중심설이라는 새로운 세계상을 제시하자 그때까지 형이상학이 의지해 왔던 자연 과학의 기초가 뿌리째 흔들렸다. 태양중심설은 자연의 변증법적 특성을 제대로 드러내 보였다. 코페르니쿠스의 이론은 아인슈타인이 그랬듯이 자연 과학자들의 세계관에 심대한 영향을 끼쳤다.

코페르니쿠스의 이 엄청난 위업은 근대 천문학의 앞길을 활짝 열었을 뿐 아니라 우주를 대하는 인간의 태도를 결정적으로 변화시키는 계기가 됐다. 지구는 더 이상 우주의 중심이 아닐 뿐 아니라, 아주 자그마한 행성들 중 하나에 불과하다는 사실이 알려지자 (지구에 사는) 인간이 중심부적인 중요성을 차지한다는 환상은 여지없이 무너졌다. 그리하여 코페르니쿠스는 그의 연구활동과 뛰어난 인격을 통해 인간에게 겸손을 가르친 셈이다.

갈릴레이의 영향

아인슈타인은 철학적 관점을 형성하는 데 갈릴레이(G. Galilei)의 영향도 많이 받았다. 아인슈타인은 물리학의 발전에 공헌한 갈릴레이의 업적뿐만 아니라 위대한 사상가로서도 칭송을 아끼지 않았다. 갈릴레이의 『두 개의 주요한 세계 체계에 관한 대화 *Dialogue Concerning the Two Chief World Systems*』 서문에서 아인슈타인은 "이 책은 서양 문화사에 관심이 있거나 정치·경제의 발달에 서양 문화가 끼친 영향을 알고 싶어하는 모든 사람들에게 지식의 보고가 될 것"이라고 썼다.

  인간은 태고부터 자연의 비밀에 관한 위대한 이야기를 읽고 싶어했다고 아인슈타인은 강조했다. 그러나 이 꿈의 실현은 갈릴레이의 탐구 덕분에 가능해졌다. 그의 방법론은 학자들에게 자연의 언어, 즉 자연이 자신의 비밀을 드러내는 방식을 이해할 수 있도록 도왔던 것이다. 아인슈타인에 따르면 갈릴레이는 중세 스콜라 철학이 남긴 모든 약점들을 꿰뚫어보았다. 중세 철학이 지배하고 있을 때는 고대 과학의 찬란했던 업적들 중 많은 것들이 망각되었다. 자연현상과 우주의 구조를 묘사할 때도 신비적인 내용이 많이 침투해 들어갔다. 인간 중심적인* 사고가 학자들을 구속하고 있었으며, 그들이 상식 수준을 넘어서는 지식을 추구하지 못하도록 방해했다. 아인슈타인은 다음과 같이 갈릴레이의 업적을 평가했다.

> 갈릴레이는 동시대인들이 지니고 있던 인간 중심적이고 신비적인 사상을 극복했을 뿐 아니라 그들이 우주에 대해 객관적이고 인과론적인 태도를 갖도록 이끌었다. 그런 태도가 바로 그리스 문명이 쇠퇴하면서 인간이 잃어버렸던 태도였던 것이다.

  갈릴레이는 코페르니쿠스의 열렬한 옹호자로 자처하면서 그의 사상을 수호하는 데 앞장섰을 뿐 아니라 그것을 더 발전시키기 위해 몇 가지 중요한 조치를 취했다는 것을 아인슈타인은 알고 있었다.

  코페르니쿠스의 이론을 변호하기 위해 갈릴레이가 단순히 천체의 운동을

---

* 세계 안에서 일어나는 모든 사건의 중심과 목적이 인간에게 있다고 보는 세계관으로, 이런 사고는 역사적으로 지구 중심 세계관과 함께 등장했다.

쉽게 설명하는 데만 관심을 기울였던 것은 아니다. 그는 물리학적이고 천문학적인 사실들을 일관되게 이해하기 위해서는 돌처럼 굳어버리고 메말라 버린 사상 체계를 편견 없는 불굴의 탐구 정신으로 대체해야 한다고 생각했다.

갈릴레이는 처음으로 망원경을 사용해서 태양계의 구조를 새롭게 해석할 수 있는 몇 가지 사실을 발견했다. 그는 지구와 달리 지형학적으로 비슷한 점이 많다는 걸 알아냈다. 그는 이전 사람들이 생각했던 것과는 달리 달이 '이상적인' 물질로 이뤄진 완벽하게 매끈한 천체가 아니라는 것을 보여 주었다. 갈릴레이는 금성의 모습과 목성에 딸린 위성들의 형상이 달──지구의 위성──의 모습과 크게 다르지 않다는 것을 발견했다. 아인슈타인은 갈릴레이가 이 발견을 통해 '여러 개의 달'(위성)을 거느리고 있는 목성은 소위 '코페르니쿠스 체계의 축소형'이라는 것을 보여 주었다고 강조했다. 태양을 탐구하다가 갈릴레이는 태양 표면에서 시간에 따라 변화하는 어두운 지역을 발견했는데, 그것은 뒷날 '태양 흑점'*이라고 불렸다. 이 발견 또한 당시의 우주론이 내세운 가설과 그 형이상학적 원리와는 모순되는 것이었다.

코페르니쿠스의 이론에 반대해 지구 중심적인 세계관을 견지하던 사람들은 아리스토텔레스의 운동론, 즉 모든 물체는 외부로부터 아무런 영향을 받지 않는 한 항상 정지 상태를 유지하려고 한다는 이론을 그 기초로 삼았다. 그들은 코페르니쿠스의 이론이 옳다면 지구상에서의 물체 운동을 한번 보라고 주장했다(코페르니쿠스의 말처럼 지구가 움직이고 있다면 지구상의 물체도 따라 움직여야 한다는 주장이다─옮긴이 주). 그러나 갈릴레이는 일정한 속도로 운동하는 체계에

---

* 태양 표면에 군데군데 보이는 검은 부분으로 주기적으로 나타난다. 이것은 가스의 소용돌이로써 언저리보다 온도가 낮기 때문에 생기는 현상으로 약 4,300℃ 정도이다. 나타났다가 몇 시간 만에 사라지는 것도 있고 1년 이상 볼 수 있는 것도 있는데, 평균 11.13년의 주기로 많아지기도 하고 적어지기도 한다.

서는 그 위의 물체도 똑같은 방식으로 운동하기 때문에 마치 정지하고 있는 체계처럼 보인다는 것을 증명하고, 따라서 태양 주위를 돌고 있는 지구의 운동을 관측할 수 없다고 주장했다. 그는 아리스토텔레스의 운동론이 지닌 과학적으로 불합리한 점을 명백히 지적했을 뿐 아니라 자연의 기초 법칙인 관성의 법칙에 처음으로 접근했다. 그리하여 그는 운동에 얽힌 많은 문제들에 해답을 제공하는 엄청난 공헌을 했다. 아인슈타인이 보기에 그런 발견이 가능했던 것은 갈릴레이가 고대부터 강력하게 이어져 오고 있던 사고 방식에 반기를 들었기 때문이었다. 단순히 겉으로 나타나는 외양과 눈으로 보이는 관찰에만 의존해 외부 세계의 현상을 설명하는 방식이 거의 2,000년 이상 과학적인 사고를 지배하면서 아리스토텔레스의 운동관으로 모든 사고를 협애화시켰다는 것이다. 아리스토텔레스의 운동관에 따르면 속도는 어떤 물체에 외부의 힘이 가해질 때만 생긴다. 그러나 갈릴레이는 그 주장에 반대하면서 한 물체에 아무런 힘이 가해지지 않더라도 그 물체는 정지해 있거나 일정한 속도로 직선 운동을 하거나 둘 중 하나의 상태에 있게 된다고 주장했다. 따라서 속도는 더 이상 어떤 움직이는 물체에 외부의 힘이 작용했는지 하지 않았는지를 나타내는 지표가 될 수 없다는 것이었다.

아인슈타인은 갈릴레이가 자연 현상을 과학적으로 탐구하는 방법을 알고 있었기 때문에 뛰어난 결론에 도달할 수 있었다고 보았다. 공상적이거나 직관적인 원리와 아리스토텔레스를 비롯한 다른 여러 사상가들의 권위에 기초한 도그마에 대한 맹신 등은 갈릴레이가 실험과 이론적인 방법을 최초로 도입함으로써 자리에서 쫓겨나게 되었다. 아인슈타인은 "그는 단지 실험과 사려 깊은 반성만을 진리의 기준으로 삼았다"라고 갈릴레이를 평했다. 갈릴레이의 이런 기준에 주의를 돌리면서 아인슈타인은 경험적인 사실을 경멸하는 사람들을 비판했다.

순전히 논리적인 방법을 통해 도달한 명제는 실재와 관련해서는 완전히 공허한 것이 되고 만다. 갈릴레이는 이것을 간파했고 또한 이 사실을 과학의 세계에 끌어들였기 때문에 그는 근대 물리학의 아버지이고, 나아가 근대 과학을 통틀어서 아버지로 통한다.

그는 갈릴레이의 과학방법론을 다음과 같이 정식화했다.

우선 관념적인 사고만으로는 외계 사물에 관한 어떤 지식도 얻을 수 없다. 감각적인 지각이 모든 연구의 출발점이며 이론적인 진리는 오로지 그러한 경험들의 총합과 관련될 때만 도달할 수 있다.

그는 이러한 갈릴레이의 인식론적 지침을 과학 탐구의 필요 조건으로 받아들였으며, 전 생애를 통해 그것을 방법론적 원리로써 의지했다. '갈릴레이가 과학적 추론을 발견하고 그것을 이용한 것은 인간 사유의 전 역사를 통해 가장 중요한 업적 중의 하나' 라는 것을 그는 알고 있었다.

갈릴레이의 방법론을 왜곡하려는 시도에 반대하면서 아인슈타인은 다음과 같이 말했다.

흔히 갈릴레이는 경험적이고 실험적인 방법을 도입해 이론적이고 연역적인 방법을 밀어냄으로써 근대 과학의 아버지가 될 수 있었다고 주장한다. 그러나 나는 이런 해석은 엄밀히 따져 옳지 못하다고 생각한다. 이론적 개념이나 체계를 사용하지 않는 경험적 방법은 있을 수 없다. 자세히 살펴보면 모든 관념적 사고는 그 개념 속에 경험적 요소를 포함하고 있다. 경험론적 태도와 연역적 태도 사이에 칼로 자른 듯 구분을 지으려고 하는 것은 갈릴레이를 오도하는 것일 뿐 아니라 갈릴레이와는 전적으로 무관한 것이다.

우리가 보아 왔듯이 갈릴레이를 이어받은 아인슈타인은 당대에 퍼져 있던 일상적인 인식의 도그마를 인정하지 않았다. 그는 또한 인식의 과정에서 순수한 사유에 절대적인 역할을 부여하는 사람과는 의견을 달리했다. 갈릴레이는 아인슈타인이 우주의 비밀을 꿰뚫어보도록 고취시켰다. 갈릴레이가 인간중심주의의 한계를 거부했다는 사실은 아인슈타인이 인과론을 확신하는 데 큰 힘이 됐다. 또 자연 현상들 사이에 연관이 있다는 것과 자연의 구조가 통일돼 있다는 것을 확신하는 데도 도움이 됐다.

케플러의 영향

케플러(J. Kepler)도 아인슈타인이 철학적 견해를 형성하는 데 어느 정도 영향을 끼쳤다. 자연 현상의 본질을 통찰해 보겠다는 케플러의 열망은 항상 그를 들뜨게 만들었다. 아인슈타인은 케플러가 대단히 많은 경험적 탐구들을 통해 그토록 뛰어난 발견을 해낼 수 있었던 것은 그의 철학적인 직관 때문이기도 하지만 자연 현상이 법칙의 지배를 받아 '신비스러운 조화'를 이루고 있다고 믿었기 때문이기도 하다고 주장했다. 또한 아인슈타인은 "더구나 그는 신앙을 가진 사람들을 위태롭게 할 수도 있는 지식을 다루기까지 했다"고 강조했다.

아인슈타인은 자신의 저술에서 케플러가 당시 과학자들의 철학적 관점에 상당한 영향을 끼친 문제들을 해결했다는 점에서 그를 특히 높이 평가했다. 그 문제들 중 첫 번째는 태양의 주위를 도는 행성들의 운동에 관한 것으로 케플러는 허구적인 견해를 거부하고 행성들의 참된 운동을 기술했다.

꾸준히 관찰하고 기록해 본 결과 그것은 우주 공간에서 행성들의 실제 운동을 나타내는 것이 아니라 시간의 경과에 따라 지구-행성의 연결선이 그려 내는 시간적인 변화를 나타내는 데 지나지 않는다는 것이다.

우리가 알고 있듯이 케플러는 이렇듯 어려운 일에 뛰어나게 대처했다. 그는 대기 굴절을 측정했으며, 화성을 비롯한 행성에 대한 정밀한 관측 기록을 남긴 브라헤(T. Brahe)의 방대한 실험 자료를 면밀히 검토했다. 그것을 완벽히 분석한 결과 그는 태양의 주위를 도는 행성들의 운동에 대해 객관적인 법칙을 얻어 낼 수 있었다. 그리하여 코페르니쿠스의 태양중심설이 과학적으로 새롭게 입증될 수 있었다.

케플러가 얻은 결론은 수학적인 증명을 필요로 했다. 그는 그러한 과학적인 요구 조건도 훌륭히 소화해 냈다. 천체들이 운동하기 위해서는 그들간에 어떤 연관 관계가 필요하다고 지적했다. 그 법칙은 코페르니쿠스의 명제, 즉 지구를 포함한 태양과 행성은 당시의 과학자들이 생각하듯 서로 떨어져 고립적으로 존재하는 것이 아니라 내적으로 서로 연관된 하나의 체계라는 주장이 옳다는 것을 보였다. 코페르니쿠스가 천체들이 서로 내적 연관 관계를 맺고 있다는 명제를 단지 주장하는 선에서 그친 데 비해 케플러는 이 연관 관계가 수학적으로 일정한 규칙성을 가지고 있다는 것을 증명했다. 아인슈타인은 태양계에서 행성들의 운동에 관한 법칙을 발견하는 데 케플러가 했던 공헌에 특히 주목했다. 그는 자연에서 아직 법칙의 지배가 결코 확실하지 않은 그런 시대에 이 발견이 이뤄졌다는 사실이 특히 위안이 된다면서 칭송을 아끼지 않았다.

케플러의 과학적인 성공으로 자연주의자들의 의식에 뿌리 박혀 있는 천체의 '원래 위치'와 '그것을 유지하려는 것'으로서의 운동이라는 공리를 재검토해 볼 수 있게 됐다. 케플러의 명제들은 아리스토텔레스가 주장하는 천체의 이상적인 운동에 대해 논박하는 한편 태양계의 행성들을 연결하는 끈은 태양으로부터 나온다는 것을 입증했다.

과학과는 거리가 먼 세계관이 지배하던 시대에 살았던 한 자연주의자에게 그토록 거대한 위업을 이룰 수 있게 한 사상은 무엇일까. 아인슈타인의 얘기를 들어보자.

케플러가 일생의 업적을 이룰 수 있었던 것은 자신이 태어난 정신적인 전통으로부터 스스로를 자유롭게 하는 데 성공했기 때문이다. 정신적인 전통이란 교회의 권위에 입각한 종교적인 전통의 문제, 과학에서의 사유와 경험의 상대적 중요성에 관한 사상, 또한 우주와 인간의 일상에서 발생하는 사건들의 조건에 관한 일반적인 관념들을 포함하고 있다.

고전 역학(mechanics)의 기초를 닦았던 과학자들의 업적에서 느꼈듯이 케플러의 이론을 통해서도 아인슈타인은 직접적인 감각 자료만 가지고는 참된 지식을 얻을 수 없다는 것을 다시 한 번 확신했다. 경험론자들이 아무런 정신적·관념적인 처리 과정을 거치지 않더라도 감각 자료만을 통해 탐구 대상의 본질을 드러낼 수 있다고 생각한 것은 코페르니쿠스와 케플러의 발견으로 그 뿌리가 흔들렸다. 케플러의 훌륭한 업적은 경험 자체만을 통해서는 어떤 지식도 얻을 수 없다는 진실을 보여 주는 멋진 본보기다.

그러나 아인슈타인은 케플러의 업적을 통해 이러한 인식론적 원리에만 주의를 기울였던 것은 아니다. 케플러의 과학 지침은 실재로부터 이탈한 이론화 역시 참된 지식으로 이끌지는 못한다는 것을 아인슈타인에게 다시 한 번 명백히 보여준 셈이다. 그런 예들은 많이 있었는데 특히 실재와 분리된 가정들이 제기될 때 과학적인 방법론을 몸에 익힌 과학자들은 그런 가정을 논박했었다. 다음과 같은 주장은 명백한 사실이었다.

아무리 명쾌하더라도 논리적이고 수학적인 이론화 자체만으로는 진리를 보장하지 못한다. 아무리 아름다운 논리적 이론이라 할지라도 가장 엄밀한 경험 사실과 부합되지 않는다면 자연 과학에서 그것은 아무런 의미가 없다.

아인슈타인은 케플러에게서 협소한 경험주의와 형식에 치우치는 방법론 모두를 거부하는 과학자상을 발견했다. 그는 실험 데이터에 의존하면서도 철학적 지식에도 관심을 돌렸던 것이다. 아인슈타인은 케플러에 대해 '이런 철학적 태도를 갖지 않았다면 그의 업적은 가능하지 않았을 것'이라고 이야기했다.

뉴턴의 영향

아인슈타인이 뉴턴(I. Newton)을 바라본 관점도 굉장히 흥미롭다. "그는 인류 지성사에 한 획을 긋는 전환점이 될 수밖에 없는 운명이었다"라고 아인슈타인은 적고 있다. 필자는 앞서 중세 시대가 남겨 놓고 간 세계관에 대해 얘기했다. 그 세계관의 기초——지구중심설, 인간중심주의, 비결정론, 일상 의식에 있어서의 도그마, '순수' 사유에 대한 믿음——는 이미 코페르니쿠스, 갈릴레이, 케플러가 어느 정도 뒤흔들어 놓았다. 그러나 뉴턴의 이론은 과거의 사고방식에 완전한 충격을 주어 뿌리째 동요를 일으키는 계기가 됐다. 아인슈타인은 뉴턴에 대해 계속해서 다음과 같이 말했다.

서양식의 사유와 연구, 실험 방법을 결정해 준 사람은 뉴턴 이전에도 없었고 이후에도 없었으며 오직 뉴턴이 그 길을 제시했다. 그는 핵심이 되는 방법을 찾아내는 데 뛰어났을 뿐 아니라 그 시대에 이용 가능했던 실험 데이터를 독창적으로 구사할 수 있는 능력을 지니고 있었다. 또한 수학적이고 물리학적인 세세한 증명 방법에 대해서도 뛰어난 창의력을 발휘했다.

아인슈타인은 뉴턴이 자연의 규칙성을 이론적으로 증명했던 것에 주의를 기울였다. 그가 보기에 뉴턴은 과학의 기초를 명확히 정식화한 최초의 사람인데, 이 정식화로부터 수학을 이용한 논리적인 접근도 가능해졌고 실험과 부합되는 광범위한 자연 현상을 수식으로 기술할 수도 있게 됐다. 자연은 이미 결정돼 어떤 질서와 규칙에 따라 움직이고 자연 현상은 상호 의존성을 지니고 있다고 믿었기 때문에 그는 이러한 의존성을 수학적으로 표현해 낼 수 있었다. 또한 나중에 미·적분학의 기초가 된 '미분'의 방법을 창안하기도 했다. 그토록 다양한 지적 분야에 일반적인 수학적 방법을 적용할 수 있다는 것은 그만큼 자연 현상들의 내적 과정이 어떤 통일된 방식으로 진행된다는 것을 뜻했다. 이제 자연은 내적으로 상호 연관된 단일한 체계로서 과학자들에게 다가왔다.

법칙의 지배를 받는 관계가 자연에 존재하고 있다는 사상은 뉴턴이 세 가지 유명한 운동 법칙과 만유인력의 법칙을 발견하는 데 반영되었다. 이 역학 법칙을 이용해 천체의 운동을 관찰해 본 결과, 뉴턴은 만약 천체에 힘이 미치지 않는다면 천체는 운동의 제1법칙인 관성의 법칙에 따라 직선 운동을 했을 것이라고 결론을 내렸다. 그러나 케플러의 법칙에 따르면 행성들은 타원 궤도로 움직이고 있다. 따라서 뉴턴은 행성들에 미치는 힘은 그것들이 직선 운동을 하지 못하도록 하는 역할을 맡고 있다고 결론지었다. 케플러의 법칙을 분석해 본 후, 뉴턴은 행성들에 미치는 힘들이 정확히 태양을 향하고 있다는 결론에 이르렀다. 태양에서의 거리가 멀수록 그 행성에 가해지는 힘이 약해진다는 것도 계산 결과 드러났다. 태양으로부터 서로 다른 거리에 있는 두 행성을 비교해 본 후 뉴턴은 그 둘과 태양 사이에 작용하는 중심력은 중심간의 거리의 제곱에 반비례한다는 것을 발견했다. 그러나 이 규칙을 보편적인 것으로 만들기 위해서 그는 달의 구심 가속도를 보장해 주는 지구 중력에도 이 규칙을 확장시킬 수 있을 것이라고 확신했다. 지구 중력과 달에 작용하는 구심력을 비교해 본 결과 이전에는 서로 다르다고 여겨졌던 두 힘이 너무나 비슷하다는 것을 발견했다. 그리하여 그는 수많은 인력들을 하나의 중력으로 환원시켜 만유인력의 법칙을 이끌어냈다. 이 법칙을 통해 행성들과 이들의 위성, 혜성, 그 밖에 태양계의 다른 천체들이 서로 끌어당기고 있다는 것이 드러났을 뿐 아니라 우주의 모든 물체들은 중력에 의해 서로 연결돼 있다는 사실이 명백해졌다.

뉴턴의 발견은 (적어도 우리가 볼 수 있는 한계 내에서의) 우주의 일부분에서는 물질이 통일성을 지니고 있다는 것을 과학적으로 증명한 것이다. 왜냐하면 그 발견은 지구와 천체의 세계가 서로 절대적으로 분리돼 있다는 것을 거부하기 때문이다. 중력과 같은 기본적인 속성이 지구상의 물체에도 내재되어 있을 뿐 아니라 여태까지 알려진 모든 천체들에도 내재되어 있다는 사실의 발견은 우주가 단일한 물질적 성질을 갖는다는 것을 가리킨다. 그러므로 '중력'은 물질의 성질이며, 우주의 상호연계성은 자연주의자들이 주장하듯 외부의 어떤 것이나 정신적인 것으로부터 주어지는 것이 아니라 물질 그 자체의 성질로부터 유래한다는 것을 알 수 있다. 뉴턴의 세계는 아리스토텔레스나 프톨레마이오스와는 달리 영속적으로 운동하는 세계이다. 그가 제시한 세계상이 약간의 흠은 가지고 있었지만 형이상학적 세계관과는 전체적으로 대치되는 것이었다. 아인슈타인은 누구보다도 그것을 완벽히 이해했다. 뉴턴의 업적 덕분에 모든 물질적인 현상은 시계 태엽 장치에 견줄 만한 필연적 규칙을 통해 발생한다는 사실을 아무도 의심할 수 없게 됐다고 그는 믿었다.

아인슈타인은 뉴턴의 발견에 대해 자연 현상이 인과 관계를 갖고 있다고 믿는 철학 사상을 물리적으로 가장 완벽하게 입증한 최초의 작품이라고 치켜세웠다. 왜냐하면 뉴턴 이전에는 경험 세계의 심오한 특성들을 다소나마 드러내 줄 수 있는 독립적인 물리적 인과론이 전혀 없었기 때문이다. 데카르트(R. Descartes)가 데모크리토스(Democritos)와 에피쿠로스(Epicuros)의 뒤를 이어 내세웠던 자연의 인과 관계에 관한 주장은 그때까지 '대담한 패기나 어떤 한 철학 유파가 제기한 불확실한 관념' 정도로 치부되었다.

아인슈타인은 케플러가 발견한 태양계에서의 행성 운동에 관한 법칙들이 유용하긴 했지만, 세계의 인과관계를 완전히 밝히기에는 미흡했다고 지적했다. 왜냐하면 그가 발견한 세 가지 법칙은 논리적으로 서로 연결되지 않았기 때문이다. 그러나 그것이 케플러가 자연의 인과 관계를 발견하는 데 실패한 주된 요인은 아니었다.

그의 법칙은 전체로서의 운동에만 관계되어 있었기 때문에, '한 체계의 운동 상태가 시간이 지나면서 어떻게 바로 다음의 운동 상태를 일으키는 원인이 되는가'와 같은 인과적인 문제는 다루지 못했다.

아인슈타인은 갈릴레이의 관성 법칙과 (지구중력장에서의) 자유낙하 법칙도 물리적인 인과 관계를 제대로 반영하지 못한다고 생각했는데 그 이유는 케플러의 법칙과 마찬가지로 갈릴레이의 법칙도 전체로서의 운동에만 관계하고 있기 때문이다. 아인슈타인은 자연의 인과 관계를 분명히 드러낼 수 있었던 것은 미분 형태의 법칙을 발견하면서부터라고 보았다. 그 미분 법칙은 극소의 시간 동안에 한 질점(material point : 質點)*의 운동 상태가 어떻게 변하는가를 보여 준다. 그는 "미분 법칙은 인과 관계에 대한 근대 물리학자들의 요구를 가장 완벽하게 만족시키는 유일한 형태"라고 말했다. 뉴턴은 운동 법칙과 중력 법칙을 서로 연계시키는 데 성공함으로써 인과 관계에 관한 모든 주장들에 종지부를 찍었다.

---

* 물체의 크기를 도외시하고 질량의 중심에 그 물체의 모든 질량이 집중된 것으로 보고 그 점의 위치 · 운동에 의해 물체의 위치 · 운동을 대표시킬 때의 그 점으로, 역학 원리 및 모든 법칙의 기초가 된다.

사건들이 중력의 영향 아래에서만 발생하는 한, 특정한 시점에서 어떤 계의 상태를 알면 그 계의 과거와 미래 상태는 계산을 통해 알 수 있다고 하는 이 놀라운 사유 체계는 운동 법칙과 인력(중력) 법칙을 통합함으로써 얻어질 수 있다.

아인슈타인은 모든 물리 현상에는 하나의 예외도 없이 반드시 인과 관계가 존재해야 한다고 믿었던 고대 유물론자들 ── 데모크리토스와 에피쿠로스 ── 의 꿈이 뉴턴에 이르러 실현되는 것을 보았다.

따라서 고전 역학의 기초를 세운 근대 과학자들은 아인슈타인이 자신의 철학적 견해를 형성하고 자연 과학의 문제 및 역사에 접근하는 태도를 갖추는 데 엄청난 영향을 끼쳤다.

그는 고전 역학이 지닌 혁명적인 성격과 보수적인 측면을 구분했다. 필자는 아래에서 보수적인 측면에 대해 얘기할 것이다. 아인슈타인에게 고전 역학의 혁명적인 성격이란 코페르니쿠스·케플러·갈릴레이·뉴턴이 종교적이고 스콜라학파적인 세계관을 전복시켰을 뿐 아니라 그리스 사상가들이 표현했던 몇몇 뛰어난 사상을 과학적으로 확고히 증명한 데 있다. 이런 혁명적인 성격으로 말미암아 아인슈타인은 자연 과학에도 철학적인 지식을 도입할 필요가 있다는 것을 확신했다. 이 이론들의 영향을 받아 그는 마침내 우주는 객관적인 성격을 가지고 있으며 자연에는 보편적인 연관과 질서가 있고, 모든 물리 현상은 인과적인 의존성을 지니고 있다는 결론에 이르렀다. 그는 또 순수한 사유 그 자체만으로는 어떤 지식에도 이를 수 없으며 또한 이론적인 분석이 따르지 않는 경험적인 사실도 그것만으로는 과학의 개념을 끌어내는 데 실패하고 만다는 것을 깨달았다. 통상적인 경험에만 기초한 지식은 전혀 의지할 것이 못되며 과학적인 지식은 그것이 영원한 진리가 아니라 상대적인 특성을 가지고 있기 때문에 절대화할 수 없다는 것을 과학의 역사는 증언하고 있다고 보았다. 또한 경험과 이론, 귀납과 연역 등과 같은 개념들은 서로 대립되거나 고립되어 있는 것이 아니라 상호 연관돼 있다는 사실이 그에게 명확히 다가왔다

기타 자연 과학자들의 영향

자연 현상은 서로 분리되어 있다는 형이상학적 사상은 역학뿐 아니라 자연 과학의 다른 영역들에서도 추방되었다. 예컨대 물리학을 오랫동안 지배해 온 하나의 잘못된 사상이 있었는데, 그것은 전기적 현상과 자기적 현상은 서로 아무런 관련이 없다는 것이었다. 외르스테드(H. C. Oersted)는 1820년에 출판된 책에서 한 가지를 설명하고 있는데, 그것은 자기장을 띤 바늘이 전선 주위에 있다가 전선에 전류가 흐르자 전류의 흐름에 따라 바늘이 왔다갔다 움직이는 현상을 나타낸 것이다. 그것은 바로 전기와 자기라는 가장 흔한 자연 현상 사이에 밀접한 관계가 있다는 것을 의미한다(당시에는 이것을 대부분의 물체들이 자기적인 성질과 전기적인 성질을 동시에 가지고 있는 탓으로 해석했다). "우선 이 실험은 자기 작용과 전류라는 명백히 다른 두 현상 사이에 어떤 밀접한 관계가 있다는 것을 보여 주기 때문에 흥미를 끈다"라고 아인슈타인과 인펠트(L. Infeld)는 썼다.

영국의 물리학자 패러데이(M. Faraday)는 전자기 현상을 일반화하는 데 커다란 공헌을 했다. 그가 나타나기 이전에는 전기라고 알려진 현상들의 본질에 관해 분명한 하나의 관점이 없었다. '동(動)전기', '마찰전기', '열전기', '자기전기', '동물 전기(animal electricity)' 등은 서로 다른 현상이라고 생각했다. 패러데이는 실험을 통해 화학전지이든 살아 있는 유기체(어류의 일종)이든, 무기물의 마찰로 발생하든 그 원인에 상관없이 모든 전기는 질적으로 똑같은 것이며 본질은 하나로서 동일한 것에 지나지 않는다는 것을 증명했다. 그는 유기

물과 무기물——이것은 자연계를 절대적으로 둘로 나눌 때 적용되는 기준이다——에 공통적으로 있는 어떤 것을 발견한 것이다.

뉴턴은 아직도 형이상학에 묶여 있었기 때문에 태양의 주위를 도는 행성들의 운동과 관련해 그것의 물리적인 근원을 밝히는 데는 실패했다. 그는 '초기 충격(initial impulse)'*이라는 것에 매달릴 수밖에 없었다. 칸트가 자신의 우주론을 통해 이 한계를 극복했다. 엥겔스는 이에 대해 다음과 같이 말했다.

> 칸트는 뉴턴이 제기했던 안정된 태양계와 그것의 영속적인 운동 과정과 관련된 문제를 해결함으로써 학자로서의 첫발을 내디뎠다. 뉴턴에 따르면 그 유명한 '초기 충격'이 한 번 주어지자 역사적인 과정을 거쳐 회전하고 있던 성운(星雲)의 무리로부터 태양과 모든 행성들이 형성되었다는 것이다.

칸트 이후에 이 진화 사상은 볼프(C. Wolff)의 발견으로 지지를 얻었다. 그는 진화 이론을 제안하면서 종의 불변성을 주장하는 이론을 비판했다. 볼프의 사상은 이후 오켄(L. Oken), 라마르크(J. Lamarck), 바에르(K. Baer) 등으로 이어졌다. 물질 세계가 변증법적 진화 과정을 거친다는 사상은 고생물학과 지질학, 그 밖의 과학을 통해서도 입증됐다. 퀴비에(G. Cuvier)의 '대격변' 이론을 대체하는 더 나은 이론을 라이엘(C. J. Lyell)이 내놓아 당시의 진보적인 사상가들로부터 큰 환영을 받았다.

유기물과 무기물의 세계 사이에 존재하는 관계들을 발견하는 데도 많은 진전이 있었다. 18세기 프랑스 유물론자들의 추측, 즉 생물계와 무생물계는 넘을 수 없는 장벽으로 나뉘어 있는 것이 아니라 단지 물질의 조직 면에서 차이가

---

* 우주와 자연의 생성을 설명하기 위해 뉴턴이 도입한 개념이다. 우주는 태초에 초자연적인 어떤 힘(충격)이 가해진 뒤 역학 법칙에 따라 계속 운동하고 있는 것으로 보았다.

날 뿐이라는 추측은 독일의 과학자인 뵐러(F. Wöhler)──그는 동물의 신진대사에서 나오는 유기화합물인 요소를 무기물로부터 최초로 합성하는 데 성공했다──의 화학 실험을 통해 과학적으로 올바르다는 것이 증명됐다. 그것은 무기물로부터 유기물을 생성할 수 있다는 가능성을 보였을 뿐 아니라 물질의 진화가능성을 드러내 보인 것이기도 했다.

자연에 보편적인 상호 연관성이 있다는 변증법적 사상은 그로브(W. Grove)의 발견을 통해서도 뒷받침됐다. 그는 자연의 모든 힘인 역학 에너지 · 열 · 빛 · 전기 · 자기력 등은 어떤 조건하에서 상호 변환된다는 것을 발견했다. 자연의 상호연관성은 수학의 발전을 통해서도 확인이 됐는데 이를 두고 엥겔스는 "수학자들을 무의식적으로 또는 그들의 의지에 반하면서까지 변증법적으로 되지 않을 수 없게 만들었다"고 주장했다.

19세기 자연 과학 발달의 영향

그러나 19세기에 이뤄진 세 가지 위대한 발견이 실재를 변증법적으로 이해하는 데 가장 커다란 공헌을 했다. 즉 에너지 보존 및 변환 법칙, 세포 이론, 다윈(C. R. Darwin)의 종의 기원과 진화에 관한 이론, 이 세 가지가 그것이다. 이것들은 이전의 과학 발전을 집적하는 동시에 새로운 세계관을 잉태하고 있던 풍부한 경험적 · 실험적 자료들로부터 일반화된 법칙을 이끌어냈다.

에너지 보존 및 변환의 법칙의 발견은 몇몇 과학자들의 이름과 연결된다. 그 이름들의 사슬은 데카르트로부터 시작되는데, 그는 운동의 양적 상태는 항상 보존된다는 생각을 피력했다. 그 사슬을 따라서 로모노소프(M. V. Lomonosov), 마이어(J. R. Mayer), 줄(J. P. Joule), 헬름홀츠(H. Helmholtz), 헤스(Hess), 렌츠(H. F. E. Lenz), 그 밖의 여러 과학자들의 이름이 등장한다.

마이어는 인간의 육체 조직이 하는 일과 그것의 열 손실 사이의 관계를 연구해 당시까지 지배적이던 이론, 즉 모든 형태의 '힘'은 상호 무관할 뿐 아니라 비물질적이고 측량할 수 없는 일종의 흐름이라는 이론이 잘못된 것이라고 결론을 내렸다. 그는 모든 힘은 무(無)에서 생성된다는 주장에 반대했다. 그는 '힘(에너지)'이라는 실체가 유기체 속에서 단지 변환하고 있다고 보고 당시까지 알려진 모든 자연의 힘은 하나의 보편적인 움직임이 서로 다른 형태로 드러난 것일 뿐이라고 주장했다. 그 힘들은 상호 관련을 맺고 있을 뿐 아니라 한 형태에서 다른 형태로 변환할 수 있다. 특히 주요한 점은 어떤 주어진 힘은 그것이 어떠한 화학적·물리적 과정을 거치더라도 그 양은 항상 일정하게 유지된다는 것이라고 강조했다. 데카르트가 보존 법칙의 양적 측면을 발견한 데 비해 마이어는 그 법칙의 질적 측면도 아울러 강조했다. 이 점은 특히 엥겔스가 강조한 부분이다.

헬름홀츠는 마이어와는 완전히 독립적으로 에너지 보존 법칙을 발견했다. 그의 주장을 들어보자.

> 서로 다른 형태의 물리적·화학적 반응을 탐구해 본 결과, 자연계 전체에서는 일-힘의 총량이 어떤 방법을 통해서도 결코 증가하거나 소멸되지 않는다는 것을 발견했다. 또한 무기물의 세계에서도 일-힘의 총량은 물질의 양이 보존되는 것과 마찬가지로 영원히 일정한 양을 유지한다.

헬름홀츠는 자신이 발견한 에너지 보존 법칙에 대해 수학적인 증거도 제시했다. 그러나 자연의 힘이 다른 형태로 질적 변환을 할 수 있다는 일반적인 추측만으로는 과학자들이 완전히 만족할 수 없었다. 에너지 보존 법칙은 자연의 힘의 변환을 수학적인 관계를 써서 명확히 표현할 필요가 있었다. 결국 줄이 그 일을 해내는 데 성공했는데, 그는 열이 기계적인 운동으로 변환하거나 기계적 운동이 열로 바뀔 때 그것들의 양적 관계를 알아낸 것이다. 그의 발견으로 말미암아 에너지 보존 및 변환 법칙은 확고한 과학적 기반 위에 서게 되었다.

또한 이 법칙으로 인해 자연 현상의 상호 연관성을 주장한 변증법적 사상도 확실한 근거를 얻었다. 몇몇 철학유파를 비롯해 일부 과학자들이 물질을 초월하는 어떤 힘이나 '무게를 잴 수 없는 힘'이 존재한다고 주장한 데 대해 반론을 펴는 것도 과학적으로 훨씬 설득력을 갖추게 됐다. 이 법칙은 또 '초기 충격'이라는 개념을 완전히 사라지게 했는데, 왜냐하면 물질과 운동은 생성되지도 소멸되지도 않으며 서로 연관을 맺고 있을 뿐이라는 것이 증명됐기 때문이다. 엥겔스는 이 법칙의 발견을 19세기 과학이 이룩한 최고 업적으로 꼽으며 그 이유를 다음과 같이 말했다.

> 여태까지는 자연에서 수없이 일어나는 모든 사건들을 힘이라고 불리는 신비스럽고 설명할 수 없는 존재, 예컨대 기계적인 힘·열·복사(빛과 복사열)·전기·자기·화학에서의 결합력과 분해력 등으로 해석해 왔으나 이제는 에너지, 즉 운동이라는 단일한 존재가 갖가지 특수한 형태나 양식으로 드러난 것이라고 설명한다. 자연의 모든 운동이 통일돼 있다는 것은 더 이상 철학적인 주장에 머무는 것이 아니라 자연적이고 과학적인 명백한 사실이다.

아인슈타인과 인펠트도 훨씬 뒤에 비슷한 의견을 밝힌 바 있다.

이 중요한 업적(줄의 실험)이 이뤄짐으로써 이후 과학의 진보 과정이 눈에 띄게 빨라졌다. 기계적 에너지와 열은 에너지의 수많은 형태 가운데 단지 두 가지에 불과하다는 것이 밝혀졌다. 그 많은 형태들 중 어느 하나로 변환될 수 있으면 그것도 또한 에너지에 속한다.

태양에서 내는 복사도 에너지인데 왜냐하면 그 중의 일부가 지구에서 열로 바뀌기 때문이다. 또한 전류도 모터를 돌리고 전선에 열을 내기 때문에 에너지이다. 석탄도 타면서 열을 내기 때문에 화학적인 에너지이다. 자연의 모든 사건은 한 형태의 에너지에서 다른 형태의 에너지로 항상 일정한 비율로 바뀌고 있다. 외부의 영향으로부터 고립된 닫힌 계에서는 에너지는 보존되며 따라서 마치 물질처럼 작용한다. 그런 계에서는 설사 현재 어떤 형태의 에너지가 변화하고 있을지라도 모든 형태의 에너지의 합은 항상 일정하다. 만약 우리가 전체 우주를 닫힌 계라고 간주하면, 우리는 19세기의 과학자들과 더불어 우주의 에너지는 불변하며 그것은 생성되거나 소멸되지 않는다고 당당하게 얘기할 수 있다.

에너지 보존 법칙과 마찬가지로 슈반(T. Schwann)과 슐라이덴(M. J. Schleiden)이 주장한 유기체의 조직과 관련된 세포 이론*도 철학적인 사상과 이데올로기 문제를 불러일으켰다. 세포 이론은 생물학자들뿐만 아니라 자연과학을 하는 사람들 사이에 널리 알려져 있었다. 이 이론에 따르면 식물계와 동물계에는 그 세계에 고유한 단일한 구조가 존재한다는 것이다. 그것들의 중요한 구조상의 단위는 세포라는 것이 증명됐다. 이러한 발견은 형이상학과는 배치되는 진화 사상을 받아들였기 때문에 가능했다. 그것은 동물계와 식물계에 속하는 각 종들 사이뿐만 아니라 전체로서의 식물계와 동물계 사이에도 상호 연관성이 존재한다는 것을 보여 준다. 엥겔스는 세포 이론의 발견에 대해 다음과 같이 썼다.

---

* 모든 생물은 세포로 구성되어 있고 각 세포는 생명을 가진 단위 생활체이며, 생물 개체의 생활 작용의 기본 요소라는 생물학설.

세포 이론의 발견으로 유기적이고 살아 있는 모든 자연의 산물을 탐구하는 데——비교해부학과 생리학, 발생학 등에 대해——튼튼한 기초를 얻게 됐다. 유기체의 기원과 성장, 그리고 구조와 관련해 신비스러운 특성들은 다 사라졌다. 여태까지 이해할 수 없었던 불가사의들은 본질적으로 모든 다세포 유기체에 공통적으로 작용하는 법칙에 따라 일어나는 과정으로 이해되었다.

살아 있는 유기체의 구조적 단일성을 주장한 세포 이론은 유기체가 왜 이토록 다양한가에 대한 이유를 과학적으로 탐구하는 데 큰 도움이 됐다. 이 문제는 자연 과학에서의 세 번째 위대한 발견, 즉 다윈의 진화론이 훌륭하게 해결했다.

필자는 위에서 천문학·물리학·지질학·수학 등 자연 과학의 각 분야에서의 형이상학적인 개념이 새롭게 발견되는 자연 현상과는 서로 모순된다는 점을 보여 줬다. 이들 자연 과학이 이것을 해결하기 위해서는 종전과는 다른 방법론이 필요했다. 그러나 자연 과학 분야 가운데서 여전히 형이상학적인 관점을 벗어버리지 못했던 분야를 꼽으라면 그것은 아마 생물학일 것이다. 많은 생물학자들은 자연에는 상호 무관하고 발생론적으로 연관이 없는 종(種)이 유한하다고 믿었다. 그들은 또 자연에 있는 '누군가'가 자신의 의도대로 유기체에 구조를 부여했기 때문에 유기체들은 미리 예정된 운명의 과업을 수행하는 데 적합하도록 되어 있는 것이라고 생각했다. 당시의 진화론은 생물계에 존재하는 목적성에 대해 합리적인 설명을 못했을 뿐 아니라 진화의 사실 그 자체도 증명하지 못했다. 다윈의 이론은 단지 생명이 있는 유기물과 종을 연구하는 데 형이상학적인 방법론이 갖는 타당성에 강한 의문을 제기했을 따름이다.

다윈은 수많은 실험 사실들을 통해 수많은 동식물들이 끊임없이 변화하고 있다는 가설을 과학적으로 수립했다. 그는 이 변화의 원인을 자연 그 자체의 자연적인 법칙 속에서 찾았다. 그의 이론은 식물계와 동물계가 통일돼 있으며 그로 인해 생물학적 현상들 중 많은 부분이 밀접한 연관을 맺고 있다는 것을 설명해 주는 열쇠가 되었다. 또한 자연에 존재하는 유기물의 무한한 다양성을 과학적으로 설명해 주기도 했다. 유기물의 세계를 최초로 초자연적인 힘에 의존하지 않고도 제대로 설명할 수 있게 된 것이다. 진화론 덕분에 인류의 기원에 관한 수수께끼를 푸는 데 서광이 비쳤다. 유기체의 세계는 오랜 진화의 결과라는 것이 명백해졌다.

동시에 무기물의 세계를 이루는 원소들에 관한 관점에도 근본적인 변화가 생겼다. 멘델레예프(D. I. Mendeleyev) 이전의 몇몇 화학자들이 실시한 화학 원소들의 분류 방법은 원소들 상호간의 내적 관계에 기초하지 않았다. 당시까지 알려진 모든 원소들을 그들의 외형적인 성질에 따라 각각 별개의 그룹으로 구분하는 데 그쳤던 것이다. 멘델레예프는 전임자들과는 달리 원소들의 화학적인 성질이 그들의 원자량에 의존한다는 것을 발견하는 한편 외형적인 성질보다는 본질적이고 내적인 특성에 기초해 원소들을 분류했다. 멘델레예프는 자신이 발견한 주기율표를 이용해 그때까지 알려지지 않았던 원소들의 존재를 예측하는가 하면 그들의 화학적인 성질을 밝혀내기도 했다. 이것은 바로 원소들간에 내적 관계, 즉 규칙성이 존재한다는 증거이다. 그의 원소 체계는 무기물의 세계에 존재하는 진화의 반영이자 그 결과이기도 했다. 무기물 세계에서의 변증법적인 관계를 보여 주었던 것이다.

이제 과학자들에게 자연은 상호 연관돼 있으며 끊임없이 운동하고 진화하는 통일체로 등장했다.

(엥겔스가 썼듯이) 견고했던 모든 것은 분해되었고 고정돼 있던 것들은 흩어졌으며 영원한 것으로 여겨졌던 사실들은 일시적인 것으로 변했다. 즉 자

연계 전체는 끊임없는 흐름과 주기적인 순환 과정을 통해 운동하고 있는 것으로 드러났다.

과학자들의 탐구 정신은 형이상학적인 관점이 갖는 한계와 모순점, 나아가 물리학의 방법론적 기초로서의 형이상학이 파산 상태에 이른 것을 직시하지 않을 수 없었다. 과학에서의 수많은 발견을 통해 아인슈타인은 태동하고 있는 새로운 세계관의 맹아를 보았던 것이다.

방법론으로서의 기계주의 비판

마르크스(K. Marx) 이전의 유물론이 가졌던 한계는 단지 유물론의 형이상학적인 형태뿐만이 아니라 그것의 기계적인 형태에서도 나타났다. 기계주의(mechanism)*는 형이상학과 마찬가지로 철학의 위치에 도달해 있었기 때문에 과학, 특히 고전 물리학에서 방법론으로 확고한 위치를 차지하고 있었다. 자연 과학을 발달시켜 온 많은 발견들을 통해 우리는 변증법적인 사상이 어떻게 형이상학을 대체하면서 자리를 잡아왔는지를 살펴보았다. 그러나 형이상학만이 불신의 운명에 빠지게 된 것은 아니었다. 기계론적인 방법론에 대해서도 자연 과학에서 동시에 공격이 가해졌는데, 왜냐하면 기계주의가 과학자들 사이에 광범위하게 퍼져 있어 형이상학과 마찬가지로 과학의 발전에 걸림돌이 되기 시작했기 때문이다. 고전 역학의 발전에 그 토대를 두고 있었기 때문에 기계주의(mechanism)는 역사적인 정당성을 획득하고 있었다. 고전 역학은 몇몇 학문 분야가 발전하는 데도 강력한 영향을 끼칠 정도여서 당연히 과학에서도 주도적인 위치를 차지했다. 고전 역학의 주도적인 위치로 말미암아 기계

---

* 사물과 현상을 오직 맹목적인 인과 관계로 설명하고 목적론을 배척하는 입장으로써, 좁은 의미에서는 역학적인 개념이나 법칙으로 환원하고 모든 자연·사회 현상을 설명하는 것을 가리킨다.

적인 과정이 갖게 마련인 규칙성을 절대화시키는 경향이 생겼다. 상당수의 자연주의자들은 고전 역학이 물질적인 본질과 관련된 우주의 모든 문제에 해답을 줄 수 있을 것이라고 여겼다.

사실 기계적인 과정 자체의 한계를 벗어나는 많은 현상들조차도 역학을 통해 성공적으로 설명되기도 했다. 그것은 자연 현상에 관한 어떤 개념들로부터 중세 스콜라 학파가 씌운 신화적인 '옷'을 벗겨내는 데도 큰 도움을 주었다. 그것은 또 형이상학적인 사유 양식에 존재하는 결점을 부분적으로 보완해 주기도 했다. 예컨대 자연에 존재하는 사물과 현상은 서로 분리되고 무관하다는 견해는 '기계적인 통일성'을 주장하는 사상의 공격에 두 손을 들지 않을 수 없었다. 역학은 그 자체의 방식을 통해 우주의 물질적인 통일성을 확고히 증명하긴 했으나, 물리학 이론의 한 갈래로서 또 물리학 방법론으로서의 역학과 철학적인 개념으로서의 기계주의가 (역학이 아니라) 물리학의 발전에 심각한 장애물이 돼 왔다는 것을 확실하게 알았다. 그는 철학적인 관점으로서의 기계주의에 주의를 기울이는 한편 그것을 분석했다. 그리하여 그것의 기원을 밝히고 역사적인 역할을 강조하는 한편 그 한계도 지적했다. 기계주의에 대한 그의 견해는 큰 줄기에 있어 변증법적 유물론의 창시자들이 내린 평가와 일치한다. 기계주의의 근원을 분석하면서 아인슈타인은 다음과 같이 썼다.

역학이 모든 분야에서 이룩한 업적, 천문학의 발전에 성공적으로 기여한 점, 특성상 비기계적이고 기계적인 것과는 명백히 다른 문제에도 역학적인 개념을 적용한 점 등은 모든 자연 현상을 변화하지 않는 물체들간의 단순한 힘으로 표현할 수 있다는 믿음을 널리 퍼뜨렸다. 갈릴레이 이후 2세기 동안 그러한 믿음은 알게 모르게 거의 모든 과학 분야에 스며들었다.

엥겔스도 기계론에 대해 똑같은 의미를 부여했다.

> 자연 과학자들 사이에서는 운동이라고 하면 당연히 기계적인 운동, 즉 위치의 변화만을 뜻하는 것으로 항상 생각하고 있다. 이런 경향은 화학이 탄생한 18세기 이전부터 쭉 내려와 아무리 복잡한 과정이라도 명백하게 개념 정리를 할 수 있다고 생각하게 됐다. ……모든 사물을 기계적인 운동으로 환원시키려는 이러한 열광적인 시도는 위에서와 같은 오해에서 비롯된 것이다.

아인슈타인은 헬름홀츠와 켈빈(W. T. Kelvin) 경의 예를 통해 기계주의의 본질을 드러내 보였다. 헬름홀츠는 인력과 척력(斥力)만을 절대화해 물리적 세계의 모든 현상을 단지 이 두 가지 특성(힘)만으로 단순화시키려 했다는 것이다. 외부 세계의 모든 현상을 단순한 힘들로 환원시킬 수 있고 또한 그것만이 물리 세계를 설명할 수 있는 유일한 환원이라는 것을 증명할 수 있을 때만 물리학의 임무가 완벽하게 완수되는 것이라고 헬름홀츠는 주장했다. 켈빈도 똑같은 생각을 피력했다. 뉴턴의 고전 역학은 물리적 사유의 정점을 이루며, 모든 물리적 과정은 그것을 통해 설명될 수 있다고 보았다. 이에 대해 아인슈타인은 다음과 같이 말했다.

> 그는 지식의 통일을 향한 이러한 시도, 즉 모든 물리적인 사건은 운동(기계적 운동)으로 환원시킬 수 있으며, 뉴턴의 역학이 결국에는 어떤 사건도 해결할 수 있는 열쇠가 될 것이라는 데 대해 한치의 의심도 갖지 않았다.

아인슈타인에게 기계주의가 비고전물리학의 문제를 푸는 데 방법론적으로 불합리하다는 것은 명백했다. 그는 기계론자들의 주장, 즉 물리 세계는 단지 기계적인 현상을 넘지 못한다는 주장에 동의하지 않았다. 그는 기계적인 과정에 대한 지식만으로 물리 세계를 충분히 그려낼 수 있다고 믿는 사람들에게 미래를 맡길 수 없었다. "다양한 사건들을 설명하기 위해 그만큼 많은 종류의 서로 다른 힘을 도입하려는 것은 철학적인 관점에서 볼 때 확실히 불만족스럽다"고 그는 말했다.

아인슈타인은 기계주의가 지닌 한계를 지적하면서도 한편으로는 그것이 물리학이 발전하는 데 필수적인 단계였다고 보았다. 헬름홀츠가 주로 틀을 세운 소위 기계적 관점은 이 시기에는 중요한 역할을 수행했다. 이것을 증명하기 위해 그는 물질의 동역학 이론*을 예로 들었는데, 동역학 이론에서는 순수하게 기계적인 운동 형태를 벗어나는 질적으로 훨씬 복잡한 자연 현상까지도 기계론적 관점으로 적절히 설명을 해냈던 것이다.

비슷한 예는 많이 있는데, 이를 통해 고전 역학의 수량적인 방법이 다른 성격을 지닌 비고전 물리학의 발전에도 일정한 역할을 수행했다는 것을 알 수 있다. 그러나 기계적 방법론이 영원히 지배할 수는 없었다. 지구 역학이나 천체 역학은 거시적인 물체의 기계적인 운동에 관한 법칙을 다루는 과학이지만 자연에 존재하는 물체의 총체적인 질적 특성까지 담아내지는 못한다는 사실이 명백해졌다. 엥겔스는 "물질은 질적으로 원래 동일하기 때문에 양적인 특성만을 가진 것으로 간주해야 한다"는 헤겔의 말을 인용하면서 이러한 관점이 18세기 프랑스 유물론의 입장이었다고 강조하고 나아가 그것은 심지어 수, 즉 양적인 특성을 사물의 본질로 간주한 피타고라스 시대로의 후퇴라고 주장했다. 과학이 물체의 질적인 측면을 심각히 제기하지 않고 화학·생물학·물리학 등과 같은 과학──이런 과학은 질적인 특성의 탐구가 본질적인 요소이다──

---

*역학의 한 분야로서 물체의 운동과 힘의 관계를 다룬다. 반면 정(靜) 역학은 정지 상태, 즉 힘의 평형을 취급한다.

은 크게 발전하지 못하는 동안 자연주의자들은 자연 현상을 단순히 역학 법칙만을 이용해 손쉽게 설명하고자 했다.

그러나 과학이 발달하면서 고전 역학의 한계를 벗어나게 되자 물체는 질적으로 최종적이면서 불변의 상태로 존재하는 것이 아니라 변화의 과정 속에 있다는 결론을 얻게 됐다. 자연은 한 번 주어지면 영원토록 존속하는 그 자체로 완벽성을 지닌 실체들이 무질서하게 모인 것이 아니라 하나의 과정으로서 과학자들에게 다가왔다. 과학자들은 자연에 존재하는 사물들 사이의 본질적 차이, 즉 그들의 안정성과 변이성, 양적인 특성과 질적인 특성들 간의 내적 연관성 등에 주의를 기울이기 시작했다. 물질 세계의 각 분야들은 기계적인 운동 형태가 갖는 한계를 뛰어넘어 특수한 법칙의 지배를 받는다는 것이 명백해지고 있었다. 화학과 생물학, 그리고 다른 과학들의 법칙은 역학 법칙으로부터 점점 갈라져 나가기 시작했다.

화학, 생물학 나아가 사회 문제를 다루는 분야에서도 그에 특수한 질서(규칙)를 도출해 내는 한편 물리학 내부에서도 어떤 분화가 생겼다. 물리학은 기계적인 과정과는 별개로 물체의 어떤 질적인 측면과 관련된 것들을 연구하기 시작했다. 예를 들어 분자들의 상태는 열역학 분야에서 다루기도 했다. 분자 운동, 즉 고전 역학에서 발전해 온 운동 개념의 좁은 틀을 통해 탐구했을 뿐 아니라 전자기적 과정은 더 세밀하게 분화됐는데 그것들이 모두 기계적 세계관과 맞아떨어지는 것은 아니었다. 그리고 아인슈타인은 물리학에서 기계론적 관점이 쇠퇴한 것은 주로 전기적·자기적 현상이 발견되고 그 성질이 연구되기 시작하면서부터라는 것을 알았다. 그는 외르스테드의 연구에서 이미 고전 역학의 사상이 후퇴하고 있다는 사실에 주목했다. 예컨대 역학에서는 자연에 단지 구심력만 존재한다고 가정하고 있으나 외르스테드는 전자기 현상에서는 이런 가정이 통하지 않는다는 것을 보였다. 자기장을 띤 바늘은 도체의 중심을 향해서는 전혀 움직이지 않았던 것이다. 아인슈타인은 이 현상을 두고 다음과 같이 말했다.

    우리가 기계론적 관점에 따라 외부 세계의 모든 작용을 환원시키고자 했던 그 힘과는 완전히 다른 어떤 힘이 최초로 등장하게 되었다.

    어느 정도 지나 롤런드(H. A. Rowland)의 연구도 고전 역학과 마찰을 빚었다. 고전 역학에 따르면 자연 현상들 사이의 상호 작용은 대상 물체 사이의 거리에만 의존한다고 되어 있었다. 롤런드는 그것을 절대화하는 것은 불가능하다고 실험을 통해 증명했다. 전선에 흐르는 전하는 자기장을 띤 바늘에 영향을 끼치는데 그 영향력은 전통적인 기계론자들이 주장하듯이 그들 사이의 거리에 의존할 뿐 아니라 전하가 흐르는 방향에도 의존했다.
    그러나 뭐니뭐니 해도 물리학에서 기계주의에 결정적인 타격을 가한 것은 전기 역학이라고 아인슈타인은 생각했다. 패러데이가 발견한 전자기 효과를 이론적으로 증명하는 데 기여한 맥스웰(J. C. Maxwell)은 근본적으로 기계적 세계관과는 부합될 수 없는 전자기장론을 제창했다. 이것이 존재한다는 것은 헤르츠(Hertz)가 훌륭하게 입증했다. 역학적 운동으로는 전자기장을 이론적으로 설명할 수가 없었다. 그것을 설명하는 것은 운동에 대한 또 다른 이해를 요구하는 질적으로 다른 문제였다. 그러나 전자기론의 창시자들은 자신들을 기계주의의 지지자로 생각하고 있었다. 아인슈타인에 따르면 맥스웰은 전자기적 과정을 에테르의 운동으로 간주할 수 있다고 생각했으며 심지어 장(場)의 방정식(fieldequation)을 유도할 때 역학을 원용하기도 했다. 그러나 시간이 지남에 따라 전자기장의 방정식을 역학 방정식으로 환원하는 것은 불가능하다는 점이 점점 더 명확히 이해되기 시작했다.

자연 과학이 발전함에 따라 형이상학적 유물론의 기계적인 관점이 갖는 한계가 점점 명확해졌다. 거기에 기초해 아인슈타인은 기계적 과정은 일부분의 특성일 뿐이며 기계적인 운동을 절대화해 그것으로 물질 세계의 모든 과정을 완전히 설명하려는 것은 이치에 맞지 않는다고 되풀이해 강조했다. 오늘날 외부 세계 전체를 단지 몇 개의 역학 법칙을 사용해 설명하려는 시도는 거의 없다. 예를 들어 우리는 생명이 있는 물질은 다양한 차원에서 연구된다는 것을 알고 있다. 생물학과 화학, 즉 물질의 생물학적이고 화학적인 운동 형태에 대한 지식을 통해 연구하는 것이다. 화학적인 대상에도 똑같이 적용되는데, 화학적 방법뿐 아니라 물리학의 수준에서도 탐구된다. 그러나 생물학적인 대상의 주요한 운동 형태는 여전히 생물학적인 것이지 화학적인 것은 아니며, 이 경우 화학은 부분적이고 종속적인 위치를 차지한다. 물론 이런 역할상의 비중은 화학적인 대상을 취급할 때도 마찬가지이다. 즉 이때는 화학이 주요한 위치를 차지하게 되며 물리적인 것은 부차적이거나 하위의 개념이 된다. 생물학적이고 화학적인 운동 형태를 내포하고 있는 물질은 본질적으로 각각에 해당되는 생물학적이고 화학적인 법칙에 위배되기 때문에 이런 물질들에 작용하는 종속적이거나 하위의 운동 형태는 비록 그것들이 그 물질들의 상태에 다소 영향을 끼친다고 할지라도 그 물질들의 존재 자체를 결정짓지는 못한다. 그러나 이러한 자연 세계의 변증법은 과학의 역사를 통해 비교적 최근에 와서야 이해되었다. 기계주의로 불리는 경향은 16세기에 탄생했다. 그것은 물질 운동의 최고 형태를 탐구하면서 부차적이고 기계적인 운동 형태를 절대화시키는 잘못을 범했다. 아인슈타인은 고전적 형태로서의 기계주의를 거부했을 뿐 아니라 몇몇 과학자들이 부차적인 운동 형태를 통해 물질의 주요한 운동 형태를 설명하려는 시도를 보고 근대적인 형태로서의 기계주의에 대해서도 경고를 보냈다. 예컨대 그는 자연 과학 법칙을 통해 사회 현상을 설명하려는 것은 불합리하다고 생각했다. 그는 사회 현상은 그것의 역사적인 발전 과정을 담고 있는 그 자체의 특수한 법칙으로 다뤄져야 한다고 보았다.

물리학의 공리를 인간의 생활에 적용시키고자 하는 최근의 경향은 전적으로 잘못되었을 뿐 아니라 그 자체에 비난받을 만한 어떤 요소가 들어 있다고 믿는다.

헤겔 철학 비판

많은 과학자들은 형이상학적이고 기계적인 관점은 한계를 갖고 있을 뿐 아니라 새로운 물리학에서 방법론으로서 제대로 기능하지 못할 것이라는 것을 간파했다. 그래서 불확정성과 비결정론의 분위기가 당시의 과학자들 사이에 급속히 번져갔다. 하나의 이론적인 문제나 또 다른 문제에 대해 가장 '신뢰하기 힘든' 해답이 문헌에 소개되었다. 엥겔스는 그런 분위기를 다음과 같이 전했다.

사람들은 자연 과학에 관한 이론 서적을 접할 때마다 자연 과학자들은 자신들이 이런 모순과 혼돈에 지배되고 있다는 것을 과연 어느 정도나 알고 있을까라는 의문을 갖게 된다. 또 오늘날 이른바 철학은 자연 과학자들에게 어떤 출구도 제공하지 못하고 있다는 것을 느끼게 된다. 현재로서는 다른 형태로의 전환이 없으면, 즉 형이상학적 사유로부터 변증법적 사고로의 전환이 없으면 어떤 출구도 존재하지 않으며 문제를 해결할 가능성도 없다.

사실 과학의 발달은 어떤 측면으로든 낡은 관점에 기초하고 있던 토대를 침식해 왔다. 그러나 낡은 관점은 여전히 자연 과학자들의 마음에 강하게 자리잡고 있고 아직 새로운 사고 체계에 과학자들이 동화되지 않았기 때문에 이것이 의식 속에 혼돈을 일으켰던 것이다. 헤겔이 형이상학과 기계주의를 철저히 비판하고 변증법적 체계를 세웠는데도 과학자들은 아직 변증법에 대해 부정적이었다. 그러나 문제는 헤겔이 논리적으로나 실천적으로는 입증되지 않은 (순수한) 사유에 기초를 둔 자연 철학을 세움으로써 과학자들을 내쫓았다는 점이다. 구체적인 과학들이 자연 현상의 경험적 입증을 필요로 하고 있을 때 헤겔은 다른 자연 철학자들과 마찬가지로 전적으로 순수한 사고와 사유의 영역 —— 과학자들에게 그런 영역은 이미 지나간 시대의 사상으로 여겨졌다 —— 으로 자연 과학자들을 되돌리려고 했다. 그러나 과학자들은 헤겔을 따를 수가 없었는데 왜냐하면 생물학의 찬찬한 발달로 인해 자연의 진화라는 변증법적 개념이 이미 과학자들 사이에 실제로 자리잡기 시작했기 때문이다. 헤겔은 자신의 이론과는 반대로 자연을 절대 정신이 구현되는 과정이라고 주장했으며 자연의 자기 진화 과정을 부정했다. 예를 들어 헤겔은 다음과 같이 강조했다.

종(種)이 시간의 흐름에 따라 연속적으로 진화한다고 주장하는 것은 완전히 허황한 생각이다. 연대기적인 차이는 생각할 가치조차 없는 것이다.

헤겔의 자연 철학도 자연 과학자들의 주목을 받지 못했는데 왜냐하면 그의 자연 철학이 원자론을 부정했을 뿐 아니라 원자론에 기초한 화학의 모든 업적, 기체 분자 운동론, 켈빈 경이나 로렌츠(H. A. Lorentz) 같은 과학자들이 원자론을 발전시키는 데 기여한 공헌 등을 수용하지 않았기 때문이다. 특히 화학자들은 헤겔을 신뢰하지 않았는데 왜냐하면 화학뿐 아니라 인접 과학에까지 지대한 영향을 끼친 화학 원소에 관한 이론을 헤겔이 공박했기 때문이다. 헤겔의 주장을 들어보자.

우리가 물질의 원소들을 다룰 때 화학적인 의미에서 그 원소들에 관심을 갖는 것은 전혀 아니다. 화학적인 관점은 결코 결정적인 관점이 아니다. 그것은 단지 특수한 영역으로서 그 자체로 본질적인 원리를 지니고 있다고 할지라도 (그 원리를) 다른 영역에까지 확대할 수 있을 정도는 못되기 때문이다.

전자기 현상을 연구하는 물리학자들도 헤겔을 비난했다. 뉴턴이 주장한 빛의 입자설과 데카르트와 호이겐스(C. Huygens)의 빛의 파동설은 당시 널리 알려져 있었다. 뉴턴의 입자설은 20세기에 들어와서야 실험적으로 증명되었으나 후자는 이미 헤겔 시대에 프레넬(A. J. Fresnel)과 영(T. Young)의 연구에 힘입어 입증이 된 상태였다. 그런데도 헤겔은 두 가지 관점 모두를 받아들이지 않았다.

빛이 직선으로 전파된다는 뉴턴의 주장이나 파동의 형태로 전달된다는 파동설은 모두 ……빛을 이해하는 데 전혀 쓸모가 없는 유물론적인 주장이다.

헤겔이 자연 철학에서 행한 억지 해석이나 오해와는 별개로 그가 내적 연관성, 발전 법칙, 과학을 훨씬 앞지르는 자연의 속성 등등에 관해 천재적으로 추측하고 짐작했다는 사실은 부인할 수 없다. 예를 들어 기계론자들과는 반대로 헤겔은 '운동'의 개념을 폭넓게 해석했으며, 그 개념을 기계적인 과정 이상으로 더 확장시켜 적용시켰다. 그는 당시의 자연 과학자들이 인정하지 않았던 변증법적 방법을 개발했으며 그 결과 과학자들이 자연의 존재에 관한 풍부한 경험 자료가 쌓인 복잡한 미궁 속에서 제대로 길을 찾을 수 있도록 도왔다. 그러나 헤겔의 관념론에 대한 과학자들의 불신이 너무 깊었기 때문에 헤겔의 관념 체계에서 어떤 가치 있는 것을 찾고자 하는 시도를 과학자들이 별로 하지 않았다. 엥겔스의 얘기를 들어보자.

> 헤겔주의뿐 아니라 변증법까지도 내팽개쳤다. 바로 그 당시에는 자연 과정의 변증법적 특성이 거부할 수 없을 정도로 인간의 이성에 호소하고 있었으며 따라서 변증법만이 숱하게 쌓여 있는 이론을 헤쳐나갈 수 있는 자연 과학의 유일한 해결책이었는데도 말이다.

마르크스·엥겔스의 변증법과 고대 그리스 철학의 영향

19세기 후반에 들어와 마르크스와 엥겔스가 헤겔의 관념론적 변증법을 다시 다루었고 거기에서 세계에 대한 새로운 관점이 창조되었다. 이 새로운 관점은 자연 과학자들이 밝혀낸 모든 자연 과정을 제대로 반영하는 것이었다. 변증법적 유물론은 과학자들이 마음속에 품고 있던 모든 혼돈을 시원스럽게 해결하도록 도와주었다. 그러나 많은 사람들은 마르크스와 헤겔의 변증법이 똑같다고 생각하고 두 변증법이 가진 정반대 성격을 이해하지 못했다. 유물론적 변증법의 기능은 단순히 방법론에 국한되지 않았다. 그것은 이데올로기 기능도 수행했다. 유물론적 변증법이 이끌어낸 혁명적인 결론을 어떤 과학자들은 받아들이지 않았다. 그러나 변증법을 수용하지 않는다는 것은 과학으로부터 방법론적 기초를 빼앗는 것과 같으며, 결국 광범한 전선에 걸친 과학적 발견들의 공습에 직면해 제대로 저항을 못할 뿐 아니라 이미 익숙해진 개념들도 갑작스럽게 붕괴된다는 사실을 깨닫게 되었다.

엥겔스는 동시대 과학이 발견해 낸 사실들을 일반화함으로써 좀더 확실한 이론적 기초를 구축했는데, (이 새로운 이론적 기초로 말미암아) 기계주의의 권위, 특히 운동·공간·시간에 대한 기계주의적 해석이 밑바닥에서부터 허물어지게 됐다. 대부분의 18세기, 19세기 과학자들은 일반적으로 운동을 공간상에서의 물체의 단순한 이동으로 이해했다. 그들은 운동 자체는 움직이는 물체의 질적인 특성에 전혀 영향을 끼치지 못한다고 생각했다. 엥겔스는 기계적 운동은 (운동 일반에 비춰볼 때) 부분적인 특성에 지나지 않는다고 강조했다. 운동을 장소의 기계적인 변화보다는 좀더 포괄적인 개념으로 보았다. 단순히 공간상의 위치 변화일 뿐 아니라 다수의 질적 변화까지 포함한다는 것이었다. 엥겔스의 운동 개념은 다음과 같다.

가장 일반적인 의미에서 물질의 존재 양식이자 고유한 속성이라고 여겨지는 운동은 단순한 위치상의 변화로부터 사고 작용에 이르기까지 우주에서 일어나는 모든 변화와 과정을 내포한다.

엥겔스는 최초로 물질의 운동 형태를 분류했다. 그는 운동은 자체의 고유한 형태를 갖고 있으며 추상적인 물질 일반이 존재하지 않는 것처럼 추상화된 운동 일반도 존재하지 않는다고 주장했다. 오직 질적으로 서로 구별되는 구체적인 운동 형태만이 있을 뿐이라는 것이었다. 이 분류에 따르면 운동의 형태에는 기계적·물리적·화학적·생물학적 그리고 사회적 운동이 있다고 했다. 가장 단순한 형태의 운동은 기계적 운동이라고 보았다. 엥겔스의 분류에 따르자면 기계적 운동을 하는 물질은 오직 거시적인 물체일 뿐이며, 반면 소립자들이나 전자기장과 중력장, 그 밖의 여러 장들은 역학 법칙에 지배받지 않는다. 또 화학적·생물학적·사회적 운동 형태를 물리적인 운동 형태, 특히 기계적(역학적) 운동 형태와 동일시해서는 안 된다고 보았다.

이 새로운 관점 덕택에 물리학자들은 형이상학적 실수를 저지르지 않을 수 있게 됐고 기계적 운동을 절대적인 것으로 보는 잘못도 피할 수 있게 됐다. 아

아인슈타인이 이 새로운 관점을 더 의식적으로 적용할 수 있었다면 형이상학과 기계주의에 대항하는 싸움이 더 쉬웠을 것이다. 그는 실제로는 어떤 체계화된 관점도 갖지 않고 무의식적으로 대항해 싸웠던 것이다. 더구나 이전에 발견된 사실을 새롭게 발견하려고 애쓰지 않아도 됐을 것이다. 아인슈타인을 포함한 많은 자연 과학자들은 형이상학적 유물론과 변증법적 유물론의 갈림길에 서 있었다. 그들은 형이상학적 유물론을 버리고 대신 변증법적 유물론을 향해 다가갔다. 하지만 다소 무의식적이고 일관성이 결여된 상태였다.

  아인슈타인은 형이상학적이고 기계적인 유물론에 반대하긴 했지만 하나의 철학 체계로서의 유물론 일반을 거부한 것은 아니었다. 그는 유물론의 주요한 사상에 흥미를 가졌으며 유물론의 존재 형태에서 논리적 연속성과 역사적인 정당성을 보았다. 그는 유물론의 약점과 강점을 동시에 파악했다. 아인슈타인은 물질, 객관적인 세계, 세계의 물질적 단일성, 자연 현상과 사회 현상들이 갖는 인과 관계, 원자론, 그리고 철학적 유물론자의 사고가 이룬 가장 위대한 업적 중의 하나인 세계의 인식 가능성에 관한 원리 등등이 모두 유물론에 속하는 사상이라고 주장했다. 이처럼 훌륭한 사상들의 맹아가 이미 고대 그리스 철학에서 발견된다는 사실이 아인슈타인을 놀라게 했다. 그가 즐겨 읽는 도서목록에 고대 그리스 철학 서적이 포함돼 있는 것은 우연이 아니었다. 그는 데모크리토스, 에피쿠로스, 헤라클레이토스(Heracleitos), 루크레티우스(Lucretius) 등의 저서를 반복해서 새겨 읽었다. 고대 사상가들의 유물론을 보는 자신의 입장을 루크레티우스의 『사물의 본질에 관하여 On the Nature of Things』 독일어판 서문이나 몇몇 편지에서 밝혔다. 그는 이 서문이나 편지들 속에서 고대 유물론자들의 철학에 나타나는 개별 명제들과 현대라는 시간 사이에 놓여 있는 관계에 대해 언급했다.

루크레티우스의 저서는 우리의 시대 정신에 전적으로 동의하진 못하지만 때때로 방관자로서 동시대인들과 동시대인들의 정신을 확인해 보고자 하는 사람들에게 마력으로 작용할 것이다. 루크레티우스의 저서 속에서 우리를 과학에 흥미를 갖고 사색을 즐기며 활달하고 풍부한 감정과 사고를 소유한 예술적이고 사색적인 사람에게, 그렇지만 의식적으로나 비판적으로 분석할 능력이 없던 어린 시절에 오늘날의 과학에 대한 어떤 관념도 주입되지 않았던 그런 사람에게, 과연 이 세계가 어떻게 비칠 수 있는가를 발견하게 된다.

루크레티우스, 에피쿠로스, 데모크리토스의 저서에서 아인슈타인이 경탄한 것은 20세기나 지난 뒤에 이뤄진 과학적 발견을 당시에 이미 예견했다는 점이다. 그는 이들의 저서에 나타나 있는 원자론이나 인과율에 대한 철학 사상을 높이 평가하면서 이 사상들이 지닌 대담함은 오늘날의 입장에서 보더라도 충격적이라고 주장했다. 아인슈타인은 고대 원자론자들이 세계의 인식 가능성을 믿었다는 점에 특히 주목했다. 그는 루크레티우스에게서 기계론적 세계관과 원자론적 세계관을 이제 막 주창하려고 하는 사상가의 모습을 보았다.

훨씬 더 실제적 경향을 띠는 로마인들 앞에서도 감히 드러내 놓고 말하지는 못했지만, 그는 독자들에게 원자론적-기계론적 세계관이 필요하다는 것을 확신시키는 것이 무엇보다 필수적이라고 느꼈던 것 같다.

아인슈타인은 유물론의 발달 과정을 추적하는 가운데 훗날의 유물론 철학에는 고대 원자론자들의 사상이 발현되어 있다는 사실을 발견했다. 그는 유물론은 과학 발달에 힘입어 끊임없이 그 형태를 변화시키고 있다고 강조했다. 외부 세계의 대상을 감각을 통해 얻는 직접적인 정보와 동일시했던 소박한 리얼리즘을 대신해 아인슈타인이 '훨씬 정교한 리얼리즘'이라고 이름붙인 리얼리즘이 등장했다. 아인슈타인은 이와 같은 유물론의 새로운 변화를 원자이론, 즉 직접적인 관찰에만 기초한 이론이 아니라 감각과 이성의 작용 모두에 기초해 있는 이론과 연관지었다.

그러나 불변하는 질량 입자(masspoints)의 개념을 도입한 것은 훨씬 정교한 리얼리즘을 향한 한 단계 진전이었다. 왜냐하면 원자 단위의 입자들은 도입할 때부터 직접적인 관찰에 기초해서 얻어진 것이 아니었기 때문이다.

아인슈타인은 전자기장 이론을 통해서도 유물론이 불가피하게 앞으로도 계속 변화·발전할 것이라는 사실을 확인했다.

전자기장에 관한 패러데이와 맥스웰 이론 덕분에 실재적인 것에 대한 개념적인 의미가 좀더 정교해질 수 있었다. 무게를 가진 물질과 마찬가지로 공간상에 연속적으로 분포돼 있는 전자기장도 다른 어떤 것으로 환원시킬 수 없는 실재로 규정할 필요가 생겼다.

그러나 우리가 앞에서 보았듯이 아인슈타인이 (나중에) 구상했던 개념은 이미 맥스웰 이론이 발표됐을 무렵 마르크스와 엥겔스에 의해 창안돼 있었다. 마르크스와 엥겔스는 물질의 개념을 '무게를 가진 물질'이라는 좁은 의미를 넘어 확대해서 규정했던 것이다.

다음 장에서 우리는 아인슈타인의 철학적 개념 체계에는 유물론의 주요한 개념뿐 아니라 변증법의 핵심적인 명제들도 깊숙이 영향을 끼쳤다는 사실을 알게 될 것이다.

제2장
아인슈타인과 관념론 철학의 개념들

버클리·흄·칸트의 주관적 관념론의 영향과 그 비판 · 62
마흐 철학의 영향과 그 비판 · 70
실증주의 비판 · 75
종교에 대한 견해 · 79

우리는 앞에서 아인슈타인이 형이상학적 유물론의 많은 명제들을 탐탁해하지 않았다는 것을 살펴보았다. 그래서 그는 발생 초기에 있던 비고전 물리학(현대 물리학)을 설명할 수 있는 철학 사상을 찾기 위해 다른 철학 유파로 눈을 돌려 그들의 사상을 분석하기로 했다. 그는 다양한 유파들의 업적을 세밀히 분석했는데 거기에는 아리스토텔레스, 플라톤(Platon), 루크레티우스, 데모크리토스, 라 메트리(J. O. La Mettrie), 스피노자(B. Spinoza), 버클리, 흄(D. Hume), 칸트, 마흐(E. Mach), 러셀(B. Russell), 프랭크와 그 밖의 여러 철학자가 포함돼 있다. 그는 그들의 사상 가운데서도 우리의 인식 과정이 얼마나 모순적이고 변증법적인가를 지적한 견해에 가장 매력을 느꼈다. 우리는 앞에서 그가 유물론의 명제를 빌려올 때 마르크스 이전의 유물론 철학에 많이 의존했다고 지적했다. 그러나 거기에는 변증법이 결여돼 있었기 때문에 그가 변증법적인 지식을 거시서 도출해 내기는 힘들었다. 그래서 그가 변증법적 사상을 획득하기 위해서는 관념론적인 체계, 특히 변증법이 심도 있게 발전된 그런 관념론(예컨대 헤겔의 관념론적 변증법―옮긴이 주)에 주로 의존할 수밖에 없게 되었던 것이다.

유물론적 변증법이 그 당시에 이미 존재하고 있었지만 아인슈타인은 그것의 원리 체계나 법칙, 범주 등을 잘 알지 못했을 뿐 아니라 유물론적 변증법의 역할과 기능에 대해서도 잘 알지 못했다. 그러므로 그는 서로 다른 철학 체계가 지닌 각각의 명제들에 기초해 자신의 세계관을 형성할 수밖에 없었다. 그 결과 아인슈타인은 자신의 철학적 견해를 특유한 형태로 표현하게 되었는데, 거기에는 그가 이전에 관심을 가졌던 철학 체계들의 관념들로 채색돼 있게 마련이었다. 그런 상황이 때때로 그를 어떤 한 철학 유파의 지지자로 간주했다가도 동시에 전혀 다른 철학 유파로 분류하게 만드는 요인이 되었다. 그는 버클리의 추종자, 흄의 지지자, 칸트주의자, 마흐주의자, 실증주의자, 경험주의자, 합리주의자 등등 각양각색으로 불려 왔다.

아인슈타인이 비유물론적 철학 체계로부터 끌어들였던 구체적인 사상은 어떤 내용을 담고 있는가? 그가 인용했던 철학 이론의 내용만 보고서 그의 전체적인 철학 관점을 규정지을 수 있는 근거는 있는가?

버클리 · 흄 · 칸트의 주관적 관념론의 영향과 비판

버클리 · 흄 · 칸트 등의 저술이 그의 주의를 끌었는데, 그 이유는 그들이 당시에 유행하던 형이상학적 인식론의 전제들을 과감히 떨쳐버렸을 뿐 아니라 고전 물리학도 지배하고 있었기 때문이다. 아인슈타인은 고전 역학의 개별적인 명제들을 분석하면서 특히 인식론의 문제에 주목했다. 그가 인식 과정의 변증법에 대해 일정한 개념 정리를 할 수 있게 된 데는 역학의 기초를 세웠던 과학자들의 영향이 컸다. 그는 이 생각을 견고히 해야 할, 말하자면 철학적으로 입증할 필요성을 더욱 느꼈다. 그러나 형이상학적 유물론에서는 필요한 증거를 발견하지 못했는데, 왜냐하면 그것은 자주 경험적이고 합리적인 방향과는 반대되는 입장을 취하고, 지식 일반이 내포된 합리적이고 이성적인 요소를 과소 평가하는 경향이 있었기 때문이다. 이런 것들이 앞에서 언급했던 철학 유파로 그가 눈을 돌리게 되는 요인으로 작용했다.

아인슈타인은 버클리로부터 다음과 같은 명제를 끌어들였다. 즉 우리의 감각을 통한 지각은 경험론자들이 주장하는 것처럼 외부 세계에 있는 대상의 본질을 직접적으로 간파하지 못한다는 것이다. 그러나 그 외 다른 명제들은 아인슈타인의 흥미를 끌지 못했다. 많은 문제들에서 그는 다른 입장을 취했다. 예를 들어 버클리는 외부 세계의 대상을 우리들의 지각에 의존하는 관념들의 집합체로 보았다. 유물론적 직관을 통해 우리의 감각 기관이 받아들이는 정보는 객관적으로 존재하는, 즉 주관적인 인식과는 상관없이 존재하는 물질의 본질과 인과적으로 연결돼 있는 것으로 생각했다.

아인슈타인은 거칠게나마 이와 비슷한 생각을 흄에게서도 발견하고 그의 철학 체계로부터 일반적으로 개념이라는 것이 감각 자료에서 직접적이고 논리적으로 유도되는 것은 아니라는 명제를 끄집어냈다.

> 흄은 우리가 본질적이라고 간주하는 개념들, 예컨대 인과 관계 등과 같은 것들은 감각을 통해 우리에게 주어지는 자료에서는 결코 얻을 수 없다고 보았다.

아인슈타인은 이 부분에서 개념과 경험적인 자료 사이의 직접적인 연관 관계에 대해 얘기하고 있다. 물론 흄은 그런 생각으로부터 일반 개념들에 대해 불가지론적인 결론을 내렸다. 그러나 아인슈타인은 극단적인 경험주의에 반대하면서 일반 개념의 지위에 관한 생각을 피력했는데, 사물에 대한 인식은 전적으로 '습관적으로 받아들이는 지식의 유일한 원천인 감각적 원료'에 있다고 결론지었다. 그는 흄 철학의 불가지론적인 결론을 받아들이지 않았을 뿐만 아니라 그것을 비판하기까지 했다. 인간은 확실한 지식에 대해 강렬한 열망을 갖고 있다. 흄의 명백한 메시지가 궤멸하고 있는 것처럼 보이는 이유는 그 때문이다.

아인슈타인은 흄이 강조한 지식 사슬의 단절은 반드시 극복돼야 한다고 생각했다. 그는 칸트에게서 이 난점을 극복하는 방법을 발견했다. 경험적인 사실이 확실한 인식으로 유도될 수 없고(흄), 인과 관계·시간·공간 따위의 일반 개념들 없이는 사고가 불가능하므로 결국 확실한 지식은 선험적인(a priori) 성격을 가진다고 칸트는 결론지었다. 그러나 아인슈타인의 주의를 끈 것은 칸트 사상의 그런 측면이 아니었다. 칸트에게서 빌어온 것은 다음과 같은 것이라고 그는 명확히 밝혔다.

나는 칸트주의의 전통 아래서 성장하지는 않았지만 그의 사상에서 발견되는 참된 가치는 이해할 수 있게 됐다. 물론 오늘날엔 누구나 알지만 단지 너무 늦게 발견된 그의 결점들도 포함해서, 그것은 다음의 한 문장에 함축돼 있다. "실재는 우리에게 주어진 것이 아니라 내팽겨져 있는 것이다(수수께끼의 형태를 통해서)." 이 말의 의미는 명백하다. 인간들에게는 공통적으로 개념적 구성 작용――그것의 근거는 전적으로 확인 가능성에 있다――과 같은 것이 존재하고 있어 이를 통해 사물의 인식이 가능하다는 것이다.

아인슈타인은 칸트가 인간이 빠져 있는 딜레마를 해결하는 데 일조를 했을 뿐 아니라 감각을 통한 지각 그 자체는 외부 세계에 있는 물질의 본질에 대해 필요한 관념을 제공하지는 못한다는 사실도 아울러 지적했다는 것을 알았다. 감각을 통해 얻은 지각은 단지 자료를 제공할 뿐이어서 그 자료를 논리적으로 분석하고 그것에서 본질적인 요소들을 선택하고, 사물의 질적인 특성과 무관한 모든 요소들을 제거해 그 결과로부터 과학적인 개념을 형성하는 과정이 필요하다는 것이었다. 아인슈타인에 따르면 과학적인 개념은 뇌의 정신 활동의 결과이지 감각 기관의 산물이 아니다. 개념의 실재성은 경험상으로 확인 가능하다는 데 있다. 그는 칸트의 명제를 이용해 경험론자들, 즉 지식은 정신적인 활동에 의존하는 것이 아니라 경험적인 자료로부터 직접적으로 획득된다고 주장하는 사람들을 논박했다.

아인슈타인이 버클리·흄·칸트 등의 저서에 의존하긴 했지만 그렇다고 그들의 철학 체계 속으로 끌려 들어간 것은 아니었다. 그는 타고난 유물론자와 변증론자로서 그들의 저작을 읽었다. 그것들을 통해 그는 인식 과정의 변증법이 내포하고 있는 문제와 원리들을 접했다. 나아가 그 명제들 중의 몇몇을 이용해 관념론·불가지론·형이상학을 비판하기도 했는데, 특히 앞서 언급했던 지식의 원천에 관한 형이상학적이고 관념론적인 두 가지 '환상'에 대해 강하게 비판했다.

때때로 얘기하는 것처럼 아인슈타인의 철학적 관점을 버클리의 주관적 관념론과 동일하게 보는 것은 올바른 것일까? 버클리 철학의 주요 내용을 요약하면 외부 세계를 우리의 지각(perception)과 동일시한다는 것이다. "존재한다는 것은 지각되는 것이다"라는 것이 버클리 사상의 핵심이다. 그는 인간의 지각을 벗어나서 사물이 존재한다는 것은 상상할 수 없었다. 그의 사상은 바로 유아론(唯我論)으로 귀착된다. 그것은 주로 유물론의 기본 명제, 즉 '물질' 개념에 대항하는 것을 목적으로 하고 있다.

그러나 아인슈타인은 여기서 다른 전제와 다른 접근 방법을 취했다. 그는 버클리의 철학 체계가 기초하고 있는 중심 사상을 날카롭게 비판하는 한편 그것이 지닌 실증주의와의 이데올로기적인 유사성을 지적했다.

> 이런 종류의 논의에서 내가 싫어하는 것은 기본적으로 실증주의적인 태도이다. 내가 보기에 실증주의는 이치에 맞지 않을 뿐더러 이것이 버클리가 내세운 '존재는 지각이다(esse est percipi)'와 같은 원리를 초래한 것으로 여겨진다.

아인슈타인은 인간을 둘러싼 세계는 우리의 의식과는 별개로 객관적으로 존재하고 있다는 생각을 강력히 고수했다. 그는 여러 저작을 통해 이런 명제를 반복적으로 개진하면서, 외부 세계를 인식으로 환원시키려는 주관적인 관념론을 비판했다. 타고르(R. Tagore)와 나눈 대화에서 이런 예를 찾아볼 수 있다.

타고르는 이 세계는 객관적으로 존재하는 것이 아니며 그것의 실재는 우리의 의식에 달려 있다고 주장했다. 타고르의 견해는 유물론을 반대하는 버클리의 관점과 일치했다. 타고르는 다음과 같이 썼다.

내가 글을 쓰고 있는 이 책상에 대해 나는 그것이 존재하고 있다고 말한다. 왜냐하면 나는 책상을 만지고 느끼기 때문이다. 내가 만약 글쓰는 것을 그만두고 책상을 떠나면 나는 책상이 존재했었다고 말해야 할 것이다. 즉 내가 책상에 앉아 있을 때만 내가 책상을 지각할 수 있기 때문이다.

타고르에 대한 답변을 통해 아인슈타인은 다음과 같이 강조했다.

우리는 일상 생활에서조차 우리가 사용하는 물체가 인간과 독립적으로 존재하는 실재라는 것을 인정하지 않을 수 없다고 느낀다.……예컨대 이 집에 아무도 없다고 할지라도 책상은 여전히 그 장소에 머물러 있는 것이다.

아인슈타인의 이 같은 진술을 통해 우리는 그의 철학적 관점을 버클리의 주관적 관념론과 혼동해서는 안 된다는 것을 알 수 있다. 흄의 주관적 관념론에 대해서도 똑같은 결론을 적용할 수 있다. 우리가 알다시피 아인슈타인은 흄 철학 체계의 핵심을 이루는 주요 명제들을 거부했던 것이다.

흄의 철학은 처음부터 끝까지 불가지론으로 귀착되는 회의론으로 가득 차 있다. 그는 외부에 존재하는 사물에 의해 우리의 지각이 일깨워진다는 것은 어떤 논거를 통해서도 증명할 수 없다고 생각했다. 정신은 지각 이외에 아무것도 갖고 있지 않으며 지각과 사물 사이의 관계에 대해 어떤 형태의 실험을 하는 것도 불가능하다고 보았다. 따라서 그러한 관계를 가정하는 것 자체가 어떤 논리적인 기초를 빠뜨리고 있는 것이라고 주장했다. 그러나 이런 종류의 비관주의는 아인슈타인에게 어울리지 않았다. 그는 외부 세계에 있는 사물의 본질은 확실히 알 수 있다는 강력한 확신을 가졌다. 아인슈타인은 흄이 제시한 깜깜한 오솔길에서 벗어나 제대로 길을 찾는 방법을 터득했다. 아인슈타인에게 지각이라는 것은 실재의 사진이나 복사판에 지나지 않았다.

> 인간의 본성은 항상 외부 세계를 단순하고도 개략적인 이미지로 형성하려고 노력해 왔다. 그렇게 함으로써 인간 본성은 자연에서 인간의 정신이 보는 것을 확실하게 표현할 수 있는 상(像)을 구축하려고 한다.

그에게 하나의 사물을 안다는 것은 과학적인 개념을 이용해 그것의 본질을 통찰한다는 것을 의미했다. 그는 세계의 질서와 인과 관계를 믿었기 때문에 그로부터 자연의 비밀을 알아낼 수 있다는 낙관과 확신을 가졌다.

흄은 인과율을 세계의 객관적인 규칙성에 연계시키지 않았다. 인과율은 이론과 경험, 그 어느 쪽에서도 증명될 수 없으며 단지 하나의 사건과 또 다른 사건을 지각하는 반복적인 습관의 결과, 즉 심리적인 현상이지 객관적인 양식은 아니라고 주장했다. 아인슈타인은 우리가 보다시피 이 문제에 특히 많은 주의를 기울였다. 그는 그 해답을 찾기 위해 고전적인 사상가인 에피쿠로스와 데모크리토스의 문헌과 데카르트와 스피노자의 저작에 관심을 가지는 한편 고전 물리학과 양자 역학에 나타난 인과율을 연구했으며, 또 보어(N. Bohr)와 이 문제에 관해 유명한 토론을 갖기도 했다. 아인슈타인 자신은 유물론적인 방법으로 인과성의 문제를 다루었다.

칸트의 견해와 아인슈타인의 관점은 물론 동일시될 수 없다. 예를 들어 칸트는 이 세계가 두 부분으로 나뉘어 있다고 묘사했는데, 하나는 객관적으로 존재하는 '물자체'이고, 다른 하나는 시간과 공간이라는 주관의 형식이 경험 자료에 질서를 부여함으로써 나타나는 '현상'을 가리킨다. 후자의 방식에 의해 감각 자료가 개념으로 전화하게 된다는 것이다. 칸트는 시간과 공간, 자연 법칙, 그리고 인과율이 객관적인 자연의 진행 과정을 반영하는 것이 아니라 오히려 그것은 주관의 범주에 속하며, 그 범주는 인간에게 천부적이고 영속적이며 시간이 흘러도 변하지 않는 선험적인 것이라고 보았다. 그것은 경험을 넘어서며 세계상을 단정하는 데 결정적인 역할을 한다. 칸트는 우리가 주관적인 경험을 뛰어넘을 수 없다고 강조했는데, 왜냐하면 그럴 경우 우리는 즉시 자가당착과 해결할 수 없는 모순에 빠지기 때문이었다.

아인슈타인은 칸트가 세계를 '물자체'의 세계와 '현상'의 세계로 이분한 데 대해 동의하지 않았다. 그는 현상이 비록 그 자체로는 사물의 본질과 일치하진 않지만 그래도 그것을 반영한다고 생각했다. 그는 인간이 가진 이성의 힘을 믿었는데, 그것은 일상의 의식을 뛰어넘을 수 있을 뿐 아니라 탐구 대상의 본질을 파악할 수 있도록 해준다고 생각했다. 그는 아리스토텔레스와 프톨레마이오스의 태양중심설, 아리스토텔레스의 운동 개념 등을 분석하면서 이 같은 생각을 발전시켰다.

우리는 칸트가 인간의 딜레마를 해결하는 데 어떻게 기여했는지를 살펴보았다. 그러나 그는 이 문제를 고찰하면서 큰 실수를 저질렀다. 하지만 아인슈타인은 직관적인 유물론의 관점에서 이 문제를 해석하고 칸트의 견해에 대해 다음과 같이 설명했다.

> 칸트는 흄으로부터 우리가 사고하는 데 지배적인 역할을 하는 개념들(예컨대 인과 관계 같은 것)이 있다는 것을 배웠다. 그러나 그 개념들은 주어진 경험 사실로부터 논리적 과정을 통해 연역적으로 추론되는 것이 아니라는 것도

아울러 배웠다. …… 그러면 그러한 개념들을 사용하는 것이 어떻게 정당화될 수 있는가? 그가 이렇게 대답했다고 상상해 보자. 주어진 경험 사실을 이해하기 위해서는 사고 활동이 필요하며, 개념들과 '범주'는 사고 활동의 필수 불가결한 요소이다. 만약 그가 이런 식의 대답에 만족했더라면 아마 회의론을 피할 수 있었을 것이다.

칸트와는 달리 아인슈타인은 우리들이 외부 세계를 인식하는 원천은 실재 그 자체에 있다고 보았다. 감각 기관을 통해 들어온 정보가 정신적 과정을 거침으로써 우리는 인식을 얻는다는 것이었다. 그는 칸트가 내세운 선험적 개념들에 동의하지 않았다. 그는 칸트가 선험적 추론을 이끌어낸 이유를 다음과 같이 보았다.

그는 잘못된 견해——물론 그 당시로서는 피하기 힘든 것이긴 했지만——에 이끌렸는데, 이 견해에 따르면 유클리드(Euclid) 기하학은 사고 활동에 필수적일 뿐 아니라 '외부'의 지각 대상에 대해 '확실한' (즉 감각적인 경험에 의존하지 않는) 지식을 제공한다는 것이었다. 이처럼 쉽게 속아넘어갈 수 있는 잘못으로부터 그는 다음과 같은 결론, 즉 선험적 종합 판단은 이성을 통해서만 형성되며 따라서 그것은 절대적인 확실성을 주장할 수 있다는 결론을 내렸다.

아인슈타인은 일반 원리와 철학적 범주는 시간이 지나도 절대적이고 불변한다는 칸트의 주장에 대해 그것은 명백히 잘못된 것이라고 보고 동의하지 않았다. 칸트는 과학 체계란 경험에서 유래하지 않는 원리들에 의존하고 있으며 또 그것들에 의존해야만 한다는 사실을 아무런 의심 없이 받아들여야 한다고 보았다. 그러나 이 원리들이 갖는 의미와 이들의 필요 불가결성에 대해 논의하게 되면 의심이 생기지 않을 수 없다. 아인슈타인의 생각으로는 과학의 개념과 원리, 그리고 이론들은 역사적인 범주에 속한다. 세월이 흐름에 따라 그것들은 다시 검토되고 현실에 맞게 재조정돼야 한다는 것이다. 아인슈타인이 마흐와 칸트의 입장과는 반대로 원리와 범주는 객관적인 성격을 지닌다고 주장하면서도, 마흐가 고전 역학에 대해 역사적인 접근 방법을 보이자 그것을 높이 평가한 것은 결코 우연이 아니다.

마흐 철학의 영향과 그 비판

마흐의 이름이 아인슈타인의 저술에서 계속 나타난다. 사실 그는 마흐가 이룬 과학 및 철학적 업적에 관심이 많았다. 그의 철학적 업적이 아인슈타인의 관심을 끈 이유는 그의 철학이 갖는 관념적 내용 때문이 아니라, 그가 한 사람의 물리학자로서 인식론의 문제를 다뤘다는 데 있다. 자연 과학자라고 해서 물리학은 철학적인 지식 없이는 성공적으로 발달할 수 없다는 입장에 모두가 동의한 상황은 아니었기 때문이다. 인식론적 문제에 대한 마흐의 관심은 아인슈타인에게 깊은 감명을 주었는데, 왜냐하면 아인슈타인 자신도 인식론이 그의 저서에서 주요 부분을 차지했기 때문이다. 그는 마흐의 죽음에 부치는 글을 쓰면서 마흐가 지식의 이론(인식론)에 얼마나 주의를 기울였던가를 강조하는 것으로 첫 문장을 시작했다.

일반적으로 정말 유능한 과학자가 인식론에 관심을 갖는 것이 어떻게 가능할까? 그의 (과학) 연구 작업이 더 이상 가치가 없다고 느껴졌기 때문일까? 내 주위에 있는 동료들 중 어떤 사람은 이 물음에 그렇다고 답하기도 하고 또 일부는 말은 안 하지만 그렇게 느끼고 있다는 것을 알고 있다. 그러나 나는 이런 의견에 동의할 수 없다. 내가 강의 시간 중에 만나게 되는 날카로운 학생들, 기민할 뿐 아니라 사고의 독창성에서 동료 학생들과 구별되는 그런 학생들을 보면 그들이 인식론(의 문제)에 관심이 많다는 것을 알게 된다. 그들은 인식론과 과학의 방법론에 대해 열띤 토론을 벌이며 이런 주제가 그들에게는 중요하게 여겨진다는 사실을 굳이 감추려 하지 않으며 분명하게 자신의 의견을 밝힌다. 그리고 이런 현상은 전혀 놀라운 모습이 아니다.

물론 아인슈타인이 처음부터 마흐의 철학적 견해에 대해 깊이 파고든 것은 아니었다. 역학의 역사에 관해 마흐가 쓴 저작에 아인슈타인이 감동을 받았던 것이 오히려 방해가 됐는지도 모른다. 그는 마흐의 철학 체계가 딛고 있는 전제, 즉 마흐가 이데올로기적으로 선배인 버클리와 마찬가지로 하나의 사물은 우리의 감각의 총체와 동일하다고 간주하는 것을 이해할 수 없었다. 마흐에 따르면 감각은 현실의 복사나 모형이 아니라 세계의 본질 또는 기초이다. 반면 아인슈타인은 감각이라는 것은 그 자체가 객관적인 실재를 반영하는 이미지 내지는 복사판에 가까운 것이라고 생각했다. 그래서 그는 다음과 같은 명제, 즉 과학의 목적은 우리의 감각을 탐구하고 그 감각들에 질서를 부여하기 위한 것이라는 명제를 말했다. 이때 아인슈타인이 말하는 감각은 마흐와는 전혀 다른 내용을 갖는다. 마흐에게 물리학은 예컨대 이상적인 사물을 탐구하는 것인데 반해 아인슈타인은 물리학은 궁극적으로 객관적인 실재를 다룬다고 보았다. 그리고 감각 기관을 통해 얻은 자료는 외부 세계의 사물에 관해 확실한 정보를 제공하며 그 사물들을 어느 정도 정확하게 반영한다고 보았다. 객관적인 세계가 감각의 배후에 놓여 있다고 확신했는데도 아인슈타인은 마흐의 인식론이 갖는 본질을 처음에는 제대로 간파할 수 없었다. 그는 마흐가 '감각'이라는 용어를 주관적 관념론으로 이해하리라고는 생각하지 못했다.

이 '감각'이라는 용어는 사려 깊고 조심성 있는 철학자를 (그의 연구 성과를 자세히 알지도 못하는 사람들이) 자칫 철학적 관념론자나 유아론자로 분류할 가능성이 있는 용어이다.

아인슈타인이 이런 결론을 이끌어낸 것은 마흐의 철학을 처음으로 접했을 때만 해도 마흐가 유물론의 입장을 고수하고 있었기 때문이다. 그래서 마흐의 철학 저서를 읽으면서도 아인슈타인은 마흐 철학의 관념론적 본질을 간파할 수 없었던 것이다. 그는 한참 뒤에야 그것을 알 수 있었다.

우리는 사물을 감각의 총체(집합)로 보는 마흐의 논제가 시간과 공간에 대한 관념론적 해석으로부터 유래한다는 것을 알고 있다. 마흐는 시간과 공간이 객관적인 존재 형태로서가 아니라 일련의 감각들에 질서가 부여된 하나의 체계로 보았다. 레닌(V. I. Lenin)은 마흐에 대해 다음과 같이 썼다.

> 마흐는 상대주의의 원리 위에서 시간과 공간에 대한 그의 인식론을 구축했다. 그것이 전부이다. 사실 그러한 구조로는 주관적 관념론으로 갈 수밖에 없다.

그러나 시간과 공간의 본질에 대한 아인슈타인의 견해는 무엇이었던가? 마흐는 주관적인 성격을 입증하기 위해 물질이 지닌 공간-시간적 성질의 불변성을 언급했다. 아인슈타인은 시간과 공간을 절대적으로 보는 뉴턴의 시각을 벗어나기 위해 마흐의 주장을 끌어들였다. 아인슈타인은 「에른스트 마흐 Ernst Mach」라는 논문에서 시간과 공간의 개념을 분석하고 그것들의 불변성을 강조한 마흐의 주장에 주의를 기울이면서 시간과 공간의 객관성, 이 개념들의 '지구상의 기원', 또 세월의 흐름에 따라 이 개념들이 변화되어야 할 필요성 등을 역설했다. 그는 이 개념들이 '주어진 사물들'과 일치하지 않게 되었을 때 새로운 개념들로 수정되고 대체될 수 있어야 한다고 생각했다.

마흐의 철학 체계는 또 하나의 특징을 갖고 있다. 마흐에게는 지식의 원천이 오직 경험적인 사실에 있다. 얼른 보면 그것은 유물론적인 견해를 표방한 것으로 보여지지만, 경험적인 사실이란 말에서 그가 의미하는 것은 감각 내지 지각이지 객관적인 실재는 아니다. 더구나 그는 정신 활동——그것은 경험적으로 주어진 것을 처리해 일반 개념과 과학 이론을 이끌어낸다——도 감각적인 요소와 함께 지식의 원천이라는 사실을 받아들이지 않았다. 아인슈타인은 마흐의 지식에 관한 이론(인식론)이 갖는 약점을 처음에는 잘 파악하지 못했다. 그 자신이 인식론의 문제를 자연 변증법적 방법으로 풀었음에도 말이다.

마흐의 인식론적 입장은 젊은 시절 나에게 상당한 영향을 끼쳤다. 그러나 지금은 본질적으로 받아들일 수 없는 것이 되어버렸다. 왜냐하면 그는 사색, 특히 과학적 사색이 본질적으로 갖고 있는 구조적이고 이론적인 본질을 올바른 시각에서 바라보지 못했다. 그 결과 구조적·이론적인 특성이 숨김없이 드러나는 이론, 예를 들어 원자의 동역학 이론에 대해 비난하는 잘못을 저질렀던 것이다.

마흐는 인식론의 기초부터 잘못되어 있었기 때문에 원자론과 분자 운동론 그 밖의 여러 개념들을 부정하기에 이르렀다. 간단히 말해 그는 규칙성을 내포하는 모든 이론과 인간의 감각으로 이해할 수 없는 물질의 존재를 인정하지 않았다. 감각으로 지각되지 않는 것은 존재하지 않는다는 것이 그의 주장이었다. 아인슈타인은 그런 잘못에 대해 유감스럽게 생각했다. 마흐나 오스트발트(W. Ostwald)를 비판하면서 그는 "이런 학파들이 원자로에 대해 갖는 혐오감을 분석해 올라가면 그들의 실증주의적 철학 태도와 맞부딪치게 된다"고 말했다.

마흐는 자신의 철학 지침을 일관되게 고수하여 과학에서 주관-물질의 문제를 우리가 느끼는 감각들 사이의 관계 분석으로 환원시켜버렸다. 아인슈타인은 물리학은 있는 그대로의 객관적인 실재를 탐구해야 한다고 생각했다. 마흐가 객관 법칙과 객관적인 진리를 부정한 데 반해 아인슈타인은 이러한 진리가 객관적인 실재로부터 얻어진다는 것을 알았다.

그러므로 마흐의 철학 사상은 아인슈타인이 자신의 세계관을 형성하는 데 바탕이 될 수 없었고 따라서 아인슈타인의 물리 사상의 구조 속에 편입되지 못했다. 마흐의 관념론은 인식론과 물리학의 개별적인 문제에 대해 아인슈타인이 썼던 저작을 '채색' 하는 데 이바지했을 뿐이었다.

마흐의 역사적이면서 과학적인 저술들, 특히 그 중에서도 『고전 역학의 역사 *History of Classical Mechanics*』를 아인슈타인은 대단히 진지하게 다루었다. 마흐는 역학이 끼치는 광범한 영역을 탐구하면서 역사주의의 원칙을 대폭 끌어들이고 물리학에 끼친 역사주의의 원칙을 추적한 최초의 인물들 중 한 사람이다. 그러한 역사적인 접근을 통해 그는 고전 역학의 절대성에 의문을 제기하는 한편 뉴턴 역학의 많은 개념과 원리들의 상대성을 지적했다. 특히 시간과 공간에 대해 고전 역학이 내린 개념들을 마흐가 재해석한 것에 아인슈타인은 무엇보다 가장 많은 관심을 기울였다.

마흐는 역사 비평적인 저술들을 통해 개별 과학이 발달해 온 과정을 애정을 갖고 추적했으며, 특히 선구적인 과학자들이 지녔던 내적인 정신의 밀실로 과감히 파고들어 우리 세대의 자연 과학자들에게 엄청난 영향을 끼쳤다. 나는 독자들이 마흐의 『역학의 발달 과정 *Die Mechanik in ihrer Entwicklung*』 제2장 6절과 7절을 펴보기를 권한다(「시간·공간·운동에 관한 뉴턴의 관점」과 「뉴턴 이론 체계의 요약 비평」). 여기를 보면 그가 얼마나 교묘하고 대가답게 자신의 사상——이제는 더 이상 물리학자들이 공유하지 않게 되어버렸지만——을 펴나갔는지 알 수 있다.

실증주의 비판

아인슈타인의 관점을 흔히 실증주의와 연관시키기도 한다. 그러나 우리가 이미 살펴본 것처럼 그는 실증주의의 한 변형인 마흐의 철학과는 주요 사상 면에서 공유하는 게 없었다. 그는 실증주의 철학 일반에 대해 무엇이라고 썼던가?

실증주의 철학의 주요한 논제는 수세기 동안 다양한 철학 유파들의 논쟁에서 중심을 차지했던 철학적 문제들을 부정하는 것이다. 실증주의자의 견해로 본다면 '전통' 철학의 기본 범주에는 과학이 들어설 여지가 전혀 없다. 전통적인 철학의 문제점들은 구체적인 과학에서 그 위치를 상실한다. 전통 철학은 과학 이전의 시기에만 정당성을 얻을 수 있었다. 예컨대 미세스(R. von Mises)는 "형이상학적이고 상호 연관성을 못 갖춘 탐구 방법은 과학 이전의 단계에 해당된다. 그것은 실증적인 영역에서의 어떤 훈련된 탐구 방법보다 이전의 단계이다"라고 말했다. 실증주의자들은 과학이 발달하면 할수록 철학에 대한 필요성은 점점 더 사라진다고 주장한다. 그들이 보기에 뉴턴 시대 이전에 물리 이론을 창안한 사람들은 말할 것도 없고 뉴턴도 고전 역학을 저술하면서 전통 철학에 대한 필요성을 전혀 느끼지 못했다는 것이다.

그러나 아인슈타인은 이 문제에 대해 전혀 다른 입장을 보였다. 실증주의자들의 논지에 따르자면 전통 철학은 '기름진 땅을 타고 흐르다 사막에서 말라버린 강의 마지막 죽음'과 같은 것이다. 그러나 상대성이론의 창시자는 새로운 물리학이 발전하는 시대를 맞아서야 철학은 가장 완벽하고 정확하게 자신을 드러내고 있다고 강조했다.

물리학자들이 현재 부딪치고 있는 난관으로 볼 때 그들은 이전 세대의 과학자들보다 철학적인 문제를 훨씬 더 잘 이해하지 않으면 안 되었다.

아인슈타인은 흄에 대해 유감스럽게 생각했다.

흄은 철학에 하나의 위험을 끌어들였다. 왜냐하면 흄으로 말미암아 우리 시대에 '형이상학에 대한 두려움'이 결정적으로 생겨났으며 그 결과 경험론적인 철학이 득세하는 병폐를 만들어냈기 때문이다.

실증주의자들은 철학에서 다루는 문제는 그 내용이 구체적인 과학의 한계를 벗어나서는 안 된다고 보았다. 아인슈타인은 철학을 넓게 보아 가장 일반적이고 광범위한 형태로서의 지식에 대한 탐구라고 해석했다. 그리고 그런 의미에서 철학은 모든 과학적 탐구의 모체라고 할 만하다는 것이다. 그는 방법론에 대한 연구가 없고 지식 이론(인식론)에 숙달되지 않고는 자연 과학의 발달이 있을 수 없다는 것을 이해했다. 왜냐하면 과학이라는 것이 결국은 일상 사고 활동의 세련화 외에는 아무것도 아니기 때문이다. 그리고 이 영역은 어떤 구체적인 과학의 경계를 넘어서는 것이며 철학적 사고의 테두리에 속하는 것이다.

실증주의자들과는 달리 아인슈타인은 철학과 구체적인 과학 사이에 상호 밀접한 관계와 의존성이 있다는 것을 알았다. 철학 사상은 과학이 의존해야만 될 절대불멸의 전제는 아니다. 철학은 구체적인 과학이 발달하는 데 고무적인 영향을 끼치긴 했지만 반대로 과학 사상이 철학을 풍부하게도 만들었다. 그 결과 엥겔스가 얘기하듯이 철학은 어느 정도 그 형태를 변화시켰다. 여기에 관해 아

아인슈타인은 다음과 같이 썼다.

> 인식론과 과학의 상호 관계는 주목할 만한 가치가 있다. 그것들은 서로 의존한다. 과학과의 접촉이 없는 인식론은 공허한 것이 된다. 또 인식론이 빠진 과학은——여태까지는 이것이 생각할 수 있는 전부이긴 했지만——소박하고 지리멸렬하다.

아인슈타인은 실증주의자들의 방법론적 입장에도 동의하지 않았는데, 그들은 과학은 단지 자연 현상의 피상적인 성질과 그들 사이의 관계만을 묘사할 수 있을 뿐 그것들의 본질에 접근할 수는 없다고 생각했던 것이다. 그는 실증주의자들의 이런 슬로건은 그 동안 과학이 이룬 되돌릴 수 없는 발전에 대한 중대한 기만이라고 보았다. 그는 과학이 실험 사실들 사이의 연관 관계를 꾸리고 그것을 통해 우리가 이전의 경험으로부터 미래의 사건 진행을 예측할 수 있다는 것을 부인하지 않았다.

그러나 그런 소박한 생각이 과연 강한 탐구 열정——참으로 위대한 업적을 이루는 원인이 되는——을 불러일으킬 수 있을지 그는 의문을 가졌다. 오히려 그는 훨씬 더 불가사의하긴 하지만 연구자들의 지칠 줄 모르는 노력 속에 감춰진 또 다른 강한 충동, 즉 실재를 이해하고 싶은 강한 열망이 그런 탐구 열정을 불러일으킨다고 생각했다.

아인슈타인은 동료인 솔로빈(M. Solovine)에게 보낸 편지에서 실증주의자들의 입장을 더욱 강력하게 반대했다.

> 실증주의적·주관주의적 과정이 우리 시대를 지배하고 있다. 이들은 자연을 객관적인 실재로 이해하는 것은 이미 지나간 시절의 편견이라고 몰아붙인

다. 양자론(에 해박한) 이론가들이 해야 할 얘기를 자기네들이 앞서서 하고 있는 꼴이다. 인간은 마치 말처럼 어떤 제안에 귀가 솔깃해지기 쉬운 속성을 가지고 있으며 모든 시대에는 어떤 하나의 유행——즉 자기네들을 억압하는 압제자가 누구인지 알지 못하도록 하는 사회적인 분위기——이 지배한다(는 사실을 상기할 필요가 있을 것이다).

러셀의 『의미와 진리 Meaning and Truth』 서평에서 아인슈타인은 실증주의자들의 요구대로 만약 철학의 영역에서 객관적인 실재를 추방했을 때 생길 수 있는 모순점을 지적했다.

> 예컨대 이런 두려움은 '사물'을 '특성의 다발'로 생각하도록 하는데, 이때 '특성'들은 감각적인 소재들로부터 얻어야만 한다. 두 개의 사물의 모든 특성이 일치해 그 둘이 똑같은 것이라고 말할 수 있다면 그들 사이의 기하학적인 관계도 그것들의 특성에 속하는 것으로 간주하지 않으면 안 된다. 달리 말하면 파리의 에펠탑과 뉴욕의 탑을 똑같은 것으로 간주하게 된다.

아인슈타인은 흔히 많은 과학자들이 원자론을 잘못 이해하는 데는 마흐가 관련돼 있을 뿐만 아니라 전체적으로는 실증주의와도 무관하지 않다고 보았다.

이것은 아무리 개방적인 사고와 날카로운 직관을 가진 학자라 할지라도 어떤 사실을 해석할 때 그가 가진 철학적인 선입관의 영향을 벗어나지 못한다는 것을 확인시켜 주는 재미있는 보기이다. 그러한 선입관——중간에 결코 소멸되지 않을 선입관——은 개념들을 구축하지 않고서 사실(또는 사건)들 자체만을 가지고도 거기서 과학적 지식이 생성될 수 있고 또 산출돼야 한다는 맹신에서 비롯된다.

아인슈타인에 따르면 '존재하는 것'은 우리들의 사색의 산물이다. 그러나 그는 지식은 순수한 사고의 결과가 아니라 감각적인 정보로부터 유도된다는 것을 깨달았다. 물론 그 감각적인 정보라는 것도 이성의 활동을 통할 때만 존재하는 것에 대한 관념을 제공할 수 있다.

아인슈타인은 실증주의의 근원을 버클리의 철학에서 보았는데, 그는 그것을 하나의 체계(학설)로 받아들이지 않았다. 왜냐하면 버클리의 철학은 관념론의 최고 형태, 즉 유아론의 표현이었기 때문이다. 그런데도 몇몇 사상가들은 오히려 아인슈타인을 유아론자라고 비난했다. 왜냐하면 그의 철학적 견해와 물리학적인 주장에 따르면 자신과 개인의 의식만이 존재할 뿐이며 타인을 포함해 외부 세계는 단지 개인의 의식 속에서만 존재한다고 했다는 것이다. 그러나 사실 상대성이론의 물리학적 논제나 철학적 견해 어디에서도 그런 주관적 관념론의 개념을 끌어낼 수 없다. 만약 버클리나 마흐와 같이 아인슈타인이 외부 세계의 물체가 개인의 의식에 의존해서 존재한다고 주장했다면, 무기물과 주위의 타인들은 객관적으로 존재하는 것이 아니라 그의 감각과 의식 속에 존재한다는 말이 될 것이다. 그러나 아인슈타인은 객관적인 세계, 즉 의식과는 무관한 독립적인 세계가 존재한다는 사실을 특별히 강조했으며 감각적 인식이란 인간들에게 부여된 외부 세계를 반영하는 능력이 겉으로 드러난 것이라고 주장했다.

종교에 대한 견해

아인슈타인은 때때로 종교 문제에 대해서도 언급을 했는데, 이것을 두고 그를 연구하는 몇몇 학자들은 아인슈타인을 종교 철학의 주창자들 중 한 사람으로 손꼽았다. 그러나 실제로 종교에 대한 아인슈타인의 태도는 어떠했는가? 자서전에서 그는 어릴 때는 또래의 아이들과 마찬가지로 분명히 신앙심이 있었으나 열두 살 무렵에 그의 신앙은 "갑작스런 종말을 맞았다"고 쓰고 있다. 대중적인 과학 서적을 읽고 난 뒤 나는 곧 성경에 나와 있는 많은 이야기들이 결코 사실일 수 없다는 확신을 갖게 됐다.

아인슈타인은 종교를 하나의 역사적인 현상, 즉 인간 발달의 어떤 한 단계에서 생겨나 스스로의 방식으로 이후의 많은 단계를 거쳐가는 현상으로 파악했다. 그는 종교적인 관념은 모든 열망에 잠재해 있는 인간의 다양한 정서나 욕구 속에서 발달해 왔다고 주장했다. 원시인들이 종교에 의탁했던 요인들 중의 하나는 굶주림·야수·질병·죽음 등에 대한 공포라고 생각했다.

이 시기에는 인과 관계에 대한 이해가 거의 없었기 때문에 인간은 인간의 정신과 어느 정도 유사한 가공의 신을 창조해 냈다. 사실 인간이 느끼는 공포는 인간의 의지와 행동에 달려 있다. 그리하여 인간들은 어떤 행동을 취하거나 희생물을 바침으로써 가공의 신들이 주는 혜택을 확보하려고 하며, 또 대대로 내려오는 전통에 따라 그 신들을 달래거나 인간에 대해 호의를 갖도록 했다.

그는 종교의 또 다른 근원을 사람들의 의식 속에 사회적·도덕적인 가치를 주입하고 유지하려고 하는 (사회적인) 필요에서 찾았다.

신자들의 좁은 관점에 따르면 신은 인간의 삶을 사랑하고 (인간의 삶에) 자비를 베풀며 나아가 살아 있는 모든 생명체까지도 소중히 여기는 존재다. 신은 슬픔과 충족되지 않은 갈망을 쓰다듬어 준다. 또 죽은 자의 영혼을 지켜 주기도 한다. 이런 것들이 신에 대한 사회적·도덕적인 관념이다.

아인슈타인은 종교의 계급적인 근원에 대해서도 어느 정도 이해하고 있었다. 거대한 인간 집단을 지배하고자 하는 지배자의 야망이 종교의 근원 중의 하나라고 보았다. 이른바 신과 인간 사이의 중재자 역할에 대해 얘기하면서 그는 종교의 계급적 본질을 더 명확히 설명했다. 이 사회적인 그룹 (중재자그룹) 들은 어느 특정한 계급의 이해를 반영하고 있다는 사실에 주목했던 것이다.

많은 경우 지도자나 지배자, 또는 기득권을 가진 계층들은 그들의 세속적인 권위를 안전하게 확보하기 위해 성직자의 기능과 세속적 기능을 결합한다. 즉 정치적 지배층과 성직자 그룹은 그들 자신의 이익을 위해 서로 제휴하는 것이다.

아인슈타인은 종교의 계급적 속성과는 별개로 과학과 유물론 철학의 발달 수준 및 개인이 이 철학을 얼마만큼 확신하느냐에 따라서도 종교의 존재 유무가 결정된다고 주장했다.

인과 법칙이 보편적으로 작용하고 있다는 것을 전적으로 확신하는 사람이라면 사건의 발생에 어떤 다른 외부 존재가 관여한다는 생각을 눈곱만큼도 할 수가 없다. 물론 인과 법칙을 조금의 빈틈도 없이 철저하게 받아들이는 경우에 말이다. 이런 사람은 경외의 대상으로서의 종교를 전혀 받아들일 필요가 없을 뿐더러 사회적·도덕적 종교의 필요성도 거의 느끼지 못한다. 축복을 주거나 벌을 주는 신의 존재를 그 사람은 전혀 상상할 수가 없다. 왜냐하면 인간의 행동은 내적·외적인 필연성에 의해 결정되기 때문에 마치 운동하고 있는 사물이 그 운동에 따른 책임을 질 필요가 없는 것처럼(운동과 비견되는 필연성에 따라 행동하는) 인간도 자신의 행동에 책임질 필요가 없는 것으로 신의 눈에는 비칠 것이기 때문이다.

과학과 종교의 관계에 대해 아인슈타인은 "누구든지 그 문제를 역사적으로 추적해 보면, 과학과 종교가 화해할 수 없는 적대자라는 것을 쉽게 간파할 수 있을 것이다"라며 그 둘이 서로 대립된다고 지적했다.

이처럼 종교에 지극히 부정적인 태도를 지니고 있었는데도 아인슈타인은 가끔 '우주의 종교적인 감흥'이라는 표현을 쓰면서 종교가 그의 과학적 연구에 유익한 영향을 끼쳤다고 강조하기도 했다. 사실 아인슈타인이 이런 감흥을 애기할 때 그는 참된 종교를 염두에 두고 있었다. 이 '우주적 종교'란 무엇인가? 널리 퍼져 있는 '공식적인' 종교들에 대한 환멸과, 자기 비하를 조장하고 영원한 천국에 이르는 길을 제시한답시고 떠들어대는 사회적으로 굳어버린 종교 제도와 기구들에 대한 거부감 때문에 그는 정반대 방향으로 나아갔다. 즉 '우리 인간과는 독립적으로 존재하는 이 거대한 세계'인 우주에 흥미를 느낀 것이다.

이 세계에 대한 사색은 자유의 문제만큼이나 나를 유혹했다. 나는 곧 존경하고 숭배할 만한 위인들 중 많은 사람들이 (세계에 대한) 사색에 깊이 몰두함으로써 내적 자유와 안정을 찾았다는 것을 알았다. ……이런 낙원(내적 자유와 안정)에 이르는 길은 종교적인 천국에 이르는 길만큼 안락하거나 매혹적이진 않다. 그러나 그것 자체는 신뢰할 만한 가치가 있는 것으로 판명됐기 때문에 나는 그 길(세계에 대한 사색의 길)을 선택한 걸 한 번도 후회해 본 적이 없다.

우주의 신비는 아인슈타인을 사로잡았다. 미지의 문제에 부딪칠 때마다 그는 심오하고 아름다운 체험을 했다.

이 놀라운 수수께끼에 한 번 부딪쳐 보거나 단지 점쳐 보는 것만으로도 나에게는 충분하다. 더구나 미약하게나마 이 우주의 웅대한 구조에 대해 자그마한 지적 이미지라도 그려 낼 수 있다면 더 바랄 게 없다.

아인슈타인은 인간의 이성은 우주의 숨겨진 비밀을 캐낼 수 있는 능력과 힘을 갖고 있다고 믿었다. 그러나 이런 목적(우주의 신비를 밝히는 일)은 인간들이 순전히 인간적인 굴레로부터 벗어나고 또 기대, 희망, 그 밖의 여러 원초적인 감정들이 지배하는 실존으로부터 해방된 후라야 달성될 수 있을 것이라고 생각했다. 세속적인 약점을 끊어버리고 과학적인 근거에만 매달릴 때 우주의 구조가 밝혀지고 이해될 수 있다는 주장이었다.

그런 직접적 체험을 느끼다 보면 우리의 정신이 미치지 않는 곳에 어떤 것이 있다. 우리는 그것의 미적 아름다움과 웅대함에 단지 희미한 형태로 간접적으로만 접근할 수 있을 뿐이다. 그것이 바로 신앙적 체험이다. 바로 그런 의미에서 나는 종교적이다.

그러나 우주의 종교적인 감흥은 세속적인 신과 신학에 대해서는 어떤 명확한 개념 규정도 하지 않는다. 단지 과학자들이 우주의 놀라운 질서와 규칙성을 깨닫도록 고취할 뿐이다.

이와 같이 아인슈타인은 앞서 언급했던 고전적인 관념론자들의 철학 체계와는 본질상 생각을 공유하지 않았다. 비록 필요에 따라 그들의 저작을 가끔 인용하긴 했지만 그렇다고 해서 그들과 생각을 같이한 것은 아니었다. 아인슈타인은 그들을 단순히 무시하는 데 그치지 않고 그들이 다루는 주요한 문제에 대해 공개적으로 반대 의견을 제시하면서 그들이 과학에 나쁜 영향을 끼친다고 지적하기도 했다. 물론 여러 철학 유파로부터 의견을 받아들인 결과 표현에 있어서 애매모호한 부분이 발견되기도 한다. 그러나 아인슈타인이 과학적 성격의 진술과 문장의 문학적인 변형, 즉 '문학적인 양식'을 구별했다는 사실을 기억해야 할 것이다.

> 두 직업이 하나로 합쳐지는 경우 물리학자와 문학자는 엄연히 구별되어야 한다. …… 예컨대 영국의 과학 서적 저술가들은 대중적인 책을 쓸 때는 다소 비논리적이고 낭만적이 되지만, 일단 그들 자신의 (고유한) 과학적인 연구 작업으로 돌아오면 정확하고 논리적인 합리주의자로 변신하는 것이다.

아인슈타인도 그런 문학적인 열정 속에 빠져 있을 때는 어느 정도의 '자유'를 허용했다. 우리가 그의 저작을 읽을 때는 이 점을 반드시 고려해야 하는 것이다. 만약 아인슈타인의 저작을 대하면서 그 저작들의 내용은 고려하지 않고 단지 그의 사상이 표현된 형태나 개별적인 진술에만 주목한다면, 그를 마흐 학파, 칸트 학파, 흄 학파 등으로 분류할 것이다. 과학 사상을 이런 문학적인 양식으로 표현하는 것은 비단 아인슈타인에게만 국한된 특징이 아니라는 것을 알아야 한다.

여러 철학 유파에 대한 아인슈타인의 입장을 검토해 볼 때 다음과 같은 의문이 자연스럽게 떠오를 수 있다. 어떤 하나의 이론적 문제를 설명하기 위해 아인슈타인이 의존했던 학파가 있다고 하면 과연 우리는 어떤 논거에서, 그리고 어느 정도로 아인슈타인의 이름을 이 학파에 귀속시킬 수 있을까? 왜냐하면 흔히 그가 어떤 철학자를 거론하면 그것을 근거로 (그 철학자가 속한) 특정한 철학 유파와 아인슈타인의 세계관을 바로 연결시켜 버리곤 하기 때문이다.

물론 철학 체계라는 것은 서로간에 차이가 있게 마련이다. 예를 들어 버클리의 철학 체계는 칸트나 흄 학파의 체계와는 구별되지만, 이 철학 체계들을 하나의 흐름으로 통일시켜 주는 공통된 어떤 특성도 동시에 갖고 있다. 이 경우엔 주관적 관념론이다. 몇몇 관념론적 철학 체계는 어떤 합리적인 사상을 잠재적인 형태로 내포하고 있다. 이것(합리적 사상)은 나중에 차용된 것으로 완전히 변화된 형태로 받아들여졌으며, 특히 유물론적 철학 사상에 의해 발전된 것이었다. 예를 들어 플라톤 철학에 등장하는 지식에 관한 이론은 그 기초에 합리적인 원리가 깔려 있다. 또 헤겔에게는 변증법적 방법이 깔려 있다. 칸트도 의식의 활동에 관한 사상을 그의 이율배반론과는 별개로 후세에 전해 주고 있다. 관념론적 철학뿐 아니라 철학을 넘어서는 다른 복합적인 문제도 취급했다는 것을 잊어서는 안 된다. 예를 들어 흄은 역사가로서 또 경제학자로서도 이름을 드날렸다. 그가 쓴 『영국사 History of England』는 널리 알려져 있다. 그 책에서 그는 영국 혁명과 관련된 사건들을 짚어보려고 시도했다. 그가 열정적으로 썼던 반(反)종교적인 이 책은 로마 교황청에 의해 금서 목록으로 분류됐다. 칸트는 진화에 관한 변증법적 사상을 태양계(진화)의 연구에 적용시킨 최초의 인물이었다. 마흐는 물리학자이자 물리학 사가(史家)였으며, 과학 발전을 위해서도 많은 공헌을 했다. 아인슈타인은 마흐를 기본적으로 물리학자로서 대우했다.

그의 정신 발달 과정을 살펴볼 때 마흐는 자연 과학을 그의 탐구 대상으로 삼은 철학자였을 뿐 아니라 다재 다능하고 주도면밀한 과학자이기도 했다.

따라서 우리는 '마흐주의'라는 개념 속에 마흐의 물리학적 견해 포함시켜서는 안 된다. 이것은 마치 '칸트주의'라는 용어에는 비판 철학 이전의 시기에 나온 칸트의 저작이 배제되는 것과 같다. 또한 흄이 자신의 경제학 이론이나 『영국사』, 『종교의 발달사 The Natural History of Religion』 등에서 다룬 사상을 흄 학파의 철학적 본질과 연계시키는 것도 잘못이다.

이런 모든 점들을 통틀어볼 때 우리는 변증법적 유물론의 창시자들이 했던 것처럼, 아인슈타인이 하나의 철학(유파)이나 다른 철학에 의존한 사실을 좀더 구체적이고 역사적인 방법을 통해 접근할 필요가 있다는 것을 깨닫게 된다. 예를 들어 마르크스는 흄의 불가지론에는 동의하지 않았지만 흄이 고전 정치경제학을 창안하는 데 큰 역할을 했다는 점은 정당하게 평가했다. 또한 마르크스는 라이프니츠(G. W. Leibniz)의 관념론 철학에서 변증법적 개념에는 주목했지만 그의 단자론이 갖는 철학적 본질은 전혀 받아들이지 않았다. 엥겔스도 칸트의 불가지론을 비판했지만 칸트가 이율배반론을 통해 변증법의 어떤 요소들을 발견한 것이나, 태양계의 진화에 관한 칸트의 주장에 대해서는 높은 평가를 내렸다. 레닌도 한편으로는 헤겔을 비판하면서도 유물론적인 재해석을 통해 헤겔 변증법의 친구가 되어야 한다고 우리들에게 충고했다.

지금까지 보아온 대로 아인슈타인이 버클리에게 도움을 얻고자 했을 때 그것은 버클리 철학 체계의 기본 본질을 이루는 명제를 끌어내기 위한 것이 아니었다. 또 흄이 내세운 불가지론이나 객관적인 인과 관계를 부정하는 사상 등도 아인슈타인의 흥미를 전혀 끌지 못했다. 칸트와 마흐의 주관주의적 관념론, 이 밖에 그가 공부했던 다른 관념론적 철학자들도 아인슈타인의 관심을 불러일으키지 못했다. 그러므로 아인슈타인의 철학적 관점을 위해 언급한 (그리고 언급하지 않은 철학 유파도 포함해) 관념론적 철학 유파와 동일시하는 것은 옳지 않다. 아인슈타인은 이 학파들의 본질적인 특성을 받아들이지 않았을 뿐더러 그들을 신랄하게 비판하기까지 했다.

제3장
아인슈타인의 철학적 견해의 본질과 사회·역사관

기본적 인식 · 89
수학과 실재의 관계 · 94
과학 이론과 경험 · 97
세계의 인식 가능성 · 99
변증법적 사상 · 101
변증법과 인과율 · 103
양자 역학과 인과율 · 105
형이상학적 관점의 극복 · 111
진리의 상대성과 절대성 · 114
감각과 이성의 통일 · 116
아인슈타인의 사회 · 역사관 · 126

아인슈타인은 자신의 철학적 견해를 완전한 체계로 수립해 남겨 놓진 않았다. 그러나 '과학에 대한 과학(science of sciences)'으로서의 사상은 그의 연구 작업의 많은 부분에 스며들었으며 그의 연구에 총체적인 정신으로 작용했다. 그러므로 여기저기 나눠져 있는 단편적인 것들을 모아 아인슈타인의 철학적 관점의 전체적인 상을 그려보도록 하겠다.

기본적 인식

우선 아인슈타인이 철학을 커다란 두 개의 흐름으로 구분했다는 점을 강조해 둬야겠다. 그것은 외부 세계를 보는 두 가지 관점으로서, 즉 유물론과 관념론을 일컫는다.

그는 철학에서 제3의 길, 즉 유물론도 아니고 관념론도 아닌 길을 발견하려고 시도하는 철학자들의 관점에 동의하지 않았다(마흐와 그의 추종자들이 특히 강력하게 이런 입장을 취했다. 그러나 그들의 노력은 수포로 돌아갔다. 왜냐하면 철학 유파로서의 마흐주의는 결국 관념론적 방향으로 나타났기 때문이다).

마흐나 아베나리우스(R. H. Avenarius) 등의 여러 철학자들과는 달리 아인슈타인은 모든 철학자들이 철학의 주요한 문제인 인간의 의식과 (인간을 둘러싼) 세계와의 관계에 관한 문제에서 크게 두 진영으로 나눠진다는 것을 명백히 밝혔다.

우주의 본성을 보는 관점에는 다음과 같은 두 가지 서로 다른 시각이 있다.
(1) 세계는 인간에 전적으로 의존하는 통일체이다.
(2) 세계는 인간적인 조건과는 독립적으로 존재하는 실재이다.

아인슈타인은 이 두 개념 중에서 어느 것을 택했는가? 아일랜드 작가인 머피(J. Murphy)와 아인슈타인의 대담에서 여기에 대한 완벽하고 상세한 답을 얻을 수 있다. "영국에서 간행되는 출판물에서는 여태까지 당신이 외부 세계가 (인간) 의식의 산물이라는 이론에 동의하는 것처럼 널리 인용해 왔다"는 머피의 말에 아인슈타인은 다음과 같은 답변을 했다.

> 그것을 믿는 물리학자는 아무도 없다. 그렇지 않으면 그는 아마 물리학자가 아닐 것이다. …… 과학적인 의견과 그것을 문학적으로 표현한 양식을 구별해야 한다. …… 별이 저기에 실제로 존재한다는 것을 믿지 못하는 사람이 어떻게 별을 관찰하는 수고를 하겠는가? …… 우리는 외부 세계가 존재한다는 것을 논리적으로는 증명할 수 없다. 마치 내가 지금 당신과 얘기하고 있고 내가 여기 있다는 사실을 당신이 논리적으로 증명할 수 없듯이 말이다. 그렇지만 당신은 내가 여기 있다는 사실을 알고 있으며 어떤 주관적인 관념론자라도 그 반대 사실을 당신에게 믿도록 할 수는 없다.

그러나 외부 세계에 관한 이런 관점과는 어울리지 않는 다음과 같은 의견이 아인슈타인에게서 발견되기도 한다. "모든 과학──자연 과학이든 심리학이든──의 목적은 우리의 경험을 통합해 하나의 논리 체계를 세우는 것이다" 또는 "우리가 가지고 있는 개념이나 개념들의 체계가 옳으냐 그르냐를 판정할 수 있는 기준은 그것들이 우리들의 복잡한 경험들을 제대로 반영하는지 여부에 달려 있다"는 의견 등이다.

사실 위에 인용한 두 문장만 살펴본다면 아인슈타인이 철학상의 주요한 문제에서 마흐주의자의 관점을 취하고 있다고 결론지을 수도 있다. 왜냐하면 외부 세계의 제1원리 또는 주요한 기초를 감각적인 경험에서 찾고 있기 때문이다. 그러나 그의 저서를 좀더 깊이 파고들면 아인슈타인이 때때로 감각을 강조하긴 했지만 그래도 여전히 감각 뒤에 숨겨진 외부 세계의 실체에 관심을 기울였다는 것을 알 수 있다. 버클리나 마흐와는 반대로 아인슈타인에게는 감각이란 것이 객관적인 실재를 다루는 데 주요한 요소가 아니었다. 이미 우리가 보아 왔듯이 기껏해야 객관적인 세계 속에 있는 (객관적인) 대상들을 비슷하게 모방하거나 그 이미지에 불과한 것이 감각이라고 아인슈타인은 강조했다. 그는 다음과 같이 썼다.

> 인식하는 주체와 독립적으로 외부 세계가 존재한다고 믿는 것은 모든 자연과학의 기초이다. ……감각을 통한 지각은 단지 이 외부 세계에 대한 정보를 우리에게 제공할 뿐이다.

아인슈타인 과학 특히 물리학 분야에서의 주관-물질의 관계를 어떻게 이해했나를 분석해 봐도 비슷한 결론이 얻어진다. 그는 자연의 객관성과 감각의 주관성을 인정했기 때문에 과학의 목적을 단순히 감각들 사이의 관계에 관한 연구만으로 한정시키는 것을 받아들이지 않았다. 물체의 실재는 감각들 뒤에 숨어 있기 때문에 과학은 당연히 감각들 사이의 관계가 아니라 세계 속에 있는 사물과 대상들 사이의 관계에 주목해야 한다고 주장했다. 그는 "물리학은 관찰과는 상관없이 독립적으로 존재하는 (자연의) 실재를 개념적으로 이해하려는 시도이다"라고 쓰고 있다.

아인슈타인을 주관주의적 철학 유파의 지지자로 이해하려는 사람들은 이를 입증하기 위해 흔히 아인슈타인이 과학적인 개념의 기원에 관해 언급했던 것을 인용한다. 그가 과학적인 개념을 자유로운 정신 활동의 산물로서 실재와는 차단된 것으로 이해했다는 것은 거의 상식이 되다시피 했다.

사실 개념의 기원에 관해서 아인슈타인은 그것들이 인간 이성의 자유로운 활동의 산물이며, 논리적인 측면에서 보면 경험적인 사실과 엄밀히 연관되지는 않는다고 썼다.

> ……우리의 사고 활동과 언어 표현에 등장하는 개념들을 논리적으로 보면 모두 자유로운 사유의 창조물로써, 이들은 감각적인 경험에서 귀납적으로 얻을 수 있는 것들이 결코 아니다.

아인슈타인의 이와 같은 생각을 어떻게 이해해야 할까? 그의 말처럼 과학적인 개념들과 기하학의 공리들은 감각적인 사실이나 외부 세계와는 고립돼 있으며, 인간의 이성 그 자체가 지식의 근원이라는 뜻인가?

그런 결론은 아인슈타인의 철학적 관점과는 모순된다. 인식론적인 문제를 다룰 때 그는 세계가 객관적으로 존재하며 또 그 세계는 감각을 통해 인간의 의식에 의해 반영된다는 사실을 출발점으로 삼았다. 그는 일반적으로 개념이란 인간이 감각을 통해 받아들인 일정 범위의 현상과 과정들로부터 가장 본질적 특성을 뽑아내 추상화시킨 정수라고 규정했다. 개념은 '추상화', 즉 전체 내용 중 일부를 생략하는 방법을 통해 경험에서 얻어지는 것이다. 개념들은 오직 감각과 외부 세계와의 관계를 통해서만 의미를 갖는다고 그는 주장했다.

> 사물의 질서를 세우는 데 유용하다고 판명된 개념들은 우리들에게서 쉽게 권위를 획득한다. 그리하여 우리들은 그 개념들이 어디에서 유래했는지를 금방 잊게 되며 마치 그 개념들은 변경될 수 없는 것처럼 받아들인다. 거기에는 '논리적으로 필연적인', '선험적으로 주어진' 등과 같은 이름이 붙여지게 된다. 이러한 오해 때문에 과학이 발달할 수 있는 길은 상당 기간 막혀 버린다. 그렇기 때문에 오랫동안 익숙해진 개념들을 새삼스럽게 분석해 본다거나 그

개념들이 누리고 있는 지위와 무오류성이 어디에 근거하고 있는지 경험 자료로부터 어떻게 그 개념들이 도출되었는지를 따져보는 것은 결코 심심풀이가 아니다. 바로 이런 방법을 통해서 모든 거대한 권위가 무너지게 되는 것이다. 검토 결과 올바르지 않다고 판명되거나 주어진 사실과의 관계가 다른 것으로 조심성 없이 대체되었다거나, 다른 바탕 위에 섰으면 더 좋았을 기초 위에 서 있는 게 드러난다면 그 개념들은 마땅히 폐기되어야 하는 것이다.

아인슈타인에 따르면 감각 그 자체는 개념이 지닌 내용과 동일하지 않다. 감각은 단지 과학을 개념적으로 구성하는 데 필요한 초기 자료에 지나지 않는다. "우리의 정신적인 체험은 다채로운 연속 과정을 통해 감각적인 경험, 기억에 의한 인상, 이미지, 감정 등을 포함한다." 이러한 기억이나 이미지, 감정 등은 학문이 발달하는 데 거쳐야 할 필수적인 단계이긴 하지만 그것 자체가 과학을 확립시키기에는 불충분하다. 그것들은 이성에 의한 분석을 거쳐야 하며, 이 과정을 통해서만 일반 개념들이 구성되는 것이다. 여기에 대한 아인슈타인의 얘기를 들어보자.

> 우리는 수많은 감각적 체험 중에서도 반복해서 계속 일어나는 어떤 감각적인 느낌을 정신적으로 또는 임의로 고르게 된다(개중에는 다른 사람들의 감각적인 체험이라고 여길 만한 것도 있다).

물론 감각적인 형태로부터 개념의 구성에 이르는 의식의 전이 과정이 결코 단순한 것은 아니다. 철학사를 훑어보더라도 이 문제를 둘러싸고 많은 논쟁이 있었다. 아인슈타인에게도 쉬운 일은 아니었다. (세계에 대한) 반영이 감각적인 형태에서 개념으로 옮겨가는 복잡한 과정에 대해 아인슈타인은 인간 두뇌에 의한 개념의 '자유로운' 창조 과정이라고 해석했다. 그러나 그는 이 '자유'를 자신의 독특한 방식으로 이해했다.

그러나 (이 경우) 선택의 자유는 다소 특이하다. 그것은 소설을 쓰는 작가의 자유와는 전혀 닮지 않았다. 오히려 잘 고안된 단어 퍼즐을 풀고 있는 사람의 자유와 비슷하다. 어떤 단어도 해답으로 제시할 순 있지만 퍼즐에 들어 맞는 단어는 딱 한 가지밖에 없다. 우리의 오관(五官)에 인지되는 자연이 이처럼 잘 구성된 퍼즐 같은 것인가는 믿음의 문제이다. 그러나 지금까지 과학이 쌓아올린 성공으로 미뤄볼 때 이 믿음에는 어느 정도의 타당성이 있는 것이 사실이다.

그렇다고 과학적 개념을 '자유롭게' 구성한다는 말이 객관적인 실재와 고립돼 있다는 뜻은 결코 아니었다. 아인슈타인이 이 '자유롭다'는 용어를 도입한 것은 개념은 감각적인 자료와 질적으로 다르며 내용에 있어서도 일치하지 않는다는 것을 강조하기 위해서였다. 또 개념은 (경험주의자들이 주장하는 것과는 반대로) 경험적인 자료들을 이론적으로 분석하지 않으면 그것들(경험적 자료들)로부터 직접 연역되지 않는다고 보았다. 아인슈타인은 과학적 개념의 자유로운 구성이라는 주제를 경험주의자들과는 정반대로 접근했다. 경험주의자들은 실재로부터 개념을 직접적·논리적으로 연역하는 데는 어떠한 추상적인 사고 활동도 필요하지 않다고 주장했던 것이다.

수학과 실재의 관계

하지만 아인슈타인이 주관주의적 관점을 가지고 있었다는 것을 입증하기 위해 또 다른 예가 제시되었다. 즉 수학의 일반적인 문제에 관해 아인슈타인이 언급했던 부분이다. 그가 쓴 『기하학과 경험 Geometry and Experience』에 나오는 몇몇 논증이 이 목적을 위해 흔히 인용된다. 여기서 그는 특히 "수학에 등장하는 명제들은 실제의 대상이 아니라 우리의 단순한 상상력의 대상에 대해 언급한다"고 썼다. 또한 수학은 '경험과는 독립적인 인간 사유의 산물'이라고 주장했다.

사실 위의 두 인용문만으로 보면 그런 결론에 도달할 수도 있다. 그러나 그의 저작을 전체적으로 분석해 보고 또 수학의 일반적인 방법론에 대해 쓴 다른 저작들을 살펴보면 아인슈타인이 수학의 본질을 주관주의적으로 보았다는 주장은 설득력이 없다는 것을 알 수 있다. 그는 수학이 근원적으로 외부 세계와 연관돼 있으며 인간의 실제적인 필요로부터 생긴다는 사실을 부인하지 않았다.

> 일반적으로 수학, 그 중에서도 특히 기하학은 현실에 있는 대상들의 처리 방식에 관해 무엇인가를 알고자 하는 필요에서 생겨났다는 것이 확실하다. '기하(geometry)'라는 말 자체가 토지 측량(earth measuring)이라는 뜻에서 유래했다는 것이 이를 입증한다. 토지 측량은 측선(測線), 측량봉 등등의 기구를 가지고 토지의 한 부분과 어떤 자연대상물들을 상호 관련시켜 배치할 수 있는 것과 관계된다.

그는 또 사회의 실제적인 필요에서 생겨난 수학은 시간이 흐르면서 점점 독립적인 영역으로 자리잡아 갔다는 것을 이해했다. 눈에 띌 만큼 가끔씩만 외부 세계로부터 새로운 자료를 흡수할 뿐 수학은 점점 추상적인 과학으로 변해 갔다. 수학 발달의 어떤 단계에서 개별 학자들이 수학의 명제들을 실제 세계와 고립시키려는 시도가 가능했던 것은 바로 수학의 이 추상적인 성격 때문이었다. 이것은 또 아인슈타인의 철학적 관점을 주관주의와 연계시키려는 철학자들에 의해 이용되기도 했다. 아인슈타인은 학자들이 수학의 명제들을 실제 세계와 분리하게끔 이끄는 인식론적 기초를 밝히려고 노력했다. 그 점에 대해 그는 다음과 같이 썼다.

모든 경험에 앞서는 논리적 필연성이 유클리드 기하학과 이 기하학에 속하는 공간 개념의 기초를 이루고 있다고 보는 관점은 중대한 잘못이다. 이 잘못은 유클리드 기하학의 공리 체계가 경험적 사실에 기초하고 있다는 것을 망각한 데서 비롯된다.

수학은 근원적으로 외부 세계와 연계될 뿐 아니라 (수학의) 명제들은 과거와 현재의 실체를 반영한다고 그는 강조했다. "여태까지의 우리 경험으로 미뤄보면 자연이란 가장 단순한 형태의 수학적인 개념이 현실화된 것이라고 믿어도 좋다"고 그는 썼다. 그는 진리의 기준이나 수학의 확실성에 대한 기준은 결국 실제적 경험에서 찾아야 한다고 보았다. 기하학이 옳으냐 그르냐는 것은 그것이 우리의 경험들을 올바르고 입증 가능한 관계로 제대로 정립할 수 있는지 여부에 달려 있다.

아인슈타인의 저작을 분석해 보면 완전히 유물론의 관점에서 수학의 본질을 논하고 있다는 것을 알 수 있다. 그것은 엥겔스의 수학에 대한 해석과 일치한다.

다른 모든 과학과 마찬가지로 수학은 인간의 필요 때문에 탄생했다. ······ 그러나 모든 사유 영역에서와 마찬가지로 현실 세계로부터 추상화된 법칙은 (점점) 실제 세계와는 분리되면서 (현실 세계와는) 독립적인 어떤 것으로 된다. 그리하여 마침내 법칙은 마치 현실 세계 바깥에서 온 것처럼 되고 현실 세계가 거꾸로 그 법칙에 따라야 하는 양상으로 변한다. 사회와 국가에서 벌어지는 일의 대부분이 이런 과정을 밟고 있으며 '순수' 수학이라는 것도 결국 바로 이와 같은 방식으로 세계에 적용되었다. 처음에는 이 세계로부터 빌려 왔고 세계의 다양한 상호 작용 중 오직 한 부분만을 나타냈는데도 말이다. 수학이 모든 부분에 적용되고 있는 것은 바로 이런 과정을 통해서였다.

그래서 아인슈타인은 수학 명제들이 객관 세계의 대상들간에 존재하는 실제적인 물질 관계에 의존한다는 것을 이해했다. 만약 그렇다면 앞에서 인용했던 "수학에 등장하는 명제들은 실재의 대상이 아니라 우리의 단순한 상상력의 대상에 대해 언급한다"는 말과는 서로 어긋나지 않느냐고 독자들은 의문을 제기할 것이다. 내가 보기에 여기에는 아무런 모순점이 없다. 왜냐하면 아인슈타인은 전자의 경우 수학의 기원과 수학과 현실 세계의 연관 관계에 대해서 얘기했고, 후자는 수학의 목적에 대해 얘기한 것이기 때문이다. 우리가 알고 있듯이 수학은 공간상의 형태와 양적인 관계를 다루는 과학이다. 수학의 목적은 점·선·원주 등을 이용해 객관적인 세계의 대상과 과정들을 그 질적인 내용과는 별개로 추상화하고 이상화하는 것이다. 아인슈타인이 수학의 명제들은 실제 대상이 아니라 우리의 상상력의 대상을 취급한다고 말했을 때는 바로 이 점을 염두에 둔 것이었다. 사실 후자(우리의 상상력의 대상)는 이성을 통한 추상화의 산물이다.

과학 이론과 경험

아인슈타인은 과학 이론의 본질에 대해서도 관심을 기울였다. 그의 동시대인들 중 몇몇 사람은 과학 법칙은 현실의 과정들을 반영하는 것이 아니라 물질 세계의 현상을 단순하게 묘사하기 위해 과학자들 사이에 임의로 체결된 합의라고 주장했다. 예컨대 프랑스 과학자인 푸앵카레(J. H. Poincaré)가 그런 주장을 폈다. 레닌은 푸앵카레의 철학적 견해와 칸트 및 흄의 철학 사이에 연관이 있다는 것을 드러내 보였다.

이 관점의 본질이 반드시 칸트의 구성론을 반복한 것에 있지는 않다. 오히려 흄과 칸트 두 사람에게 공통적인 기본 사상을 받아들인 데 있다. 즉 자연에 대한 객관적인 법칙을 부정하면서 자연으로부터가 아니라 주체, 즉 인간의 의식으로부터 특수한 원칙·공리·명제 등을 연역해 내는 데 있다.

아인슈타인에 따르면 과학 이론은 과학의 개념과 마찬가지로 자연 현상을 반영한다. 과학 이론은 감각을 통해 우리가 얻은 외부 세계에 관한 정보들을 합리적으로 가공함으로써 형성된다.

이론적인 개념(이 경우 원자론)은 경험과 떨어져서 독립적으로 생기지 않는다. 또한 순전히 논리적인 과정만을 통해서도 경험으로부터 파생될 수 없다. 그것은 창조적인 활동을 통해 얻을 수 있다. 일단 이론적인 개념이 얻어지면 그것이 이치에 닿지 않는 결론으로 이끌지 않는 한 단단히 고수하는 게 좋다.

어떤 이론적인 명제도 그 내용에서는 외부 세계의 과정을 반영한다고 아인슈타인은 강조했다. 하나의 이론은 모든 주장을 동원해 '객관적인 의미'를 강조한다. 과학적인 이론이 되기 위해 갖춰야 될 가장 중요한 조건은 그것(이론)이 사실에 부합되어야 한다는 것이다. 이론은 몇몇 철학자들이 주장하듯이 불변의 개념이나 이론 그 자체에 부합될 필요는 없다. 아인슈타인은 과학 이론은 항상 최고의 심판관인 경험에 의해 증명되어야 한다고 생각했다. 과학 이론의 내용들은 인간의 의식에 의존하도록 짜여져서는 안 된다는 것이었다. 타고르와의 대담에서 아인슈타인은 다음과 같이 강조했다.

> 과학적인 진리가 인간 의식에 의존하지 않으면서 명확하게 성립하는 하나의 진리라는 것을 굳이 증명할 수는 없지만 그러리라는 강한 믿음을 갖고 있다. 예를 들어 나는 기하학에서 피타고라스(Pythagoras) 정리가 인간의 존재 조건과는 상관없이 거의 진실에 가까운 어떤 점을 드러내고 있다는 것을 믿는다.

철학의 주요한 문제, 즉 의식·감각·인간·외부 세계 중에서 어느 것이 제1차적인 것이냐는 물음에 대해 아인슈타인은 원칙적으로 유물론적 입장을 취했다. 그는 자연이 인간에 앞서 존재했다는 것을 믿어 의심치 않았고, 자연이 감각이나 의식에 의존하지 않는다는 사실도 확신했다. 그는 또 과학적 개념, 범주, 과학 법칙, 수학적 명제 등의 기원에 관한 문제에 대해서도 확고한 입장을 견지했는데 그것들을 물질 세계와 분리해서 생각하지 않았던 것이다.

세계의 인식 가능성

유물론 철학이 기초하고 있는 철학의 또 다른 주요한 문제는 세계의 인식 가능성에 대한 것이다. 이 문제를 엥겔스는 다음과 같이 풀어서 설명했다. "우리의 사고 활동이 실제 세계를 인식할 수 있는가? 우리가 갖고 있는 사상과 개념으로 현실 세계의 실재를 정확히 반영해 낼 수 있는가?

아인슈타인은 외부 세계를 이해하는 문제를 매우 중요하게 생각했으며 인간의 이성이 (외부 세계의) 비밀을 밝혀 낼 수 있으리라는 믿음을 버리지 않았다. "모든 과학적인 연구의 기초는 세계가 질서 있고 이해 가능한 실체라는 사실을 확신하는 데 있다"고 썼다. 그는 사물의 본질을 이해하기 위해서는 사물이 개념을 통해 반영되어야 하며 거꾸로 이 개념들을 실재와 비교해 보는 작업이 필요하다고 생각했다.

여기서 '이해 가능함'이란 표현을 쓸 때 그것은 가장 소박한 의미에서 사용되고 있다. '이해 가능함'이란 감각을 통해 받아들인 인상들 가운데서 어떤 질서를 만들어낸다는 것이다. 즉 일반 개념의 창출과 이 개념들 사이의 관계, 개념들과 감각적인 경험들 사이의 어떤 관계 등을 통해 이 질서가 만들어지는 것이다. 이런 의미에서 우리가 감각을 통해 경험하는 세계는 이해가 가능하다.

아인슈타인이 세계의 인식 가능성에 대해 확신을 가졌던 이유는 자연에는 규칙적인 관계와 인과율이 존재한다는 깊은 믿음이 바탕에 깔려 있었기 때문이다. 그는 감각이 아닌 외부 세계를 인식의 대상으로 삼았다. 감각적인 자료도 인식의 대상으로 기능할 때는 외부 세계를 반영한다고 생각했다. 버클리와 마흐와는 반대로 그는 감각 뒤에 숨겨진 외부 세계를 보았다. 또 경험적인 자료에 기초한 지식은 믿을 수 없다고 했던 흄과는 반대로 아인슈타인은 감각을 통한 자료가 우리 인식의 근원이라고 강조했다. 감각적인 자료는 우리들 지식의 유일한 근원이다. 그러나 논리적으로 가공되지 않은 감각적인 원료는 우리를 믿음이나 기대로 이끌어갈 수는 있어도 인식으로는 이끌어가지 못하며 법칙에 따라 움직이는 관계를 파악하기에는 미흡하다. 지식은 과학적인 개념들을 구성하고 자연의 규칙성을 발견하는 데 있으며 이것은 감각적인 자료들을 이성적으로 분석함으로써 도달할 수 있다고 그는 강조했다.

칸트의 정신에 나타난 불가지론을 아인슈타인은 받아들일 수 없었다. 칸트는 외부 세계에 있는 대상의 본질은 원리적으로 이해 불가능하다고 생각했다. 칸트는 현상은 사물을 반영하지 않으며 본질적으로 사물과는 아무런 관련이 없다고 여겼다. 하지만 아인슈타인은 물질의 본질은 인식 가능하다는 전제에서 출발했다. 그가 관심을 가졌던 것은 겉으로 드러난 물체의 표면적인 성질이 아니라 물체의 본질적인 속성이었다. 이 본질적인 속성은 감각을 통해 우리에게 직접 주어지는 것이 아니다. 말하자면 속성은 감각을 통해 우리에게 직접 주어지는 것이 아니다. 말하자면 겉으로 나타난 것이 아니라 감각의 총체로부터 우리가 추상화하고 유추해 내야 하는 대상이다. 바로 이런 본질적인 속성들이 물체의 주요한 내용을 이루며 과학적 개념을 형성한다. 아인슈타인에 따르면 개념들을 종합하면 '경험 세계를 그대로 모사한 것'이 된다. 그러나 그러한 개념들의 내용이 감각의 집합체가 지닌 내용과 일치하는 것은 아니다.

변증법적 사상

변증법적 유물론은 유물론과 변증법을 유기적으로 통일시킨 것이다. 레닌은 변증법을 마르크스주의의 '살아 있는 영혼'이라고 불렀다. 아인슈타인은 어떻게 보았는가? 변증법의 본질에 대해 그는 어떤 생각을 했는가? 그가 변증법에 대해 입장을 명확히 표명한 적은 없지만 그의 저작을 분석해 보면 적어도 그를 형이상학적으로 사고하는 (즉 반변증법적인) 과학자로 분류하는 것이 불가능하다는 것을 알게 된다. 그의 관점은 본질적으로 변증법적이었다. 나는 이 자리에서 특수상대성이론과 일반상대성이론이 갖고 있는 객관적 변증법의 요소에 대해 언급하진 않겠다. 단지 물리학 전체를 바라보는 그의 관점을 살펴보고 인식론 일반에 대해 그가 했던 얘기들을 되새겨 보겠다. 이 진술들을 분석해 보면 그는 깊이 있는 변증법적 직관을 소유했을 뿐 아니라 의식적으로 변증법적 방법에 의존했고 또 창조적으로 활용하기도 했다는 것을 알 수 있다. 이것은 엥겔스가 "산문이라는 용어가 생기기 오래 전부터 인간은 산문 형식의 얘기를 해 왔듯이 변증법이 무엇인가를 깨닫기 오래 전부터 인간은 변증법적으로 사고해 왔다"고 했을 때의 직관적 변증법과도 다소 다른 성격이었다.

17세기와 18세기에 걸쳐 자연 과학의 발달에 기여한 새로운 사유 방식이 급속히 자리잡아 가고 있었다. 그것은 점차로 보편적인 철학 방법론의 대열로 합류하게 되었다. 몇 세기 동안 형이상학적인 관점이 정상을 지배해 왔고 나아가 자연의 개별적인 요소들을 취급하면서 자연에 대한 개념도 진화(진보)나 보편적인 상호 관계라는 관념과는 별개로 규정돼 왔다. 그렇지만 이런 흐름에도 불구하고 변증법적인 사상은 자연 과학의 발달 과정에서 꾸준히 관철돼 나갔다. 즉 자연 현상과 그 진화는 서로 연관되어 있고 통일되어 있다는 표현을 통해 표출됐던 것이다. 경험적인 자료를 충분히 축적했던 과학자들은 형이상학적인 관점으로는 만족할 수 없는 결론을 이끌어내곤 했다. 코페르니쿠스·갈릴레이·케플러·뉴턴은 자연이 보편적인 상호 연관과 통일성을 갖고 있다는 변증법적 사상에 기초해 주요한 발견을 해낼 수 있었다. (앞에서 얘기했듯이) 아인슈타인은 이 점을 놓치지 않았던 것이다.

18세기와 19세기의 과학자들의 의식 속에는 서로 모순되는 상황이 뒤섞여 있었다. 한편으로는 형이상학적인 방법론이 그들을 지배했고 다른 한편으로는 그들이 연구 활동을 해 나갈수록 이 객관적인 세계가 변증법적인 속성을 갖고 있다는 것을 깨닫게 된 것이다. 아인슈타인은 자신도 이와 똑같은 상황에 처해 있다는 것을 알았다. 『자서전 Autobiographical Notes』에서 그는 "이 초인격적인 세계를 합리적으로 이해해야 한다는 것이 내 정신의 눈앞에서 반은 의식적으로 반은 무의식적으로 최고의 지향점으로 떠다니고 있었다"고 썼다. 그는 풍부한 실험적·경험적 자료를 통해 외부 세계란 확실한 법칙에 따라 변화하는 단일한 물질적인 실체라고 규정했다.

변증법과 인과율

아인슈타인이 자연에 대해 변증법적 유물론의 관점을 견지했다는 또 다른 보기는 그가 결정론을 어떻게 해석하고 있었는지를 살펴보면 된다. 세계가 보편적인 인과 관계로 맺어져 있는지의 여부는 이데올로기적으로 중요한 문제일 뿐 아니라 방법론적으로 가볍게 넘길 문제가 아니다. 모든 자연 현상은 인과적으로 결정된다는 것을 받아들이는 것과 다른 현상들과의 연관 없이 발생한다고 주장하는 것은 서로 다른 별개의 관점이다. 전자의 관점을 취하는 과학자와 후자를 택하는 과학자는 문제를 다루는 방법이 완전히 다르다. 결정론이 외부 세계의 변증법적 속성을 얼마나 깊이 있게 반영하는지를 이 자리에서 입증할 필요는 없을 것이다. 아인슈타인도 결정론에 대단한 관심을 보였는데, 그러나 그것은 단순히 결정론이 철학상의 주요한 문제 중 하나라는 이유로 한가하게 흥미를 보인 것은 아니었다. 그는 많은 예를 통해 자연 현상들은 서로 내적 연관이 있다는 사실을 알았다. 과학의 가장 중요한 임무 중의 하나는 이러한 관계들을 밝히는 것이라고 그는 생각했다. 그는 이론물리학의 목적은 몇 가지 논리적으로 서로 독립된 가정들에 기초해 하나의 개념 체계를 세우는 것이라고 주장했다. 왜냐하면 이 체계야말로 복잡하게 얽혀 있는 물리적 과정들의 내적 인과 관계를 밝히는 데 도움을 줄 수 있기 때문이다.

아인슈타인은 인과율의 문제를 역사적인 범주로 접근했다. 그는 인과율을 과학의 내용이 변화해 온 결과라고 보았다. 고대 사상가들의 저서를 연구하면서 그는 결정론을 고대 유물론이 성취한 가장 훌륭한 업적이라고 치켜세웠다. 물리적인 인과율——이것은 호모 사피엔스(homo sapiens)의 의지로서도 결코 중단시킬 수 없다——에 대한 강한 믿음은 경탄할 정도이다. 그는 루크레티우스의 『사물의 본성에 대하여 On the Nature of Things』 서문에서도 이 문제를 거론했다.

그는 고대 유물론자들이 인과율을 원리적으로 제대로 정식화하긴 했지만 단지 개괄적인 형태에 머물렀다는 것을 알고 있었다. 인과율에 대한 그들의 주장은 주로 원자론에 기초했으며 그것(원자론)으로 자연에서 발생하는 모든 과정(정신적인 현상도 포함해서)을 설명했다. 아인슈타인은 아리스토텔레스와 중세 스콜라 철학자들, 그리고 칸트까지도 인과론에 관심을 가졌다는 사실에 주목했다. 그러나 그가 보기에 결정론에 대한 그들의 관점이 지닌 약점은 과학적인 사실에 의존하지 않고 순전히 관념적이고 형이상학적으로 인과율을 해석했다는 사실이다. 아인슈타인은 인과론이 발달하는 데 스피노자가 일익을 담당했다고 지적했다.

스피노자는 자연 현상의 인과 관계를 밝히려는 노력이 거의 진전이 없었을 때조차도 모든 현상은 반드시 인과 관계에 따라 발생한다는 사실에 확신을 갖고 있었다.

과학의 발달과 자연 탐구에 대한 학자들의 관심으로 결정론을 정확히 입증할 수 있는 가능성이 생겼다. 거기에는 고전 역학의 창시자들인 케플러·갈릴레이·뉴턴이 지대한 역할을 했다고 아인슈타인은 지적했다.

아인슈타인은 자연 현상의 인과 관계에 대한 개념을 주저 없이 받아들였다. 그에게 이 관계는 움직일 수 없는 객관적인 성질이었던 것이다. 그는 인과 관계를 주관주의적으로 해석하는 모든 경향에 반대했다. 그들은 논리적인 관계 외에는 다른 어떤 필연적인 관계도 존재하지 않는다고 주장하는 부류였다.

결정론은 자연에서 일어나는 일들에 아주 광범위하게 영향을 끼치고 있어 단지 시간적인 연속성뿐 아니라 사건의 초기 상태까지도 법칙의 지배를 받아 발생하는 것처럼 보인다.

아인슈타인은 결정론을 물리학의 대상에만 적용되는 고유한 것이 아니라고 보았다. 스피노자와 마찬가지로 그는 자연 현상뿐 아니라 사회적·정신적 현상도 인과적으로 결정되며 상호 연관돼 있다고 보았다.

그는 인과론을 둘러싼 논쟁에서 인간의 행동과 의지는 어떤 영향도 받지 않으며 그것은 참된 자유가 구현된 것이라면서 인과론의 개념을 반박하는 철학자들을 비난했다.

그는 우리가 자유롭게 행동한다고 믿는 것은 단지 환상일 뿐이라고 강조했다. 비록 우리의 의지가 일련의 사건 연쇄에 엄밀히 의존하고 있다는 사실을 받아들이기 힘들고, 우리의 행동은 상호 연관성이 없다는 주장에 설득력 있게 반박할 순 없지만 말이다.

아인슈타인은 인간 생활의 모든 사건이 미리 예정돼 있다거나 어떤 신비한 힘에 의해 통제된다는 주장도 받아들이지 않았다. 그는 결정론을 운명예정설과 동일하게 보는 관점에 동의하지 않았다. '운명과 인과율은 똑같지 않다.'

그는 무기물의 세계에서는 결정론이 작용하지 않는다는 주장에 반대했다. 또 주로 미시 세계에서 비결정론적 과정이 발생한다는 주장도 있었는데 아인슈타인은 비결정론 개념은 그것이 어떤 형태이든 단호하게 거부했다. 그것은 "단순한 난센스가 아니라 전혀 터무니없는 난센스라고 불러야 할 것이다. 비결정론은 비논리적인 개념이다"라고 그는 말했다.

양자 역학과 인과율

그러나 그가 비록 인과율을 역사적인 범주로 접근하긴 했지만 양자 역학이 인과율의 발달에 기여했던 점에 대해서는 완벽하게 고려하지 않았다. 양자 역학은 자연 현상을 탐구하는 접근 방법에서 고전 물리학과는 다소 다른 점이 있었다.

고전 물리학의 탐구 대상은 거시적인 물체였다. 그것들은 정지 상태에서나 혹은 상대적으로 느린 속도의 운동 상태에서 관찰되었다. 그리고 주로 직접적으로 관찰·탐구되었다. 관찰자와 탐구 대상 사이에 어떤 관찰 도구가 끼어들더라도 그것이 탐구 대상의 특성에 아무런 영향을 끼치지 않을뿐더러 설사 다소 영향을 끼치더라도 쉽게 참작되어 수정할 수 있어 대상에 대한 일반적 관념을 왜곡시키지 않았다. 거시적인 물체의 운동은 동역학 법칙의 지배를 받게 되며 이 법칙에 따라 어떤 시간에 주어진 좌표계에 관계되는 물체의 운동 방식이 정확히 결정되는 것이다. 고전 물리학의 인과율은 동역학 법칙에 기초를 두고 있으나, 이 법칙 자체는 물체들간의 다양한 관계나 상호 영향을 완벽하게 드러내 주지 못했다. 동역학 법칙이 가진 이와 같은 일면적이고 불완전한 특성 때문에 고전 물리학에서 내세우는 인과율의 내용도 제한적인 형태로 나타났다. 사실 상대성이론은 고전적인 인과율에 대해 추호도 의심하거나 망설이지 않았다. 보어는 이 점에 대해 다음과 같이 썼다.

고전 물리학에서 유례없는 통일성과 자유를 부여했던 상대성이론은 단지 물리학의 기본 개념들이 명료하게 사용될 수 있는 조건을 명백히 함으로써 가장 포괄적이고 간명하게 구성되도록 했다.

미시 세계의 현상을 탐구하는 과정은 훨씬 복잡하다는 게 입증됐다. 왜냐하면 미시 세계의 대상은 직접 관찰하는 것이 불가능하기 때문이다. 예를 들어 전자의 운동은 광학현미경을 통해 관찰할 수 있지만 이때 빛의 효과를 조절하는 것은 거시적인 물체를 다룰 때와 비교해 훨씬 어렵다. 전자의 위치를 좀더 정확히 측정하기 위해서는 빛의 파장을 짧게 해야 한다(파장이 길면 전자에 의한 빛의 회절(回折)이 생겨 위치를 정확히 결정하지 못하기 때문이다). 그러나 파장을 짧게 하면 빛의 에너지와 운동량이 커지기 때문에 탐구 대상(전자)이 운동에 끼치는 영향도 그만큼 커진다. 따라서 입자의 위치를 정확히 파악하려고 하면 입자의 속도를 정밀하게 측정하지 못하게 되고, 반대로 운동 속도를 정확히 파악하려 하면 전자의 위치가 불확실하게 된다. 이 사실은 물리학에서 공액량(conjugate quantities, 운동량과 좌표) 사이에 불확정적 관계가 있다는 것을 뜻한다.

미시 세계의 물질적 특성이 이와 같으므로 그들을 탐구할 때는 입자-파동 이원론을 받아들여야 한다. 이것은 운동량과 위치(좌표)는 동시에 측정할 수 없다는 원리이다. 고전 물리학에서 사용되던 기술이 여기에서는 무용지물로 판명됐다. 다른 방법을 찾는 것이 필요했다. 그리고 그것은 발견됐다. 과학자들은 미시적인 물체(입자)의 운동이 통계 법칙을 따른다는 사실을 밝혀내고 통계적인 방법으로 이들을 탐구할 수 있다고 결론지었다. 통계적인 방법은 고전물리학과는 달리 우연적인 현상도 인정해 주었다. 이 기술로 말미암아 입자들의 운동을 확률적으로 예측하는 것이 가능해졌다.

그러나 미시 세계의 현상을 통계적·확률적으로 해석하는 데 대해서 서로 다른 입장들이 개진되었다. 어떤 사람들은 이 방법이 양자 역학에서 제기되는 어려움을 벗어날 수 있는 돌파구라고 보았다. 반면 다른 사람들은 동역학 법칙으로부터 후퇴한 것이며 확률을 도입한 것은 인과율을 거부한 것에 지나지 않는다고 주장했다. 전자의 '자유 의지'라든가 물리학 방법론으로서 생기론(生氣論) 등을 양자 역학으로부터 얻을 수 있는 결론이라고 들고 나오는 사람도 있었다.

사실 과학자들은 새로운 형태의 인과 관계를 발견해 냈다. 고전 물리학의 인과율과는 대조적으로 새로운 인과율은 우연한 현상이 갖는 객관성을 고려했으며 외적 원인과 내적 원인, 주요 원인과 부차 원인 등을 구분했다. 변증법적 유물론은 인과율을 절대화하는 것은 불가능하다고 본다. 왜냐하면 자연 현상들 사이의 인과 관계에 대해 새로운 개념이 앞으로도 계속 생겨날 수 있기 때문이다. 동역학 법칙에 기초한 인과율과 마찬가지로 새로운 (미시 세계와 관련된) 인과 관계도 (절대적이 아닌) 상대적으로 옳다는 것이 입증될 때가 올 것이다.

앞에서 얘기했듯이 아인슈타인은 미시 세계의 법칙이 통계적 특성을 갖는다는 것에 대해 부정적인 태도를 견지했다.

> 문제는 자연에 대한 이론적 서술이 항상 결정론적이어야 하는가 아닌가라는 점이다. 그리하여 완벽하면서도 통계 법칙에서 자유로운 실재를 서술할 수 있는 가능성이 현실적으로 존재하느냐는 문제가 생긴다. 그러나 거기에 대해서는 서로 다른 의견들이 존재하고 있다.

그가 회의적이었던 데는 몇 가지 이유가 있다. 우선 동역학 법칙에 기초한 인과율이 훨씬 명백하고 단순하며 상식에도 부합되는 것처럼 보였기 때문이다. 동역학 법칙에 기초한 물리학은 거시적인 세계(미시 세계가 아닌)에서 정당화되는 많은 관계들로부터 추상화됐기 때문에 이런 반응은 당연하다. 아인슈타인을 포함한 많은 물리학자들은 동역학 법칙에 기초한 인과율이 훨씬 진리에 가깝다고 생각한다. 물론 이해하기 쉬운 것이 항상 진실인 것은 아니지만 말이다. 변증법적 유물론에서는 진리의 판단 기준이 항상 실재를 얼마나 객관적이고 정확하게 반영하느냐에 달려 있다.

나아가 아인슈타인은 인과율이 심각한 위기에 처했다고 진단했는데, 왜냐하면 일부 철학자들이 양자 역학에 확률이 도입됨으로써 인과율도 폐기되어야 한다고 주장했기 때문이다. 그는 이런 결론에 대해 단호하게 반대 표시를 했다. 현대 양자 이론이 인과율의 관점에서 볼 때 아무리 약점을 가지고 있다 할지라도, 자유 의지를 주창할 수 있을 정도로 뒷문을 활짝 열어놓은 상태는 아니다.

그러나 양자 역학의 탄생을 계기로 일부 과학자와 철학자들이 물리 개념에 대해 태도를 바꾸는 상황에서 아인슈타인도 속으로는 아마 크게 불안했을 것이다. 예를 들어 하이젠베르크(W. K. Heisenberg)는 "관찰이 사건에서 결정적인 역할을 한다.······실재는 우리가 그것을 관측하고 있는가 아닌가에 따라 크게 달라진다"고 말했다. 또한 하이젠베르크는 우리가 눈으로 보고 있는 미시적인 물체는 실제로는 "시공에 갇혀 있는 물질 형태를 띤 입자가 아니라 단지 하나의 상징, 다시 말해 자연 법칙이 그것으로 말미암아 가장 단순한 형태를 띠게 되는 그런 상징에 불과하다"고 생각했다. 아인슈타인은 물리적인 실재를 주관주의적으로 해석하는 것은 인과율 개념뿐 아니라 물리학 전체의 운명에도 영향을 끼칠 것이라고 우려했다. 여기에 관해 보른(M. Born)은 다음과 같이 얘기했다.

> 인용된 편지 문구나 뒤에 언급했던 편지로 볼 때 아인슈타인이 오늘날의 양자 역학에 거부감을 느끼는 이유는 결정론의 문제 때문이라기보다는 물리적 사건들이 관찰자와는 무관하게 객관적으로 존재한다는 믿음 때문이었다.

그러나 미시 세계에서의 인과율에 대한 아인슈타인의 언급을 보면 회의적인 관점뿐 아니라 낙관적인 관점도 포함돼 있었다. 흔히 비난하는 것처럼 그는 인과율을 기계적으로 이해하거나 고전 물리학의 방법론을 끝까지 고수할 것을 주장하진 않았다. 그는 고전 물리학으로만 이해될 수 있는 인과율을 절대적인 진리라고 생각하지 않았다. 그렇지만 여전히 물리적인 실재를 시간과 공간 속에서 직접적으로 (확률적이 아닌) 묘사할 수 있는 이상적인 가능성을 선호했다. 앞에서 보았듯이 그는 인과 관계에 대한 확률적인 특성만이 이 문제를 해결할 수 있다는 주장에 동의하지 않았다. 그는 과학자들이 물질의 더 깊은 속성을 이해하려면 자연에 내재한 관계를 더 적절히 드러낼 수 있는 새로운 방법을 창조해내야 할 것이라고 주장했다. 그는 앞으로도 과학은 양자 역학이 제기한 형태로 머물러 있지는 않을 것이라고 강조했다.

나는 자연에서 일어나는 사건들은 우리가 오늘날 생각하고 있는 것보다 훨씬 엄격하고 구속력 있는 법칙에 지배받고 있다고 믿는다. 오늘날 우리는 기껏 하나의 사건은 또 다른 사건의 원인이라고 말할 뿐이다. 우리의 개념은 하나의 시간 마디에서 일어나는 하나의 사건만을 문제삼는 데 그친다. 즉 전체적인 과정으로부터 한 부분을 떼어내서 본다는 애기다. 현재 우리가 인과율을 적용시키는 방식은 상당히 피상적이다. 마치 리듬에 따라 시를 판단하긴 하지만 리듬의 전체적인 양식에 대해서는 아무것도 모르는 어린아이들 같다. 또는 앞뒤의 음표밖에 주의를 기울이지 못하는 피아노 초보자와 비교할 수 있다. 간단하고 소박한 곡일 경우에는 이런 방법도 어느 정도 먹혀들겠지만 바하의 '푸가' 같은 곡을 해석하려면 이런 정도 수준으로는 어림도 없다. 양자 물리학은 우리에게 대단히 복잡한 과정을 보여 주었으며 우리가 그것을 제대로 풀기 위해서는 인과율에 대해 (우리가) 갖고 있는 개념을 더욱 풍부하게 하고 다듬어야 할 것이다.

이후에 물리학이 발달해 온 과정을 살펴보면 그런 관점을 견지했던 아인슈타인이 옳았다는 것을 알 수 있다. 현 시점에서 확실한 것은 물질 세계에 대한 우리의 인식이 더 깊어질수록 인과 관계의 형태도 앞으로 끊임없이 변화해 갈 것이란 점이다.

형이상학적 관점의 극복

아인슈타인이 한 사람의 과학자로서 변증법적 사고를 했다는 사실은 그가 과학적 개념과 법칙 그리고 전체로서의 과학의 본질에 대해 어떻게 생각했는지를 살펴보면 알 수 있다. 이미 얘기했듯이 (비변증법적인) 형이상학자들은 외부 세계의 대상과 세계 그 자체는 시간이 흘러도 변함이 없다고 여겼다. 그러므로 (형이상학자들의) 과학적 개념과 이론에 반영된 세계는 완벽하고 절대적인 (불변의) 형태일 것이라고 아인슈타인은 생각했다. 필자는 변증법적 유물론의 창시자들이 형이상학적 관점을 어떻게 극복했는지를 여기서 다루지는 않겠다. 다만 아인슈타인은 이 문제를 어떻게 이해했고 또 극복했는지를 살펴보도록 하자.

그는 과학적 개념의 본질을 직관적 변증법의 시각에서 접근했다. 그는 특히 이 문제를 형이상학적으로 접근하는 방법의 잘못을 직시하는 한편 과학 개념을 이미 주어진 불변하는 어떤 것으로 이해하는 사람들을 비판했다. 과학 개념을 과학의 발달 수준에 뒤떨어지지 않게 하기 위해서는 이따금씩 개념들을 재검토해 외부 세계의 인식과 걸맞도록 개념에 대한 탐구를 심화시켜 나가야 한다고 생각했다.

그러나 과학의 발달로 더 정확한 개념이 필요해지고 (그 정확한 개념이) 그때까지 습관적으로 사용해 오던 개념을 대체하게 되면 상황은 달라진다. 그렇게 되면 개념을 자유자재로 다룰 수 없는 사람들은 거센 반대와 함께 신성한 것에 대한 혁명적인 위협이라며 항의할 것이다. '절대'와 '선험'이라는 그들의 보석상자 속에 간직해 왔던 개념들이 없어지면 살아갈 수 없는 철학자들이 여기에 동조할 것이다. '절대'와 '선험'은 결코 손댈 수 없는 영역이라고 선언했던 사람들은 당황하게 될 것이다.

과학적인 개념은 절대적인 수나 양이 아닐 뿐더러 실제적인 관계들을 반영함으로써 자연 법칙을 정식화하는 데 도움을 주기 때문에, 그 개념으로부터 얻어진 법칙들은 절대화할 수 없다. 개념과 마찬가지로 법칙도 변화하며 시간이 흐르면서 깊이가 더해진다. 아인슈타인은 "법칙은 결코 확정적일 수 없다. 왜냐하면 법칙을 유도하는 데 사용했던 개념 자체가 계속 변화하기 때문이며 시간이 지나면 개념의 내용이 부적절한 것으로 판정되기 때문이다"라고 썼다.

그는 전체로서의 물리학에 대해서도 똑같은 결론을 내리는 한편 물리학을 절대시하는 과학자들을 비판했다. 대부분의 과학자들과는 달리 그는 물리학을 동적이고 역사적인 과학(역사 과학)으로 보았다.

물리적인 실재에 대한 우리의 관념은 결코 최종적일 수 없다. 우리는 언제든지 이 개념들——즉 물리학의 공리적 기초들——을 바꿀 준비가 돼 있어야 한다. 왜냐하면 이렇게 함으로써만 우리가 인지한 사실을 논리적으로 가장 완벽하게 정당화할 수 있기 때문이다. 실제로 물리학이 발달해 온 과정을 잠시만 살펴봐도 물리학이 그 동안 엄청난 변화를 겪어 왔다는 것을 알 수 있다.

뉴턴 역학을 대하는 물리학자들의 태도는 잘 알려져 있다. 20세기 바로 직전까지만 해도 대부분이 뉴턴 역학을 무기물에서 발생하는 모든 구조상의 문제를 해결할 수 있는 불변의 과학으로 간주했다. 그 중의 일부는 뉴턴 역학이 유기물에서 생기는 문제도 해결할 수 있는 열쇠를 갖고 있다고 보았다. 그러나 아인슈타인은 뉴턴 역학에서 내세우는 주장들은 상대적인 진리일 뿐이라는 것을 간파했다. 뉴턴 역학의 무오류성(절대성)을 가장 열렬히 옹호한 사람 중의 하나인 톰슨(W. L. K. Thomsons : 켈빈Kelvin 경)의 탄생 100주년 기념 논문에서 아인슈타인은 톰슨이 물리학 발달에 기여한 점을 높이 사면서도 동시에 톰슨의 과학 연구에는 '비극적인 요소'도 있다고 지적했다. 아인슈타인이 말하는 비극적인 요소란 다음과 같은 것이었다.

> 톰슨은 물리학의 궁극적인 기초가 확고하다는 것을 거의 전 생애에 걸쳐 확신했기 때문에, 만약 그가 요즘의 물리학 논문들을 보았다면 아마 전율하고 말았을 것이다.

어떤 과학자들은 속성·운동 법칙·자연의 진화에 관한 개념 등이 시간에 따라 변한다는 사실로부터 객관적인 진리란 존재하지 않으며 결국 진리란 우리의 의식에 의존하는 하나의 가치라고 결론짓는 경우도 있었다. 그러나 아인슈타인은 물리학 지식이 상대적인 진리성을 갖는다고 해서 외부 세계의 존재를 부정한다거나 진리의 객관성을 부정해서는 안 된다고 보았다. 레닌은 과학자들이 객관적인 실재와 객관적인 진리를 부인하게 되는 것은 그들이 변증법을 모르기 때문이며 특히 상대성 자체를 절대화하기 때문에 그런 오류에 빠진다고 강조했다.

이전부터 내려오던 이론들이 갑자기 붕괴되는 시기에는 상대주의의 원리와 지식에 대한 상대성이 물리학자들에게 강력한 영향을 끼치며, 이때 물리학자들이 변증법을 모르고 있으면 관념론으로 자연스럽게 빠져들게 된다.

뉴턴 역학이 상대적인 특징을 갖고 있다고 해서 아인슈타인이 그것을 폐기한 것은 아니었다. 그는 물리학의 전체 구조 내에 뉴턴 역학을 적절히 위치시켰는데, 왜냐하면 (뉴턴 역학의) 이론적 결론들이 특정한 영역 내에서 일어나는 현상에는 잘 들어맞기 때문이었다.

우선 우리는 고전 역학 체계가 물리학 전체의 기초로 얼마나 적절했는지 명확히 알 필요가 있다.

형이상학자들과는 달리 아인슈타인은 물리 이론의 연속성을 강조했다. 뉴턴 역학이 이론 물리학의 수많은 문제들에 끼친 영향에 대해 그는 "자연 과정에 대한 우리의 개념이 발전해 온 과정은 뉴턴의 사상이 유기적으로 발달해 온 과정과 똑같이 생각할 수 있다"라고 썼다.

레닌의 다음과 같은 애기는 잘 알려져 있다.

인간의 사고는 그 본성상 절대적인 진리——이것은 상대적인 진리의 총합으로 이뤄진다——를 제시할 수 있고 또 제시했다. 과학의 발달 과정에서 각 단계는 절대적인 진리를 구성하는 데 새로운 요소를 보탠다. 그러나 과학적인 주장 하나하나가 어느 정도의 진리를 담고 있느냐는 상대적이며 지식의 성장과 함께 그 범위가 때로는 넓혀지기도 하고 때로는 줄어들기도 한다.

진리의 상대성과 절대성

상대적 진리와 절대적 진리 사이의 관계에 대한 아인슈타인의 생각, 그리고 둘 사이의 변증법적인 상호 의존성에 대한 그의 태도는 눈여겨볼 만하다. 상대론적 물리학의 창시자로서 그는 이 문제를 어떻게 다루었는가? 그가 이 문제에 대해서 확고한 관점을 가지고 있지 않았다는 것은 금방 알 수 있다. 그러나 그는 우리의 지식은 세계에 대한 완벽한 상을 향해 상대적 진리의 과정을 밟으면서 나가고 있다고 보았다. 아인슈타인은 직관적 변증법을 통해 진리가 가진 변증법적 유물론의 특성을 표현했다. 예를 들어 뉴턴의 기본 개념과 전제는 단지 진리의 근사치에 불과하다고 보았다. 세계에 대한 완벽한 물리적 상을 그리는 것이 가능한가라는 문제에 대해 그는 이론적으로는 가능하지만 실제로는 불가능하다고 주장했다.

우리가 물리적 우주에 대해 불완전한 상을 그리는 데 만족해야 된다는 사실은 우주의 본성 자체가 그렇기 때문이 아니라 우리 자신(의 인식상의 한계) 때문이다.

엥겔스는 이 점을 "세계 체제에 대해 각 개인이 갖는 정신적인 이미지는 객관적으로는 역사적 조건에 제한을 받고, 주관적으로는 개인의 물리적 · 정신적 상태에 의해 제한을 받는다"라고 설명했다. 하지만 지식이 점점 축적되면서 좀 더 완전한 지식을 획득하는 것은 가능하다고 아인슈타인은 지적했다.

지식의 분화는 많은 과학자들에게 일종의 시험이었다. 과학사를 통해 볼 때 모두가 이 시험을 통과할 수 있었던 것은 아니었다. 고전 물리학이 번창했을 때는 고대인들이 물려준 자연 이해 방식, 즉 자연에 대한 변증법적인 접근 방법을 잊고 있었다. 변증법적 유물론자들은 반(反)변증법적인 접근 방식(형이상학적 관점)이 등장하는 이유는 과학의 분화와 관련이 있다고 지적했다. 엥겔스의 얘기를 들어보자.

자연을 개별적인 부분으로 따로 떼어내 분석하고, 자연 과정과 대상을 특정한 부류로 분류하고, 다양한 종류의 유기체를 해부하는 방법을 연구하는 것, 이것이 지난 400년간 인류가 자연에 관한 지식을 얻는 데 거대한 진보를 이룰 수 있었던 조건이었다. 그러나 이런 연구 태도는 아울러 다음과 같은 습관을 유산으로 물려 주었다. 즉 자연의 과정과 물체를 전체와의 연관에서 떼어내 고립시켜서 관찰하며, 운동 상태가 아닌 정지 상태로, 본질적으로 변화하는 것이 아닌 항상적인(변하지 않는) 것으로, 살아 있는 상태가 아닌 죽은 상태로 관찰하는 습관을 남겨 준 것이다.

아인슈타인도 똑같은 위험을 경계했다. 그는 지식의 분화가 진보적인 현상으로서 개별 현상의 본질을 더 깊이 통찰할 수 있게 해주지만, 한편으로는 현상을 지나치게 분할함으로써 결과적으로 현상들을 공통적으로 연결시키는 끈을 상실토록 해 심도 있는 인식이 되지 못하게 한다고 보았다. 그는 의학을 예로 들어 이것을 설명했다.

학문의 발달로 의학도 상당한 수준으로 전문화되는 것을 피할 수 없게 됐다. 그러나 이 경우 전문화는 자체의 한계를 내포하고 있다. 만약 신체의 어떤 부분이 컨디션이 좋지 않다면 그것을 고칠 수 있는 사람은 신체 전체의 복잡한 유기적 조직을 제대로 알고 있는 사람이어야 할 것이다. 컨디션이 나쁜 이유가 좀더 복잡한 경우라면 더욱 그런 사람만이 불안의 원인을 제대로 끄집어내 치료할 수 있을 것이다. 물리학자들도 일반적인 인과 관계에 대해 제대로 이해하는 것이 필수적이다.

감각과 이성의 통일

아인슈타인의 변증법적 사유 방식은 이론적 지식과 경험적 지식과의 관계를 해석하는 데서도 드러났다. 나는 앞에서 고전 역학과 여러 철학 체계와의 관계를 논의하면서 이 문제를 부분적으로 다룬 적이 있었다. 아인슈타인의 이론에 대해 철학적·과학적 문헌들이 서로 의견 일치를 보지 못하는 상황이므로 여기서는 이 문제를 좀더 상세히 다뤄보도록 하겠다.

역학 창시자들의 업적을 연구하면서 아인슈타인은 과연 감각 자료에 의존하지 않고 순전히 사유를 통해 인식에 도달하는 것이 가능한지에 대해 의문을 가졌고, 또 지식에 있어 감각과 이성의 관계에 흥미를 느꼈다. 그는 이 문제에 관해서 철학적으로 워낙 다양한 해답이 제시되어 왔고 믿을 수 없을 정도로 엄청난 관점상의 혼돈이 존재하고 있다는 것을 깨달았다. 동시에 그는 본래 하나인 인식 과정이 인위적인 방법을 통해 수많은 측면으로 분할되는 것에 주목했다. 예를 들어 경험주의자들은 감각적 자료에 주로 주의를 기울인다. 인식 과정에서 경험적인 측면이 절대화된 것은 원래 17세기와 18세기에 각각 영국과 프랑스의 형이상학적 유물론자들에 의해서였다. 나중에 경험주의는 실증주의의 인식론적 기초가 되었다. 경험론의 유물론적 변형과 관념론적 변종 둘 모두는 인식 과정에서의 추상적 사유의 역할을 하찮게 여겼다. 전자의 경우 자연에 대한 지속적인 관심의 결과 신학적 방법론과의 투쟁을 치르면서 추상적 사유의 역할을 과소 평가하게 되었고, 후자인 경험론의 관념론적 변종의 경우에는 '전통적' 철학에 대한 비판과 함께 인식론을 자연 현상의 본질을 탐구하는 데 두지 않고 단순히 주어진 감각의 진술로 한정시키려는 시도 때문에 (추상적 사유의 역할을) 대단치 않게 여겼다.

아인슈타인은 또 경험론과는 정반대 되는 인식론적 개념, 즉 합리주의가 지닌 약점에도 주목했다. 합리주의는 인식 과정의 또 다른 측면인 인간의 이성적 활동을 절대적인 것으로 보았다. 합리주의는 감각적인 자료를 통해서는 입증할 수 없는 자연에 대한 수학적이고 과학적인 명제들의 기원을 설명하기 위해 도입되었을 뿐 아니라 (이성을 초월하는) 신념(신앙)에 기초한 방법론에 대응하기 위해 생겨났다. 데카르트·스피노자·헤겔 등의 합리주의의 옹호자들은 인식에 있어 감각의 역할을 무시하는 대신 이성을 결정적인 위치에 놓았다.

아인슈타인은 인식 과정에 대해 일면적인 태도를 취하는 것에 동의할 수 없었다. 예를 들어 외부 세계에 대한 인식을 단지 '순수한' 사유를 통해 얻으려는 태도는 그에게 끊임없는 회의를 불러일으켰다.

최근의 철학과 자연 과학이 일깨워 준 지식을 잠깐이나마 무시할 수 있다고 생각하는 것은 하나의 환상이다. (만약 그렇다면) 그 사람은 아마 경험적으로 느끼는 사물보다도 '이데아'가 더 실제적이라고 플라톤이 주장하더라도 전혀 놀라지 않을 것이다. 사실 이런 편견은 스피노자와 헤겔에 있어서 활력으로 작용해 (그들의 철학에) 중요한 역할을 수행했던 것으로 여겨진다.

그러나 아인슈타인은 감각적인 인식을 절대화하는 철학 사상에도 동의하지 않았다.

(순수한) 사유가 무한한 통찰력을 갖고 있다고 믿는 이 귀족적인 환상은 소박한 실재론을 믿는 서민적인 환상과 짝이 되어 있다. 이 서민적인 환상에 따르면 사물은 우리가 감각 기관을 통해 인지하는 바대로 '존재'한다는 것이다.

아인슈타인은 인식 과정에서 논리적인 사유가 갖는 역할을 높이 사면서도 그것을 객관적인 세계로부터 분리시키지는 않았다. 그는 솔로빈에게 보내는 편지에서 자신의 변증법적 사상을 개략적으로 드러냈다. 편지에서 그는 인식 과정을 연속하는 몇 단계로 분류했다.

그는 지식은 감각 자료의 총합인 E로부터 출발한다고 생각했다. 그 경험적인 자료는 공리 체계 A를 형성하는 기초가 된다. 그러나 공리 체계 A가 E에 기초를 두고 있을지라도 E로부터 A에 이르는 논리적인 경로는 없다고 주장했다. 공리들로부터 부분적인 진술들이 논리적으로 연역되며 그 진술들은 다시 감각적인 자료 E와 비교되면서 참·거짓이 가려진다는 것이었다. 결국 아인슈타인에 따르면 "실재에 관한 모든 지식은 경험에서 출발해 경험에서 끝맺는다." 이러한 결론은 지식 경로에 관한 변증법적 유물론의 요구와 대체적으로 일치하는 것이다. 변증법적 유물론의 요구를 가장 적절하게 표현했던 레닌은 "살아있는 지각으로부터 추상적인 사유로, 추상적인 사유에서 실천으로의 과정이 진리를 인식하고 객관적인 실재를 인식하는 변증법적 과정이다"라고 말한다.

그래서 아인슈타인은 경험과 이성의 관계에 관한 문제를 다루면서 경험적인 자료의 역할을 무시하고 인식에 있어 이성의 역량을 절대화한 철학자들과 싸웠을 뿐 아니라 이성적인 사유의 역할을 거들떠보지도 않던 실증주의자들과 형이상학적 유물론자들과도 논쟁을 벌였다. 그는 창조적인 과정을 분석하기 위해서는 반드시 감각과 이성이라는 이 두 요소를 고려하는 것이 전제돼야 한다고 주장했다. 경험과 이성 간의 관계와 관련해 아인슈타인이 「비판에 답함 *Reply to Criticisms*」이라는 글을 통해 마르게노(H. Margenau)에게 했던 답변이 흥미롭다. 마르게노는 아인슈타인의 입장에는 합리주의와 극단적인 경험주의의 특성이 뒤섞여 있다고 주장했다. 아인슈타인은 마르게노의 지적이 지극히 옳다고 인정하면서도 다음과 같은 설명을 덧붙였다. 그러면 (합리주의와 경험주의 사이의) 동요는 어디에서 연유하는 것인가 하고 자문하면서 다음과 같이 답했던 것이다.

하나의 논리적인 개념 체계도 그 개념과 주장이 경험 세계와 필연적인 관계를 맺고 있다면 물리학이 된다. 이 점을 고려하지 않고 (물리학으로서의) 논리적인 개념 체계를 세우려고 하는 사람은 위험한 장애물에 부딪치게 된다.

그렇기 때문에 그는 가능한 한 직접적이고 필연적으로 경험 세계와 개념을 연결시키려고 노력할 것이다. 이 경우 그의 태도는 경험적이다. 이런 방법은 흔히 좋은 결과를 낳긴 하지만 효과를 확신하기는 힘들다. 왜냐하면 하나의 체계로서의 특정한 개념이나 주장을 경험적으로 주어지는 것에 한정시켜야 하는데 경험적인 것을 통해 개념 세계로 나아가는 데는 논리적인 길이 존재하지 않는다는 것을 깨닫게 되기 때문이다. 이렇게 되면 그는 그 체계가 (경험과는) 독립된 논리 체계라고 판단하고 다시 합리적인 태도로 기울게 된다. 그러나 이런 태도는 경험 세계와의 모든 접촉을 잃기 때문에 위험하다. 이처럼 양극단 사이에서 동요하는 것이 나에겐 피할 수 없는 것처럼 보인다.

아인슈타인이 감각과 이성 사이의 관계에 대해 정확히 해석했는데도 그는 동시에 현대 물리학에서는 이론적인 사고의 역할을 고양할 필요가 있다고 자주 주장하기도 했다. 그렇다고 이런 주장에 근거해 그가 합리주의 경향의 철학을 받아들인 것으로 혐의를 둘 수 있는가?

우리는 19세기 후반에도 여전히 형이상학적이고 기계적인 유물론이 과학자들의 정신에 큰 영향을 끼치고 있었다는 사실을 받아들여야 한다. 대체로 그들은 감각적인 형태의 지식을 절대적인 것으로 보았다. 그것은 역사적으로 정당성을 갖는데, 왜냐하면 마르크스 이전의 유물론이 지배하던 동안에는 자연 과학은 엥겔스가 지적했듯이 기본적으로 수집하는 과학(a collecting science)이었기 때문이다. 축적된 경험 자료를 완벽하게 하기 위해 이론적으로 입증하는 문제 등은 거의 제기되지 않았다. 이런 요구는 한참 뒤에야 생겨났다.

이론적인 사유에 대한 필요성은 세기의 전환기에, 특히 물리학에서 강하게 대두했다. 그때는 그 동안 축적됐던 많은 사실들이 일반화(개념화)의 손길을 기다리고 있던 시기였다. 이 작업에 몰두했던 아인슈타인은 인식론의 문제, 특히 감각과 이성, 경험과 이론의 관계를 모르고서는 일반화(개념화)를 달성할 수 없다는 것을 무의식적으로 깨달았다. 경험주의자들(당시 그들은 자연 과학의 방법론에서 우위를 지키고 있었다)과의 논쟁에서 아인슈타인은 그들이 감각적인 자료를 높이 평가하는 데 반대해 이성적인 사고의 역할을 고양시켜야 할 필요가 있다고 강조했다.

우리는 아인슈타인이 변증법적 유물론을 잘 알지는 못했으나 변증법적 유물론과 관련된 많은 일을 해냈다는 것을 알아야 한다. 엥겔스도 사고 과정에 경험주의의 영향을 많이 받았던 과학자들의 부주의에 대해 얘기한 적이 있다.

아직도 대부분의 과학자들은 낡아빠진 형이상학적 범주에 끈질기게 매달리고 있다. 형이상학적 범주는 현대에 밝혀진 사실, 즉 자연에 있어서의 변증법을 합리적으로 설명하거나 그들간의 관계를 밝히는 데 아무런 도움이 되지 못하고 있다. 그리고 바로 여기에 이성적인 사유의 필요성이 있다. 원자나 분자 등은 현미경을 통해 볼 수 있는 것이 아니라 사고 활동을 통해 실체를 관찰할 수 있는 것이다.

변증법적 유물론의 창시자들은 과학 자체의 발달로 말미암아 더 이상 과학자들이 일면적인 경험주의나 합리주의를 고집할 수 없게 될 것이라고 예측했다. 엥겔스는 다음과 같이 강조했다.

경험적인 자연 과학은 그 동안 엄청나게 발달해 이제 18세기의 기계주의가 가졌던 일면성을 완전히 극복할 수 있게 됐을 뿐 아니라, 자연에 존재하는 탐구 대상들간의 내적 연관성이 밝혀짐으로써 자연 과학 자체가 경험 과학으로부터 이론 과학으로 변화되었다.

그러나 '이성의 빛'에 호소하더라도 실재와 분리된 사고 활동을 해서는 안 된다고 엥겔스는 경고했다. 그는 몇십 년 뒤에 아인슈타인이 그랬듯이 칸트의 선험론을 비판했나. "이론적인 사고 활동을 능숙하게 나루시 못하는 민족은 과학의 정상에 오를 수 없다"는 엥겔스의 경구는 과학에 있어 경험주의를 반대하기 위한 것이었다.

변증법적 유물론자들은 나중에 아인슈타인이 그랬듯이 지식에서 이성의 역할을 복권시키도록 요구했다. 아인슈타인을 합리주의 철학의 지지자들 중의 한 사람으로 분류할 근거는 없다. 왜냐하면 아인슈타인은 마르크스 이전의 유물론으로부터 변증법적 유물론으로 자신의 사상을 자발적으로 변화시킴으로써 자연 과학에 대한 형이상학적 관점이 갖는 한계를 극복하려고 노력했기 때문이다. 변증법적 유물론에서는 경험주의 요소와 합리주의적 요소 둘 모두가 지식을 구성하는 데 가치 있는 것이라고 주장했다. 아인슈타인은 새로운 물리학이 탄생하는 데는 이론적인 사유의 역할이 크다고 강조함으로써 이전에 변증법적 유물론의 창시자들이 했던 것처럼 (이론적인) 사고 활동을 과학이 발달하는 데 필요한 인식 수준으로 높이려고 시도했다. 그러므로 아인슈타인이 과학적 지식에 있어 사고의 중요성을 자주 강조했다는 이유만으로 그를 합리주의자로 분류하는 것은 잘못이다. 이들은 아인슈타인이 특수상대성이론 나아가 일반상대성이론의 발견은 경험적인 요소에 대한 이론적인 요소의 우수성을 입증한 실례라고 수많은 과학자들 앞에서 얘기한 것을 두고 그를 합리주의자로 분류하는 데 주저하지 않는다. 아인슈타인은 상대성이론의 방법론적 기초에 대한 이러한 해석이 마음에 들지 않았다. 그는 몇몇 저서에서 물리학 전체의 근본적인 문제에 대해 분석하거나 주요한 물리 이론을 발견하는 데 큰 영향을 끼친 요소들에 대해 논의하기도 했다. 그 결과 다음과 같은 결론에 도달했는데, 베소(M. Besso)에게 보낸 편지에 잘 나타나 있다.

> 당신의 마지막 편지를 다시 읽어보면서 나는 정말 화가 나는 대목을 발견했다. 순 이론적인 사색이 경험주의보다 우수하다는 게 입증됐다는 대목이다. 당신은 상대성이론의 발달을 순 이론적인 사고로 설명했다. 그러나 나는 상대성이론의 발견이 시사하는 바에 대해 당신과 정반대 입장이다. 즉 신뢰할 만한 가치가 있는 이론은 일반적인 경험 사실의 바탕 위에 세워져야 한다는 점이다. 오래된 예를 들어보자.
> 열역학 법칙은 영구 기관은 불가능하다는 사실에 기초해 있다. 고전 역학은 경험적으로 인지되는 관성 법칙에 기초해 있다. 기체 운동론은 열과 역학적 에너지는 동일하다는 데 기초해 있으며, 특수상대성이론도 광속 불변성에 기초해 있다. 경험적 기초에 의존하는 진공에 관한 맥스웰 방정식과 상대성이론에 대해서도 마찬가지다. 물체의 이동도 하나의 경험적 사실이다. 일반상대성이론은 관성 질량과 중력 질량이 등가라는 데 기초해 있다.
> 진실로 가치 있고 심오한 이론이 순수하게 사색만을 통해서 얻어진 경우는 여태껏 없었다. 순수하게 사색을 통해서 얻어진 경우로 전류의 이동에 관한 맥스웰의 가정을 들 수 있겠지만 그것도 빛의 전파 사실을 근거로 해야만 유효해진다.

인식 과정에서의 경험적인 요소와 이성적인 요소의 역할에 대해 다양한 해석이 존재하는 이유는 과학사를 통해 이 개념들의 의미가 변화해 왔기 때문이다. 과학적인 범주의 발달, 즉 범주들이 지닌 내용의 변화는 변증법을 모르는 사람들로 하여금 범주의 객관성을 부인하도록 만드는 경우가 종종 있다. 여기서 시간·공간·인과율 등과 같은 개념들이 변화해 온 역사를 되돌아보자. 이들의 본질에 관한 인식이 깊어질수록 그들의 의미는 변화되며 따라서 이 범주들은 전적으로 우리의 감각 기관과 의식에 의존해 존재하며 그들의 통제를 받는다고 결론을 내릴 수 있게 되는 것이다.

경험과 이론이라는 개념에도 똑같은 운명이 일어났다. 지난 세기 동안 그것은 내용상 상당한 변화를 겪었다. 어느 시기까지는 이론적인 활동과 실천적인 활동이 같이 뒤섞여 있었으나 정신적인 것과 육체적인 것으로 노동이 분화되면서 이론과 실천도 각각 독립적으로 발달하기 시작했다. 그리고 발달 과정에서 지극한 변화를 겪었다. 고전 역학에서의 인식(작용)은 예컨대 양자 역학에서보다 훨씬 더 분명하고 일상적이다. 앞에서 얘기했듯이 고전 역학에서의 탐구 대상은 지나치게 빠른 속도로는 움직이지 않는 거시적인 물체였다. 그런 종류의 물체를 탐구하는 사람은 그 물체들과 직접적으로 접촉하기 때문에 탐구 대상의 성질을 정확히 파악할 수 있는 가능성이 있었다.

인간이 점점 물질 세계의 미세한 층이나 직접적으로 감지할 수 없는 가려진 (자연의) 부분으로 깊이 통찰해 들어감에 따라 인식 과정이 더욱더 복잡해지기 시작했다. 미시적인 대상의 속성을 파악하기 위해서는 탐구자는 이성의 활동에 도움을 청해야 하는 것이다.

양자 역학을 통해 우리는 감각적이고 실제적인 활동 개념이 하나의 역사적인 범주로써 우리 세기에 들어와 상당히 변화한 것을 알 수 있다. 그 개념들은 덜 관습적이 되었고 재고해 볼 필요성이 생겼으며 구체적인 과학적·철학적 분석 대상이 되기에는 멀리 떨어져 있는 셈이 됐다. 인식 과정의 이론적인 측면에 대해서도 똑같은 얘기를 할 수 있는데 훨씬 복잡해졌으며 직접적인 감각 세계로부터 멀리 동떨어져 있다. 현대의 이론은 감각적인 경험 자료들을 단순히 분류하는 것으로 그치지 않는다. 그것은 더 높은 수준의 일반화와 추상화를 요구한다. 그것은 상대적인 독립성을 획득했으며 어느 정도까지는 한 대상의 새로운 속성과 측면을 발견하는 데 영향력을 끼치기도 한다. 또 직접적 감각 경험을 통해서는 알 수 없는 숨겨진 관계들을 들춰내는 데 도움을 주기도 한다. 이론이 해낸 훌륭한 역할의 한 예가 현대 과학에 도입된 수학적인 가정을 통한 방법이다. 러시아 물리학자인 바빌로프(S. I. Vavilov)가 강조했듯이 이론과 경험이라는 두 개념이 변화·발전해 온 과정을 보면 이들의 객관성을 부인할 수 없게 된다. 현대 물리학에 고유한 실천적인 활동은 '정제된 경험'이라는 것이 판명됐다.

그것은 새롭고 난해한 도구에 의존하며 보통 사람들의 의식에 익숙하지 않은 생소한 세계를 반영한다. 이미지와 개념들은 더 이상 눈에 보이거나 모델을 통해 이해될 수 있는 성질이 아니라 수학적인 형태로 구체화되는 무한한 폭의 논리이며, (이미지와 개념은) 새롭고 이해할 수 없는 세계에 세워진 질서로써 물리적인 예측을 가능하게 해준다.

이론과 실천 사이에는 변증법적인 연관이 있다. 이론은 실천 활동에 영향을 끼치며 그 반대 방향으로도 영향을 끼친다. 경험적인 자료와 이론적인 사상을 이어주는 끈을 추적하는 것은 현재로선 어렵지만, 이론과 실천이 복잡한 특성을 갖고, 그들 사이의 관계가 복잡하다고 해서 실재를 이해하는 과정에서 변증법적 유물론이 갖는 의미가 퇴색하지는 않는다.

이런 종류의 이론적·인식론적 문제에는 흔히 왜곡과 혼돈이 생기는데, 왜냐하면 그것들이 대개 철학적인 차원에서가 아니라 본질적으로 과학적인 수준에서 논의되기 때문이다. 객관적인 실재를 인식하는 데 이론적인 것과 경험적인 것은 어떤 관계에 있는가 하는 문제를 다룰 때 그것을 철학의 영역으로 몰고 가야 한다는 것을 우린 흔히 잊어버린다. 철학의 영역으로 끌고 가 하나의 흐름으로서, 보편적인 초기 원리로써, 모든 활동의 근본 원리로써 모든 물질적인 실재에 적용할 수 있는 그런 원리로써 이 문제를 분석해야 하는 것이다. 이 점이 흔히 간과되고, 인식의 복합적이고 일반적인 경로 중 몇몇 단편적인 것들이 절대화돼, 인식의 모든 경우를 묶는 일반 원리인 것처럼 등장한다. 그런 접근법은 철학을 개별 과학으로 축소시키고 보편적인 방법을 부분적이고 특수한 방법으로 환원시켜 결국에는 세계에 대한 일반 개념과 세계를 이해하는 방법에 왜곡을 초래하는 것이다.

여태까지 보아 왔듯이 아인슈타인은 감각이나 이성을 영원히 의미가 변하지 않는 개념으로는 보지 않았다. 그는 그것들이 끊임없이 변화하고 운동하며 상호 작용한다고 보았다. 그러나 아인슈타인은 이들 개념들이 유연하고 유동적이라고 해서 진리와 객관적 실재를 인식하는 경로에 관해 자신이 세운 철학적으로 중대한 명제를 거부하지는 않았다. 이 명제는 바로 진리와 객관적 실재를 인식하는 과정이 경험적으로 주어진 것으로부터 추상적인 일반화, 그리고 실천으로 나아간다는 것을 의미한다.

요약하면 아인슈타인은 철학과 자연 과학의 연구를 통해, 또 철학적·전문적 지식을 활용하고 발전시켜 결국 변증법적 유물론에서 내세우는 중요한 명제들과 근본적으로 일치하는 철학적 견해에 도달했다고 결론지을 수 있다.

아인슈타인의 사회·역사관

자본주의 비판

나는 여태까지 아인슈타인의 중요한 철학적 관점을 분석했다. 이로부터 알 수 있는 것은 아인슈타인이 가졌던 철학적 견해의 성숙된 형태는 객관적인 세계를 적절히 반영하는 것을 목적으로 삼고 있다는 점이다. 그의 관점을 종합해 본다면 사회 현상에 대해 그가 어떤 생각을 갖고 있었는지도 알게 될 것이다. 물론 그가 사회 문제를 해결하기 위해 특별히 관여하지는 않았지만 몇몇 글들을 통해 사회를 보는 그의 시각을 엿볼 수 있다.

아인슈타인은 격렬한 사회 변동의 시기에 생을 살고 활동을 했다. 제1, 2차 세계 대전, 그리고 혼란스러운 전후 시기(사회주의와 민족해방운동이 승리하던 역사적인 시기, 사회 정치 체제와 이데올로기의 유파들간에 투쟁을 벌이던 시기), 그는 사회주의 문명이라는 근본적으로 새로운 문명이 건설되던 시기에, 즉 처음에는 러시아 한 나라로부터 시작해 나중에는 전 지구로 퍼져나가던 시기에 살았다. 이런 모든 상황이 그의 사회·정치적인 입장을 형성하는 데 영향을 끼치지 않을 수 없었을 것이다.

사적 유물론의 중심 사상들 가운데 수십 년간 여러 철학 유파들간에 논쟁거리가 되어 왔던 것 중의 하나는 사회적인 사건들은 법칙의 지배를 받으면 인과 관계에 의존한다는 명제였다. 어떤 사상가들은 사회의 역사는 규칙적인 성격을 갖는 것이 아니라고 주장하며, 사회에서든 자연에서든 비결정론적인 과정이 일어나며 모든 사회 현상은 우연과 사람들의 자유 의지에 달려 있다고 강조한다. 이런 주장을 특징적으로 표현한 사람을 꼽자면 크라우스(O. Kraus)를 들 수 있다. "역사에는 일련의 우연적인 사건이 불규칙적으로 발생하는 것 외에는 아무것도 없다"고 역사를 평가하는 크라우스의 견해에 아인슈타인은 동의하지 않았다. 그는 사회 현상도 자연 현상과 마찬가지로 어떤 발전 법칙의 지배를 받으며 인과적인 조건에 묶여 있고 상호 연관돼 있다고 생각했다. 내가 앞에서 얘기했듯이 그는 스피노자의 주장, 즉 무생물의 세계뿐 아니라 사회 현상과 인간의 행동에 대해서도 인과 관계를 적용시킬 수 있다는 생각에 동의했다.

정신적인 분야와 사회적인 분야를 포함해 모든 현상을 인과 관계로 해석하는 습관은 잠자는 지성을 일깨워 종래의 권위에 기초한 전통적인 종교가 부여했던 안도감과 위안을 빼앗아버렸다.

아인슈타인은 또 몇몇 사회학자들 사이에 유행하고 있던 이론, 즉 사회 현상은 자연 과학적인 방법으로만 설명될 수 있다는 주장도 받아들이지 않았다. 그런 관점이 당시에 유행하고 있었지만 아인슈타인은 '살아 있는' 물질과 사회 현상은 그들 자신의 고유한 발전 법칙을 갖고 있다고 주장하면서, 물리학의 공리를 사회적 삶에 무분별하게 적용시키는 것을 비판했다.

동시에 그는 인간의 소위 자유 의지라는 것도 환상에 불과하다며 뿌리쳤다. 인간은 행동하는 데 자유롭지 않다는 것이 그의 주장이었다. 단지 개개인에게는 자신의 행동이 어떠한 객관적 법칙에도 지배받지 않는 것처럼 보일 뿐이라는 것이다. 아인슈타인은 또 사회 현상은 무기물의 세계와 마찬가지로 자체의 인과 관계를 갖고 있다고 생각했다.

그는 인간뿐 아니라 한 사회를 어떤 행동으로 동기 유발시키는 주요한 요인은 삶의 물질적 조건들이라는 점을 이해했다. 사회적인 대변동을 일으키는 것도 바로 이것들(삶의 물질적 조건들)이었다. 1933년 런던에서 행한 연설에서 그는 다음과 같이 얘기했다.

> 세계의 위기와 이 위기로부터 사람들이 겪고 있는 고통과 가난이 우리가 목도하고 있는 이 위태로운 대변동의 원인이라는 것은 의심할 여지가 없다.

그는 사람들의 힘겨운 생활 조건 때문에 결국 혁명이나 전쟁과 같은 사회 갈등이 일어나게 된다고 보았다. 때문에 항상 사회적 불평등의 문제로 고민했으며 이 문제가 가장 중요하고 시급한 과제라고 생각했다. 그는 "사회의 조화와 개인의 경제적인 복지가 시민 사회의 본질적인 목적인 것 같다"고 쓰고 있다. "정의를 향한 나의 애정과 인간의 조건을 개선시키는 데 기여하고자 하는 나의 노력은 나의 과학적 관심과는 전혀 별개의 문제다"라고 그는 강조했다.

젊은 시절에 이미 아인슈타인은 자신을 둘러싼 사회 분위기가 심상치 않음을 알고 있었다.

> 젊은이들은 국가의 계획적인 거짓말에 속고 있었다. 그것은 압도당하는 느낌이었다. 모든 종류의 권위에 대한 의심이 이런 경험으로부터 싹트기 시작했고, 특정 사회 환경에 존재하는 신념에 대해 회의적인 태도를 취하게 되었다.

아인슈타인의 생활은 사회의 불평등에 항의하는 하나의 본보기였다. 그는 항상 겸손하고 소박했으며 지나친 사치와 돈에 대한 욕심은 그에게 아주 먼 얘기였다.

> 나는 사치와 향락을 결코 추구하지 않았을 뿐더러 그것들을 상당히 혐오스러워했다. 사회 정의를 향한 나의 열정 때문에 사람들과 자주 마찰이 있었는데 꼭 필요하다고 생각되지 않으면 어디에 가담해서 거기에 의존하는 것도 싫어했다.

그는 그가 사는 20세기의 사회는 그 자체에 고유한 진보적인 역할을 수행하기를 이미 멈추었다고 보았다. "19세기의 사람들을 고무시켰던 인류의 꾸준한 진보에 대한 확신은 이제 무력한 환멸감으로 바뀌었다"고 그는 썼다. 물론 과학·공학·기술에서는 거대한 발전을 이루었으나 이런 발전이 일하는 사람들의 모든 삶의 조건을 개선시키는 데 균등한 역할을 하지는 못했다.

지식과 기술 영역에서 이룩한 진보를 부정하는 사람은 아무도 없을 것이다. 그러나 우리는 이 모든 업적들이 본질적으로 인간의 곤궁한 상황을 경감시키지 못했을 뿐더러 인간의 행동을 고양시키지도 못했다는 사실을 경험했다.

아인슈타인은 한 개인이 자신의 참된 가치, 즉 인격이나 능력으로 평가받지 못하고 물려받은 부나 사회 속에서 차지하는 지위에 따라 평가되는 것을 싫어했다. "지위나 부에 의해 기득권을 누리는 것은 항상 정의롭지 못하며 유해하기까지 한 것으로 보인다.

그는 후손들에게 띄우는 유명한 편지에서 현존 질서에 대한 실망을 표시했다. 이 편지는 5,000년 뒤인 6939년에 개봉되도록 특수 캡슐에 담겨 뉴욕 만국박람회장 지하에 묻혔다. 이 메시지에 그는 다음과 같이 썼다.

우리 시대는 창조적인 정신이 충만하며 그 정신의 산물은 우리의 삶을 상당히 윤택하게 할 수 있다. 우리는 동력을 사용해 바다를 건너가며 또한 육체노동으로부터 인간을 해방시키기 위해 동력을 이용하고 있다. 우리는 하늘을 나는 법을 알고 있으며 전기선을 이용해 전세계에 메시지나 뉴스를 어렵지 않게 보내고 있다.

그러나 상품의 생산과 분배가 완전히 조직화되어 있지 않아 모든 사람들은 경제 사이클에서 벗어나지 않기 위해 두려움 속에 살아가고 있으며 그 결과 모든 것에 박탈감을 느끼고 있다. 나아가 불규칙적으로 다른 국가를 상대로 전쟁을 일으켜 살상을 일삼고 이 때문에 미래를 생각하는 사람은 공포와 두려움 속에 살아가야 한다. …… 나는 후손들이 이 글을 자부심과 도덕적 우월

감을 갖고 읽으리라고 믿는다.

1949년에 아인슈타인은 「왜 사회주의인가? *Why Socialism?*」라는 글을 뉴욕에서 발행되는 《월간 비평 *Monthly Review*》에 발표했다. 이 글에서 그는 자본주의의 사회 관계를 분석하고 그들의 약점을 파헤치고자 했다. 그는 사적 소유에 바탕을 둔 경제가 갖는 무계획적이며 개인적인 특성을 비판했다. 그는 생산과 분배의 무정부적인 성격이 많은 소유자들을 파멸로 이끈다고 생각했다.

오늘날 존재하고 있는 자본주의 사회의 경제적인 무정부성이 악의 참된 근원이라고 생각된다. 우리 앞에 있는 거대한 생산자 집단은 그들이 끌어 모은 노동——이들 노동력은 강제로 모은 게 아니라 전체적으로 법에 규정된 규칙에 따라 지원한 노동력이다——으로부터 열매를 따기 위해 끝없이 싸우고 있다. 여기에서 다음과 같은 사실을 깨닫는 게 중요하다. 즉 자본재뿐 아니라 소비재를 생산하는 데 필요한 생산 수단이 법적으로 개인의 사적 소유라는 점이다.

생산된 상품의 가치와 노동력에 지불된 가격 사이의 비율 문제는 예민한 문제이다. 자본주의 체제의 모든 문제점은 정확히 여기에 뿌리를 두고 있다고 그는 주장했다.

생산 수단의 소유자는 노동자들의 노동력을 구입하는 위치에 있다. 생산 수단을 이용해 노동자는 자본주의의 부를 형성할 상품을 생산한다. 이 과정에서 본질적인 것은 노동자가 생산하는 가치와 그가 (생산의) 대가로 받는 가치 사이의 관계이다. 노동 계약이 '자유로운' 한, 노동자가 받는 대가는 그가 생산한 상품의 가치로 결정되는 것이 아니라 노동자의 최소한의 필요와 자본가들의 노동력에 대한 필요——물론 이것은 일자리를 구하는 노동자들의 수와 연관되어 있다——에 의해 결정된다는 것을 이해하는 것이 중요하다.

생산 수단의 사적 소유가 야기하는 문제점 가운데 아인슈타인은 자본이 소수 그룹의 손에 집중되는 현상도 포함된다고 지적했다.

> 사적 자본은 소수의 손에 집중되는 경향이 있다. 왜냐하면 한편으로는 자본가들 사이의 경쟁 때문이고, 다른 한편으로는 기술의 발달과 노동의 분업이 고도화됨에 따라 생산 단위가 점점 커지는 반면 작은 규모의 생산 단위는 소멸되기 때문이다. 이 결과 사적 자본에 의한 과두 정치가 형성되고 아무리 민주적으로 조직된 정치적 사회라 할지라도 그 막강한 힘을 효과적으로 제동하기가 힘들어지게 된다.

소수의 손에 대자본이 집중되면 민주주의도 침해할 수 있다고 그는 강조했다.

> 사적 자본은 필연적으로 정보의 주요한 원천 즉, 신문·라디오·교육 등을 직·간접적으로 통제한다.
> 그러므로 개별 시민이 반대되는 주장을 제기하거나 자신의 정치적 권리를 지적으로 사용하는 것은 지극히 힘들거나 대개의 경우 불가능해진다.

아인슈타인은 자본주의 체제의 문제점 가운데 하나로 대량 실업이 끊임없이 창출된다는 사실을 들었다. 그는 실업이 이 체제가 갖는 경제 관계의 본질로부터 파생하는 것이라고 주장했다. 왜냐하면 생산 수단의 소유자들은 소비는 안

중에도 없고 이익을 올리는 데만 주의를 쏟기 때문이라는 것이었다.

일할 능력이 있고 의지가 있는 사람이 언제든지 직업을 가질 수 있다는 보장은 없다. '실업자 군대'는 거의 항상 존재한다. 노동자들은 자신의 직장을 잃지 않을까 하는 두려움을 끊임없이 느끼고 있다. 일자리가 없고 보수가 적은 노동자들은 벌이가 좋은 시장을 형성하지 못하기 때문에 소비재 생산은 제한되고 그 결과 궁핍하게 된다. 기술의 발달은 모든 노동자들의 짐을 가볍게 덜어주기보다는 대개 더 많은 실업을 창출하는 결과를 낳는다. 자본가들이 경쟁적으로 이윤을 추구하기 때문에 자본의 축적과 사용이 불안정해져 심각한 불황이 초래되는 것이다.

하지만 아인슈타인을 가장 괴롭힌 것은 이러한 생산 관계가 사람들의 사회 의식과 교육에 어떤 영향을 끼치는가 하는 점이었다.

끊임없는 경쟁은 노동력의 낭비를 부르며 개인의 사회 의식을 무력하게 만든다. …… 우리들의 전체 교육 체계는 이 해악으로부터 고통을 받고 있다. 지나치게 경쟁적인 태도를 학생들에게 심어 주고 있으며 장래의 출세를 위해 성공지향주의를 숭배하도록 교육하고 있다.

그는 사회 정의가 완전히 실현되는 사회 체계──사람들이 최소한의 물질적인 욕구를 만족시키기 위해 아등바등할 필요가 없는 사회──를 꿈꾸었다. 이런 기본적인 욕구의 충족은 개인이 정신적인 계발을 추구하는 데 필수적인 전제 조건이라고 그는 생각했다. 나아가 그는 노동 생산량과 참된 해방 및 행복 사이에는 항상 직접적인 연관이 있는 것은 아니라고 지적했다. 다른 글에서 그는 이 점에 주목했다.

우리 노동의 열매가 그 자체로 존재 이유를 갖는 것은 아니라는 점을 명심하라. 경제적인 생산은 삶을 가능케 하고, 아름답게 하고 고상하게 하는 데 쓰여져야 한다. 우리는 자신들이 단순히 생산의 노예로 떨어지지 않도록 해야 한다.

때문에 모든 성원들이 그들의 개인적인 능력을 발전시키는 기회를 가질 수 있는 사회를 건설하는 것이 필요했다.

물질적인 욕구의 충족은 만족스러운 삶을 위해 필요 불가결한 전제 조건이긴 하지만 그것 자체만으로는 불충분하다. 인간은 자신의 개성과 능력에 따라 지적이고 예술적인 능력을 계발할 수 있는 가능성을 가질 때 만족을 얻는다.

개인의 지적 계발 문제를 해결하기 위해서는 인간을 단조로운 노동으로부터 해방시켜 조화로운 발달을 꾀할 시간과 기회를 주는 것이 필요하다.

인간은 개인적인 활동에 바칠 수 있는 시간과 힘을 소진시켜 가면서까지 일할 필요는 없다. 기술이 발달했기 때문에 분업 문제만 합리적으로 해결되면 이런 종류의 자유는 충분히 보장해 줄 수 있다.

아인슈타인은 과학이 항상 노동자들의 이익을 위해 완전하게 봉사하는 것은 아니라고 보았다

왜 이 훌륭한 응용 과학이 인간의 노동을 줄이고 생활을 안락하게 하는 데 기여하지 못하고 거의 아무런 행복을 가져다주지 못하는가? 정신력을 소진시키는 노동으로부터 인간을 자유롭게 하기보다는 인간을 기계의 노예로 만들어버렸다. 노동자들은 거의 하루 종일 단조로운 노동 속에서 권태를 느끼는 한편 그들의 빈약한 보수에 끊임없이 몸서리쳐야 한다.

그는 모든 과학의 주된 관심은 인간이어야 하며 인간의 요구와 필요에 최우선적으로 그리고 영원히 주의를 기울여야 한다고 생각했다. 캘리포니아 기술연구소 연구원들에게 행한 연설에서 그는 다음과 같이 주장했다.

(응용 과학에 대한) 여러분의 연구가 인간의 복지를 증진시키는 방향으로 진행되어야 한다는 것을 이해하는 것만으로는 불충분합니다. 인간과 인간의 운명에 대한 관심이 모든 기술적인 (연구) 노력의 주된 목표가 되도록 해야 합니다. 인간 노동력의 조직과 상품의 분배에 관해 여태껏 풀리지 않은 문제에 관심을 가져야 합니다. 우리의 창조적인 정신은 인류에게 축복이 되어야지 저주가 되어서는 안 됩니다. 도표와 방정식 더미 속에 파묻혀 있을 때도 이 사실만은 결코 잊지 말기를 바랍니다.

그는 과학이 단지 소수의 그룹과 기본적으로 과학자들만을 위해 공헌해야 한다고 주장하는 일부 주장에 반대했다.

나는 과학자를 위한 과학이라는 생각에 결코 동조할 수 없다. 이것은 예술가를 위한 예술, 성직자를 위한 종교만큼이나 부당한 것이다.

반전 평화주의

아인슈타인은 어떤 형태의 것이든간에 민족주의에 대해 지극히 부정적인 태도를 취했다. 그는 민족주의를 우둔하고 백해무익한 현상으로 치부했다. 그것이 최악의 상태로 현실화된 것——파시스트가 권력을 장악한 뒤에 독일을 지배했던 '집단적인 정신 이상 상태'인 인종차별주의——을 아인슈타인은 직접 체험했다. 민족주의는 한 민족을 고립·폐쇄시켜 정치적인 자유를 억압하며 타민족·국가의 문화 유산을 비방하며 과학·기술·경제가 국제적인 연대를 맺는 것을 방해한다고 생각했다.

1933년 독일에서 추방돼 몇몇 유럽 국가를 전전하다 미국에 정착한 아인슈타인은 노동자들과 특히 유태인들의 정치적 권리와 자유를 억압하는 것을 목적으로 삼고 있는 파시스트 정부를 맹렬히 비난했다. 독일 정부에 대한 항의의 표시로 그는 독일 시민권을 반납하고 '프러시아와 바이에른 과학 아카데미'에서 탈퇴했다. 프러시아 아카데미에 보내는 공개 서한에서 그는 다음과 같이 주장했다.

> 신문에 공표했듯이 나는 아카데미로부터 탈퇴하며 독일 시민으로서의 권리를 포기했다. 그 이유는 법 앞의 만인 평등과 언론과 교육의 자유가 허용되지 않는 국가에서 살고 싶지 않기 때문이라고 밝혔다.
> 더구나 나는 현재의 독일이 집단적인 정신병 상태에 빠져 있다고 간주하고 그 원인에 대해서도 언급했다. '반유태주의와 싸우는 국제 연맹'에 보내는 글이나 또 다른 비공식적인 글을 통해 나는 위협받고 있는 문명의 이상을 지키려는 세계의 모든 야심적인 사람들이 이 집단 정신 이상 상태——그것은 독일에서 소름끼치는 형태로 현실화되었고 점차 멀리 퍼져나가고 있다——와 싸우기 위해 가능한 모든 방법을 동원하도록 촉구했다.

그러나 그는 독일 국민들이 결국에는 국가주의의 광기와 싸워 이전에 문명 세계에서 누렸던 정당한 이름을 되찾을 것으로 확신했다. 1933년에 쓴 글에서 그는 이렇게 얘기했다.

어떤 사회도 개인과 마찬가지로 특별히 어려운 시기에는 정신병적인 상태에 빠질 가능성이 있다. 국가는 대개 이러한 질병으로부터 살아남는다. 나는 독일에도 곧 건강한 상태가 찾아오리라고 기대한다. 나아가 독일이 낳은 칸트와 괴테(J. W. von Goethe) 같은 위인들이 시대를 흐르면서 단순히 추앙만 받는 것이 아니라 그들이 가르쳤던 정신까지도 대중의 삶과 그들의 의식 속에 널리 퍼져나갈 것으로 믿는다.

그는 열렬한 평화주의자이며 반군국주의자로 자처했다. 그는 이미 제1차 세계 대전 기간에도 반전 운동에 참가한 적이 있었다. 1919년 그와 다수의 저명한 과학자들, 그리고 문화계 인사들은 세계 국가들에 보내는 많은 호소문에 서명했다. 그들은 전쟁이 각국의 진보적 지식인들 사이에 맺어진 유대를 끊고 있으며 지식의 산물이 군국주의자들의 이익을 위해 봉사하고 있다고 경고했다. 저명한 물리학자 보른이 이 기간 동안의 아인슈타인의 공적 활동에 대해 기록한 글을 여기 소개한다.

이미 그 당시에 그를 지지하거나 반대하는 모임이 만들어지기 시작했다. 그는 자신의 의견을 결코 숨기지 않았으며 그렇다고 다른 사람들에게 자신의 의견을 강요하지도 않았다. 그러나 사람들은 그가 평화주의자이며 군사 행동의 무모함을 주장하며 독일의 승리를 믿지 않는다는 사실을 알았다. 전쟁을 종식시키기 위해 역사학자 델브뤼크(M. Delbrück), 경제학자 브렌타노(F.

C. Brentano), 아인슈타인 등의 저명한 인사들이 저녁 모임을 만들었다. 이 자리에는 외무부의 고위 관리가 초대되었다. 주로 논의에 오른 문제는 독일 최고 사령부에 의해 무제한적으로 행해지는 U보트 잠수함의 전쟁 행위였는데, 이것이 미국의 전쟁 개입을 초래할 것이 확실하다고 보았다. 아인슈타인은 나도 이 모임에 참석하도록 종용했는데 엄밀히 말해 나는 공식적으로 참석할 권리가 없었다. 나는 그 모임의 최연소자로서 한 마디도 입을 떼지 않았다. 그러나 아인슈타인은 몇 번인가 얘기를 했는데 마치 이론 물리학을 연구하고 있을 때처럼 조용하고도 명확한 말투였다.

1차 세계 대전을 경험했던 아인슈타인은 독일에서 파시스트 세력이 권력을 잡자마자 나치즘의 참모습을 보고는 그것이 몰고 올 결과에 대해 경고하지 않을 수 없었다. 그는 유럽에 새로운 폭발(화약)이 성숙돼 가고 있다고 확신했으며 어떻게 하면 인간성과 그 정신적 유산을 보존할 수 있으며 새로운 파멸로부터 유럽을 구출할 수 있을까라는 문제를 제기했다.

그는 새로운 전쟁의 진원지를 독일이라고 보았다. 그리고 일군의 독일 과학자들이 우라늄의 연쇄 반응 문제에 대해 높은 관심을 갖고 있다는 정보를 입수하자 루스벨트(F. D. Roosevelt) 대통령에게 미국에서도 이 문제에 대해 주의를 기울여야 한다고 호소한 것은 결코 우연이 아니었다. 그는 독일이 먼저 원자무기를 개발할지도 모른다는 사실에 두려움을 느꼈다. 그래서 독일 군사력의 견제 세력으로써 미국이 원자 무기 개발을 가속화시켜야 한다고 생각했다. 1939년 8월 2일 그는 루스벨트 대통령에게 다음과 같은 편지를 띄웠다.

페르미(E. Fermi)와 실라르드(L. Szilard)의 최근 연구 결과를 받아보고는 우라늄 원소가 가까운 장래에 새롭고도 중요한 에너지원이 될 수 있을 것이라는 생각이 들었습니다. 상황으로 볼 때 정부에 주의와, 필요하다면 신속한 대응을 촉구해야 한다고 느꼈습니다. 그러므로 다음 사항을 알리는 게 나의 의무라고 믿습니다.……대단히 강력한 새로운 형태의 폭탄이 만들어질 가능성이 있습니다. 만약 이 폭탄 한 발이 배에 실려 항구에서 터진다면 항구는 물론 주변 지역 상당 부분을 충분히 파괴할 수 있을 것입니다. 그러나 이 폭탄은 너무 무거워 공중 수송은 힘들 것으로 보입니다.……독일이 점령지인 체코슬로바키아에 대해 우라늄 광석의 수출을 실질적으로 중단시켰다는 말을 들었습니다. 독일이 그토록 신속한 조치를 취한 것은 베를린 소재 카이저 빌헬름 연구소에 독일 국방차관 폰 바이채커(von Weizsacker)의 아들이 근무한다는 사실과 관계 있는 것 같습니다. 이 연구소에는 몇 명의 미국인도 우라늄을 연구하고 있습니다.

루스벨트에게 이 편지를 보낼 당시만 해도 아인슈타인은 히로시마와 나가사키의 비극을 예측하지 못했다. 그러나 파시스트 독일이 패하고 난 뒤 극동에 있는 동맹국도 결국 패하면서 이 새로운 무기의 탄생은 이들 도시를 훨씬 너머까지 알려졌고, 그때서야 그는 전쟁 대신에 또 다른 위험이 발생했다는 사실을 깨달았다. 미국 대통령에게 원자핵 분열 연구를 가속화시켜야 한다고 호소했던 그는 이제 핵전쟁의 위협에 맞서 싸웠다. 왜냐하면 인류가 스스로 파멸할 수 있는 위험이 도래했다고 느꼈기 때문이다.

아인슈타인은 1951년 루스벨트에게 마치 사과하는 듯한 편지를 썼다.

원자폭탄을 생산하는 데 내가 했던 역할은 단 한 가지 행동뿐이었습니다. 나는 루스벨트 대통령에게 보내는 편지에 서명했는데, 거기서 나는 원자폭탄 제조의 가능성을 확인하기 위해 실험을 해볼 필요가 있다고 강조했습니다.

나는 이 시도가 성공할 경우 인류에게 끼칠 가공할 위험을 충분히 알고 있었습니다.

그러나 독일이 똑같은 문제를 해결할 가능성이 높아 보였기 때문에 그런 호소를 할 수밖에 없었습니다. 나는 여태껏 항상 열렬한 평화주의자였는데 당시 나에게는 다른 선택의 여지가 없었습니다.

물리학의 문화와 함께 평화와 군비 축소 문제는 그의 삶의 목표가 돼버렸다. 왜냐하면 군국주의자들이 끊임없이 추구하는 무제한적 군비 경쟁이라는 이념은 결국 민주적 자유와 개인의 권리 및 존엄성에 위배되기 때문이다.

국가의 군비 계획은 단순히 전쟁의 위험으로만 우리를 내몰고 있는 것은 아니다. 그것은 민주적 정신과 이 땅에 있는 개인의 존엄성까지도 서서히 그러나 확실하게 파괴시켜 나갈 것이다. 다른 나라의 상황 때문에 우리가 어쩔 수 없이 재무장을 하지 않을 수 없다는 주장은 곡해된 주장이다. 우리는 이런 주장을 단호히 거부해야 한다. 우리가 재무장을 하게 되면 똑같은 논리에 근거해 그 효력이 다른 나라에 끼치게 될 것이다.

아인슈타인은 동·서가 서로 화해하지 못하고 시간이 갈수록 군사력을 키우면서 반목이 심해진다는 사실에 불안을 느꼈다. 그는 군사력에만 의존해 분쟁을 해결하려는 인사들을 강하게 비난했다. 전쟁을 통해 해답을 얻는다는 것은 불가능하다고 보았다. 왜냐하면 핵전쟁은 문제를 해결할 수 없을 뿐더러 유래 없는 파괴와 황폐함을 교전국 양쪽 모두에게 초래할 것이기 때문이었다. 그는 특히 소련과 미국의 관계 진전을 눈여겨보았다. 인류의 운명이 이 두 국가에 상당히 의존해 있다는 생각 때문이었다.

미국과 소련 사이의 분쟁 중에서 두 나라의 사활이 걸린 중대한 문제는 사실 없다. 만약 지진이나 그와 비슷한 천재지변으로 두 나라 사이가 두절된다고 생각해 보자. 그렇다 해도 이 두 나라는 각기 잘 살아나갈 것이다. 협상을 통해 화해를 이룰 수 있다고 확신하는 이유가 여기에 있는 것이다.

러셀이 작성하고 아인슈타인이 동의한 '러셀-아인슈타인 선언'은 과학자들이 평화 운동에 관심을 갖도록 하는 데 지대한 공헌을 했다. 이것은 아인슈타인이 죽은 직후인 1955년 7월 10일 《뉴욕 타임즈》에 처음 발표됐다. 그것은 인류가 역사상 결코 접해 보지 못했던 위험에 대해 경종을 울리고 인류의 이성과 양심에 호소하는 아인슈타인의 마지막 발언이었다. 선언은 이렇게 되었다.

우리는 새로운 방식으로 사고하는 법을 배워야 한다. 우리는 우리가 애호하는 어떤 집단에게 군사적인 승리를 안겨 주기 위해 무엇을 해야 하는가를 자문해서는 안 된다. 왜냐하면 그렇게 할 수 있는 방법과 수단이 없기 때문이다. 오히려 우리는 모든 집단에게 치명적이 될 군사 경쟁을 어떻게 하면 저지시킬 수 있는가를 고민해야 한다.

아인슈타인은 국가간 분쟁을 평화적으로 해결하고 지구에 평화를 유지시키는 길은 진보적인 대중들의 직접적인 행동 없이는 보장될 수 없을 것이라고 생각했다. 아인슈타인은 대중들이 사회 활동에 적극적으로 참여하지 않고 전쟁의 위험도 제대로 모르고 있는 현상에 가슴아파했다. 1954년에 쓴 글을 보자.

나도 민주주의의 신봉자이긴 하지만, 만약 우리 사회에 자신의 신념을 위해 기꺼이 희생하고자 하는 곧은 정신을 소유한 남녀나 사회 의식을 가진 소수의 사람이라도 없다면 인류 사회는 정체와 심지어 퇴보의 길을 면치 못할 것이다. 특히 현재의 상황은 그 어느 때보다도 더 이 말이 설득력을 갖고 있다.

그는 국가와 민족이 그들의 사회 체제나 민족성, 종교적 신념에 관계없이 평화적인 관계를 발전시키길 바랬다. 그는 국가간의 경제·과학·문화 협력이 상호 이익이 되며 평화 유지를 공고히 하는 데도 최상의 방책이 될 것으로 보았다. 그러나 그런 협력은 도덕성과 상호 존중이라는 높은 이상을 준수하고 긍정할 때만 가능할 것이었다. 유네스코가 발행하는 《쿠리에(UNESCO Courier)》 1951년 12월판에서 그는 다음과 같이 언급했다.

세계 연방은 인류에게 새로운 종류의 충성심, 즉 국경선이라는 좁은 울타리에만 머물지 않는 책임감 같은 것을 요구한다. 좀더 효과적이기 위해서는 그러한 충성심은 순수하게 정치적인 문제 그 이상을 포용해야 한다. 서로 다른 문화 집단들간의 이해와 경제적·문화적인 면에서의 상호 원조 등이 더불어 필요할 것이다.
그러한 노력을 통해서만 신뢰의 감정 ——전쟁이 불러일으킨 심리적인 효과와 군국주의와 권력 장치가 빚은 편협한 철학 때문에 우리는 이 감정을 잃어버렸다—— 을 회복할 수 있을 것이다. 상호 신뢰와 이해가 없다면, 국가간 집단의 안전을 보장하기 위한 어떤 기구도 효과를 발휘할 수 없게 된다.

자신이 높은 도덕적 이상을 지닌 사람이기 때문에 아인슈타인은 사회의 진보와 번영, 그리고 이런 가치를 지니고 있는 시민 사회에서 참된 인간 관계를 유지하는 것이 얼마나 큰 힘인가를 알았다.

인간이 노력해야 할 것 중 가장 중요한 것은 도덕적인 행동을 추구하는 것이다. 우리의 내적인 균형은 물론 존재 자체가 여기에 의존하고 있다. 도덕성만이 삶에 아름다움을 주고 존엄성을 부여한다.

이것(도덕성)을 생동감 있게 만들고 명확하게 의식하도록 하는 것이 아마 교육의 첫 번째 목적일 것이다.

다음 사실을 통해 아인슈타인이 가졌던 고상한 휴머니스트로서의 원리가 어떤 것이었는지를 알 수 있다. 1932년 베를린 근교의 카푸스(Caputh)에 있는 그의 별장에 이웃집 딸이 찾아와 도움말을 해달라고 부탁하자 그에 대한 답으로 그는 다음과 같이 말했다.

오! 젊은이여. 당신은 당신들의 세대가 삶이 아름다움과 자유로 충만하기를 갈망한 첫 세대는 아니라는 것을 아는가? 당신의 모든 선조들도 당신들과 똑같이 느꼈으나 결국 근심과 미움의 희생이 되고 말았다는 것을 아는가?

또한 당신의 타는 듯한 열망은 인간과 동물, 식물 그리고 별들을 사랑하고 이해하며 그들의 모든 기쁨이 당신의 기쁨이 되고 그들의 모든 고통이 당신의 고통이 될 때 비로소 이뤄진다는 것을 아는가? 눈을 크게 뜨고, 가슴과 손을 활짝 펴라. 그리고 역사를 통해 조상들이 그토록 탐욕스럽게 빨아들였던 독을 피하라. 그러면 지구상의 모든 지역은 당신의 조국이 될 것이며 당신이 하는 모든 일과 노력은 축복이 되어 사방으로 퍼질 것이다.

사회주의에 대한 태도

아인슈타인은 소련에 대해 항상 호의적인 태도를 취했다. 그는 이 근본적으로 새로운 문명이 발달해 나가는 과정을 흥미 있게 지켜보았으며, 사회주의의 경제·문화에 관심을 표명하는 한편 소련 과학자들과도 많은 접촉을 가졌다. 그는 사회주의의 사회적인 관계는 어떤가에 대해 깊이 연구했으며 그 결과 이 세계가 여태까지 해결하는 데 실패했던 많은 사회 문제가 사회주의 사회에서는 해결될 수 있다고 깨닫게 되었다. 「왜 사회주의인가」라는 글에서 그는 다음과 같이 말했다.

이 중대한 사회악들을 소멸시키기 위해서는 단 '하나'의 방법, 즉 사회주의 경제 체제를 수립하는 길밖에 없다고 확신한다. 물론 이때 사회주의 목표를 지향하는 교육 체계도 아울러 수반돼야 한다. 사회주의 경제 체제에서는 생산 수단을 사회가 공유하며 계획에 따라 그것을 하게 돼 있다. 공동체의 요구에 따라 생산을 조절하는 계획 경제 체제는 일할 능력이 있는 모든 사람에게 일을 분배하며 남녀노소 가릴 것 없이 모든 사람의 생계를 보장한다. 교육은 개인이 타고난 능력을 최대한 발휘하도록 돼 있을 뿐 아니라 우리 사회처럼 권력과 출세를 칭송하도록 하는 대신에 이웃에 대한 책임감을 키우도록 한다.

소련 과학자들에게 보낸 편지에서 그는 다음과 같이 강조했다.

언젠가는 모든 국가들이(그때까지 국가라는 것이 존재한다면) 러시아에게 고마움을 표하게 될 것이다. 왜냐하면 엄청난 어려움 속에서도 그것을 극복하고 계획 경제가 현실적으로 가능할 수 있다는 것을 우리에게 최초로 입증해 보였기 때문이다.

아인슈타인은 자주 자신을 사회주의자라고 여겼지만 어느 특정한 당에 소속한 적은 없었다. 그는 사회주의자들과 정신적으로 가까웠고 실제로 그들 중의 일부와 친밀하고 밀접한 관계를 유지했다. 독일 과학자 아론스(L. Arons)가 사망하자 아인슈타인은 그를 기리는 글에서 자신은 아론스의 시민 정신과 정의를 추구하는 정열에 끌려 사회주의자 서클에 참여했으며, 보수주의자들이 부리는 횡포와 방해에도 굴하지 않고 공개적으로 사회주의에 대한 자신의 신념을 밝힐 수 있었다고 술회했다. 아인슈타인은 사고의 독창성뿐만 아니라 남다른 성격으로 아카데미 회원들 가운데서도 보기 드문 사람이었다. 그는 자신의 사회적인 지위 때문에 생기는 선입관을 경멸했으며 언제든지 (사회를 위해) 희생할 각오가 돼 있었다. 아론스를 위해 그가 한 것도 소리 소문 없이 조용히 진행되었다. 그는 겸손하게 자신의 의무를 수행했으며 결코 요란하거나 순교자인 양 행동하는 법이 없었다.

아인슈타인은 또 유명한 프랑스 물리학자이며, 진보적인 사회 인사이고 공산주의자인 랑주뱅(P. Langevin)과도 이념적인 유대를 가졌는데, 사회적인 주제나 전쟁과 평화의 문제 등을 놓고 그와 많은 얘기를 나누었다. 그는 랑주뱅의 죽음에서 큰 충격을 받았다.

랑주뱅이 죽었다는 뉴스는 이 믿을 수 없고 비극적인 기간 중에 발생한 그 어떤 사건보다도 나를 압도하고 말았다. 그의 죽음에 따른 슬픔이 너무나 커 나는 비탄에 잠겨 고독감을 느끼지 않을 수 없었다.

랑주뱅은 평생 우리 사회와 경제 체제가 안고 있는 결함과 부정에 가슴아파했다. 그러나 한편으로 그는 인간의 이성과 지식이 가진 힘에 대해 굳은 신념을 버리지 않았다. 그 자신이 참된 인간이었기 때문에 다른 모든 인간들도 (자신처럼) 정의와 이성적인 것을 위해서라면 기꺼이 희생할 각오가 돼 있을 거라고 믿었다. 이성은 그의 종교였다. 그것은 빛과 구원을 가져다줄 것이었다. 인간이 좀더 행복한 삶을 누리도록 도와야겠다는 그의 열망은 순수하고 지적인 학문에 대한 정열보다 훨씬 더 컸던 것 같다.

아인슈타인은 레닌도 높이 평가해 다음과 같이 썼다.

나는 사회 정의를 이루기 위해 자신의 전 생애와 모든 것을 바쳤다는 점 때문에 레닌은 존경한다. ……그런 사람들이 바로 인류 양심의 수호자이자 혁신자들이다.

아인슈타인의 소식을 분석해 보면 그는 사회 발달 이론에 관한 전문가는 아니지만 동료 자연 과학자들이나 많은 사회 과학자들보다 중요한 사회 현상에 대해 훨씬 깊이 있는 안목을 갖추었다고 결론지을 수 있다. 물론 그의 관점도 그가 살던 시대의 제약을 받고 있긴 하지만 말이다. 그에게는 흔히 얘기되는 인간적인 약점을 찾기 힘들다. 그는 순수한 영혼·겸손·친절·정의감을 갖추고 있었다. 그는 위대한 휴머니스트이고 세계주의자이며, 평화와 사회 정의를 위해 열정적으로 싸운 투사였다.

제2부
상대성이론의 발달과 철학

제1장 물질의 개념과 물리학의 발달 · 151

제2장 물리학과 철학에서의 시간 · 공간 · 운동 개념 · 185

제3장 특수상대성이론의 발생과 철학 · 209

제4장 일반상대성이론의 발달 · 245

제5장 상대론 물리학의 철학적 본질 · 267

철학 사상은 이론 물리학의 발달에 심대한 영향을 끼쳤다. 그러므로 철학적인 측면에서 이론 물리학의 발생과 발전 과정을 연구해 보는 것이 필요하다. 그리고 물리학이 발달해 온 근원을 이해하기 위해서는 수학의 분석 쪽으로 눈을 돌려보는 것도 때때로 필요하다.

예컨대 고전 역학의 개념들은 물질·시간·공간 그리고 운동 등과 같은 물리적이고 철학적인 개념에 의존했다. 상대성이론도 이런 것들과 관련이 있다. 상대성이론의 기초를 해석하면서 다양한 철학 유파들 사이에 이 개념들을 둘러싸고 논쟁이 일었던 것은 결코 우연이 아니다.

상대론적 물리학의 발달을 연구해 온 많은 과학자들은 불행히도 시간·공간·운동에 관한 문제만 강조를 하고 물질의 범주에 관한 분석은 등한시해 왔다. 필자는 상대성이론의 역사적·과학적·철학적인 전제는 물질 개념과도 연관돼 있다고 본다. 필자는 앞으로 위에 언급한 범주들을 포함해 철학적 인식이 상대성이론의 발달에 어떤 영향을 끼쳤는가를 규명하기 위해 노력할 것이다.

제1장
물질의 개념과 물리학의 발달

물질 개념의 변천 · 153
입자 형태의 물질 · 156
장 형태의 물질 · 162
입자와 장의 통일 · 171
철학적 범주로서의 물질 개념 · 177

물질 개념의 변천

상대성이론의 철학적·물리적인 기초를 분석하고자 할 때 물질 이론으로 눈을 돌리는 것은 양적·수학적 측면에서 이론을 검토하는 데 도움이 될 뿐 아니라 질적인 특성을 살펴보는 데도 큰 힘이 된다. 이런 접근 방법은 오래 묵은 논쟁, 즉 상대성이론을 발견하는 데 가장 우세하게 작용한 것이 무엇이냐에 대한 논쟁을 해결하는 것도 가능케 한다. 현재 상대성이론의 근원에 대한 논의는 주로 수학적인 측면에 한정되어 있다. 그러나 스위스 물리학자 파울리(W. Pauli)는 1956년에 이미 이 이론이 발생할 수 있는 두 가지 가능성을 지적했다.

전기 역학의 발달은 맥스웰과 로렌츠의 편미분방정식에서 절정에 이르렀다. 이 방정식이 고전 역학에서 주장하는 변환식과 다르다는 것은 명백했다. 특히 이 방정식은 진공에서 광원의 운동과는 상관없이 광속이 일정하다는 것을 나타내고 있었다. (이 차이를 설명하기 위해서는) 자연 법칙은 근사적으로 성립한다는 것, 즉 고전 역학은 개략적으로만 자연 사실과 부합된다고 받아들일 것인가, 아니면 고전 역학이 더 일반적인 역학, 즉 역학과 전기 역학 모두를 포괄하는 일반 역학으로 대체되어야 한다고 받아들일 것인가? 답은 이 두 가지 중에 어느 것을 선택하느냐로 귀착된다. 두 가지 중의 한 가지에 의해 이 문제는 풀릴 것이다. 첫째로 전적으로 수학적인 방법을 통해 맥스웰-로렌츠 전기 역학 방정식을 포함하는 일반적인 변환식을 찾아내는 것이다. 이것은 수학자인 푸앵카레가 택한 방법이었다. 두 번째는 갈릴레이-뉴턴의 역학이 담고 있는 물리적인 전제들을 비판적으로 검토하는 방법이다. 아인슈타인은 이 두 번째 방법을 선택했다.

아인슈타인은 상대성이론의 철학적 전제에 많은 주의를 기울였다. 그는 특수상대성이론과 일반상대성이론 둘 다 하나의 장에 놓여 있는 물질의 성질을 연구함으로써 얻어진 것이라고 강조했다.

뉴턴 시대 이후 가장 중요한 발견이라 할 수 있는 새로운 개념이 물리학에 등장한다. 그것은 바로 장의 개념이다. 이 개념을 이해하기 위해서는 상당한 과학적 상상력이 필요했다. 그것은 전하나 입자들의 모임이 아니라 전하와 입자들 사이의 공간에 존재하는 어떤 영역(the field)을 뜻하며 물리 현상을 기술하는 데 필수적인 것이다.
상대성이론은 장의 문제를 다루면서 탄생되었다.

그는 상대성이론은 시간·공간·물질이라는 기본 개념들을 뿌리부터 흔들어 놓은 장이론의 발달 과정에서 한 단계를 차지할 뿐이라고 보았다. 이렇게 보면 현대적인 형태의 상대성이론은 장이론의 일부라고 볼 수 있다.

이런 의문이 생길 수 있다. 장이라는 물리적 개념과 물질이라는 철학적 범주 사이에는 어떤 관계가 있는가? 오랫동안 이 두 개념은 몇몇 물리학자들, 특히 아인슈타인 같은 사람들의 집중적인 주목을 받아 물리학사에서 두 개념이 같이 묶여서 등장하곤 했다. 과학자들은 전자기장의 물질적인 의미에 흥미를 느꼈던 것이다. 상대론적 물리학의 발달은 이 문제를 어떻게 푸느냐에 달려 있었다. 상대성이론의 발달에 철학이 했던 역할을 드러내 보이기 위해서 필자는 물리학사에서의 어떤 한 시점으로 눈을 돌려보겠다.

물리학의 탄생은 흔히 갈릴레이와 연결된다. 아인슈타인은 그를 물리학의 아버지라고 불렀는데, 그것은 갈릴레이가 우리에게 자연에 관한 지식을 풍부하게 제공해 주었을 뿐만 아니라 그가 중요한 실험 실습적 분석 방법을 과학에 도입했기 때문이다. 물론 이 말을 단순하게 해석해 코페르니쿠스·케플러·브루노 같은 위대한 과학자들의 업적을 과소 평가하는 것으로 이해해서는 안 된다. 단지 갈릴레이가 근대적인 의미에서의 과학 정신을 자신의 탐구 방법으로 가장 완벽하게 체득하고 있었다는 의미일 뿐이다. 갈릴레이 이후 물리학은 계속적으로 발달했으며, 뉴턴에 이르러 고전 시대의 정점을 이루었다.

뉴턴의 업적은 역학이라는 실질 과학에 논리적으로 만족할 만한 기초를 제공했다는 데 한정되지 않는다. 19세기 말에 이르기까지 그것은 모든 이론물리학 전공자들에게 하나의 강령과 같은 것이었다.

물리학은 그 형식과 내용의 발전 과정에서 거대한 변화를 겪어 왔다. 그것은 여러 독립적인 학문 분파로 갈라졌다. 또 물리학은 가장 비범한 자연 현상에까지 그 시야를 넓히고 있으며——'가상 입자'에서 '블랙 홀'까지, 즉 과학이 훌륭하게 탐구해 온 장을 비롯해 물리적인 진공까지를 포함하고 있다——이것들은 그들간의 상호 작용·운동·구조 등 다양한 측면에서 연구되고 있다. 그러나 자연 과학으로서의 물리학이 발달해 온 과정은 크게 두 단계로 나눌 수 있다. 그 두 단계 사이의 이행 과정에 물질·시간·공간·운동을 바라보는 물리 개념 자체의 혁명적인 변화가 개입돼 있다. 이 개념들의 변화는 그들 각각의 철학적인 범주에 대해서도 근본적인 변화를 초래했다. 첫 단계는 물리학이 단지 물질의 구체적인 형태(material form)에만 매달려 탐구하던 시기를 일컫는다. 둘째 단계는 물리학이 물질의 장 형태(field form)를 발견하고 거기에 대한 연구를 하면서 시작됐다.

아인슈타인은 이 문제를 해결하는 데 대부분의 연구를 바쳤는데, 그는 고전 물리학에서는 입자가 물질의 구체적인 존재 형태라고 여러 번 강조했다.

19세기 초기의 물리학자들은 우리의 외부 세계가 입자들로 구성돼 있으며, 그들 사이에는 입자간의 거리에만 의존하는 단순한 힘이 작용하고 있다고 보았다.

아인슈타인은 물리학 발달의 둘째 단계는 외르스테드 · 패러데이 · 맥스웰 · 헤르츠 같은 사람들과 관련돼 있다고 했는데, 그것은 그들이 물질의 새로운 존재 형태, 즉 장을 발견했기 때문이다.

엄청난 중요성을 가진 어떤 것이 물리학에서 발생했다는 것이 알려졌다. 새로운 실재, 새로운 개념, 즉 역학적인 방법을 통해서는 기술할 수 없는 새로운 것이 나타났다는 것이다. 갖은 논쟁 끝에 장의 개념은 서서히 물리학에서 주도적인 위치를 차지했고 현재 가장 기본적인 물리 개념들 중의 하나로 남아 있다.

입자 형태의 물질

사실 19세기 중반까지만 해도 물질 세계라고 하면 물리학, 특히 고전 역학에서의 입자와 동일한 것으로 간주됐다. 그 당시에는 입자가 고체 · 액체 · 기체 상태로 존재한다는 것이 알려져 있었다. 기본 물질에 관한 지식은 자연 과학과 유물론 철학이 상호 보완적으로 발달하면서 그 형태를 갖추기 시작했다. 물체의 객관적인 기초는 철학의 탐구 대상이었다. 물리학은 물질의 구조와 물리적인 성질, 그리고 탐구 대상의 운동 법칙 등에 관한 인식을 넓혀 왔다. 화학과 생물학은 각각 화학적인 운동 형태와 생물학적인 운동 형태가 일으키는 성질을 연구했으며 천문학은 외계의 공간에 관해 이해의 폭을 넓혀 주었다.

기본 물질에 관한 탐구의 역사는 고대 자연 철학에까지 거슬러 올라간다. 고대 자연 철학에서는 물질에 대한 과학적 인식과 철학적 이해가 같이 녹아 있었다. 많은 사상가들은 세계가 하나의 물질적 체계로 구성돼 있을 것이라고 상상했다. 자연에 존재하는 물질의 근저에는 몇 가지 객관적인 초기 원칙이 깔려 있을 것이라고 생각했다. 물질의 토대는 구체적으로 관찰되는 대상 예컨대 물·흙·불 등과 동일하다고 여겼다. 그러나 시간이 지나면서 변화무쌍한 자연 세계를 그런 방식으로 설명하는 것은 불가능하다는 것이 명백해졌다. 자연 현상들 사이의 인과 관계가 드러나면서 사상가들은 물질의 미세한 구조·운동·공간·시간 등을 탐구하기 시작했다. 거시적인 자연 구조와의 유사성에 기초해 미시 세계도 원자 구조로 되어 있을 것이라는 그럴듯한 추측이 나오게 됐다.

원자 이론은 기본 물질의 물리적 성질을 어느 정도 정확하게 예측할 수 있게 해주었고 큰 변화를 겪었으며, '그럴듯한 추측'에 불과했던 위치에서 정확한 과학 이론으로 그 지위가 승격되는 길을 걷게 됐다. 고대 자연 철학 이후 17세기에 이르러서야 원자론(atomism)이 자리매김하게 된다. 그것은 많은 개별 과학, 즉 고전 역학·화학·생물학 등의 탄생과 관련이 있다. 이 개별 과학들은 당시 급속한 산업 발전이라는 현실적인 필요 때문에 만들어졌는데 산업이 발전하기 위해서는 자연 현상에 대한 좀더 깊은 연구를 하지 않을 수 없었던 것이다.

원자론이나 자연의 물질적 특성에 관한 여러 주장 등과 같이 뛰어난 사상이 있었던 데 반해, 고대 사상가들은 우주의 구조에 대해 잘못된 자연 철학적인 주장을 상당히 많이 펴기도 했다. 그러한 주장은 자연 철학자들에게 너무나 광범위하게 퍼져 있었기 때문에 수세기 동안 우주의 본질에 대한 인식을 가로막는 걸림돌이 되었다. 아리스토텔레스나 프톨레마이오스의 우주론은 16세기와 17세기에 이르기까지 영향을 끼쳤다. 이 우주론에 따르면 우주의 물질은 '에테르튜의 매개물', 즉 '이상 물질'과 같은 것이기 때문에 지구의 물질과는 근본적으로 다르다는 것이다. 프톨레마이오스는 천체의 물질과 지구의 물질은 서로 완전히 다른 실재(reality)이기 때문에 이 둘을 비교하는 것은 불가능하다고 보았다. 이러한 주장은 지구중심설을 통해 논리적으로 더욱 강화되었다.

앞에서 고전 역학의 창시자들이 새로운 방법론을 파급시키는 데 기여했던 역할에 주의를 기울인 바 있다. 고대 사상가들의 물질관을 형성하는 데 영향을 끼친 전제들을 찾아낸 것도 그들의 공이었다. 이들 전제 중의 하나가 코페르니쿠스의 태양중심설이었다.

그러나 코페르니쿠스의 이론은 정확한 인식과 더불어 몇 가지 결점도 가지고 있었다. 코페르니쿠스는 태양계의 행성이 오직 '완전한' 원운동만 한다고 생각했다. 이전에는 지구에 부여되었던 배타적인 역할이 이번에는 태양으로 고스란히 옮겨져 태양이 우주에서의 독점적인 역할을 떠맡았다. 이렇게 되다 보니 우주와 지구의 본성이 서로 뒤바뀔 가능성도 생겼던 것이다. 코페르니쿠스의 이론은 과학적이고 이론적인 증명을 필요로 했는데 그 이유는 그의 주장을 하나의 작업 가설로 환원시켜 버리기에는 다양한 곡해의 여지가 있었기 때문이다. 그러나 어쨌든 태양중심설은 과학의 근저를 강타했으며 이후 코페르니쿠스의 후계자들이 더욱 발전시키게 된다.

지구든 외계 공간이든 모든 곳의 본성은 동일하며, 똑같은 운동 법칙에 의해 객관적으로 존재한다는 것을 밝힌 사람은 갈릴레이였다. 갈릴레이는 물질의 개념과 입자의 개념을 똑같이 보았다. 대부분의 동시대인들과는 달리 그는 물질에다 시간·공간·운동 등과 같은 객관적인 성격을 부여했다.

경험적 인식과 이성적 인식을 훌륭하게 결합하고, 엄밀한 논리적·수학적 논거를 바탕으로 자연 현상을 정확히 관찰함으로써 갈릴레이는 미시 세계의 창을 열고 물질의 원자 구조에 관한 결론에 도달했다. 그는 자연의 진행 과정을 물질의 농축과 희박에 관련시켜 탐구함으로써 물질의 원자 구조에 대한 결론을 이끌어낼 수 있었다.

데카르트의 가르침이 우리의 관심을 상당히 끄는데, 그는 스콜라 철학의 전통에 반대해 우주의 존재를 오직 물질에 대한 과학적 인식과 역학적인 운동 법칙을 통해 설명하려고 했다. 그는 세계가 보편적인 관계와 발생 구조를 갖는다고 파악했기 때문에 세계의 물질 구조의 기초를 탐구하는 데 몰두했다. 비록 그가 기계론적인 개념 틀 속에서 연구 작업을 하긴 했지만 그는 물질의 기초를 자연 그 자체와 자연의 진화 법칙 속에서 발견해 내려고 노력했다. 그는 물질과 분리된 채로 공간(진공)이 존재할 수 있다고 주장하는 많은 자연 철학자들의 결론에 동의하지 않았다. 물질은 공간적으로 무한할 뿐 아니라 한없이 나눌 수도 있다고 생각했기 때문이다. 그는 아리스토텔레스가 주장한 기본 물질에 관한 입장, 즉 기본 물질이 형상과 질료를 완전히 잃어버리면 전혀 이해가 불가능한 어떤 것으로 변해 버린다는 생각에 반대했다.

데카르트가 보통 입자들뿐 아니라 '불의 원소(element fo fire)', 즉 '미세 물질(finer matter)'의 존재를 생각한 것도 흥미롭다. 이것은 공간과 융합할 수 있는 장 형태의 물질 세계가 발견되리라는 것을 어느 정도 예상한 것으로 풀이된다. 데카르트는 보존 법칙에 대해서도 상당히 알고 있었는데, 뒤에 많은 '기이한' 물질 현상이 이 보존 법칙으로 설명되었다.

뉴턴은 만유인력의 법칙을 통해 자연의 물질적 통일성, 자연의 규칙성에 관한 수학적 증명, 자연에 인과 관계가 존재한다는 실험적인 증거 등을 제시하는 데 큰 공헌을 했다. 갈릴레이와 마찬가지로 그는 물질과 입자의 개념을 동일하게 보았다. 그는 물질을 단지 미시 입자의 형태로 묘사했으며 미시 입자들이 모여 다양한 크기의 거시적인 물체를 만드는 것으로 생각했다. 뉴턴에 따르면 모든 물체, 즉 물질적 구성체는 딱딱한 입자로 구성돼 있는 것으로 보이며, 심지어 광선도 경체(hard Bodies : 硬體)일 것으로 생각된다. 그는 '물질의 양', '물체', '질량' 등의 용어를 혼동했다.

'물질의 양', 곧 질량*은 물질의 밀도와 부피로 결정되며 모든 물질에 동일하게 적용되는 척도이다. 내가 앞으로 '물체(body)' 혹은 '질량(mass)'이라는 명칭을 쓸 때는 바로 이 물질의 양을 의미한다.

이러한 정의는 당시에 많은 비판을 받았고 물질의 개념을 해석하는 데도 큰 혼란을 불러일으켰다. 오늘에 이르기까지 그 여파를 느낄 수 있다.

그러나 당시의 자연 과학은 여전히 물질의 개념이 더 진전되는 것을 가로막는 관점을 취하고 있었다. 오랫동안 자연 과학자들은 불·열·전자기와 같은 자연 현상을 과학적으로 설명해 내지 못했다. 그런 현상은 물체 속에 무게가 없는 어떤 특수한 물질이 따로 존재하기 때문일 것이라고 추측했다. 그러나 이 특수한 물질에는 흔히 필요에 따라 서로 모순되는 성질들을 부여했기 때문에——예컨대 투과성이 뛰어나다고 했다가 탄력성이 좋다거나 무게가 없다고 하는 등으로 서로 반대되는 성질을 동시에 갖고 있는 것으로 주장하는 것——모든 현상에 기계적인 접근 방법을 일관되게 적용하는 것이 어려웠다. 연소 현상은 물체에 내재해 있던 플로지스톤(phlogiston)**이라는 특수한 물질이 밖으로 이탈해 나온 현상이라는 생각이 화학에서 지배적인 견해였다. 19세기 초에 이르기까지 물리학자들은 열과 관련된 모든 현상은 물체 속에 무게도 없고 측정할 수도 없는 열을 만드는 어떤 물질이 존재하기 때문에 생기는 것이라고

---

* '질량'이라는 말은 뉴턴의 『자연 철학의 수학적 원리 Principia』의 영어본 역자가 써넣은 것이다.
** 연소를 설명하기 위해 상정되었던 가상의 물질을 말한다. 연소에 의해 그 물질이 달아난다고 생각되었으나 후에 라부아지에에 의해 부정되었다.

여겼다. 전자기 현상도 똑같은 방법으로 설명했다.

이런 가설이 존재할 수 있었던 것은 역사적으로 타당성이 있었기 때문이다. 자연에서 관찰되는 많은 현상들은 이 가설들을 이용해 어느 정도 정확하게 설명할 수 있었다. 거기다 이 가설들은 물질의 새로운 양식과 형태, 예컨대 전자기장과 같은 것들을 탐색하고 해석하도록 과학적 사고를 자극하기도 했다. 한편 무게를 갖지 않는 물질에 대한 가설은 당시에 퍼져 있던 물질관과는 모순되었는데, 그 이유는 무게가 없는 물질은 보통의 일반 물질에는 없는 비물질적인 성질이 부여되었기 때문이다. 이런 문제들을 과학적으로 해결하는 것은 철학적으로도 굉장히 중요한 의미를 가졌다.

무게 없는 물질에 관한 가설 중 가장 먼저 비판대에 오른 것은 플로지스톤 가설이었다. 라부아지에(A. L. Lavoisier)는 산소를 발견한 것을 계기로 연소 현상은 물체 내에 플로지스톤이라는 기이한 물질이 존재하기 때문에 생기는 것이 아니라고 결론지었다. 그것은 물질과 산소가 결합하는 일종의 산화 과정이라고 설명했다. 이런 과정을 통해 '기이한 물질'에 관한 가설들 중의 하나가 실험적으로 반박되었던 것이다.

'열을 창조하는 물질'이라는 가설도 똑같은 운명을 겪게 된다. 이것은 이미 영국 물리학자 럼퍼드(T. B. C. Rumford)의 연구로 예상되었던 것인데, 그는 1798년 총신(銃身)에 구멍을 내는 실험 결과를 발표한 적이 있었다. 이 실험에 따르면 총신의 온도는 천공기의 회전수에 의존한다는 것이 밝혀졌다. 따라서 럼퍼드는 열은 종전에 생각했던 것처럼 변화가 없는 물질이 아니라고 주장했다. 열은 역학적 에너지에 의존한다는 것이 명백해진 것이다.

이에 따라 자연 현상을 과학적으로 해석하는 데 개별적으로 몇몇 부정확한 경우가 있긴 했지만 과학 전체의 발달 특히 천문학·역학·화학·수학 등의 발달과 함께 물질에 관한 이론도 큰 진전을 이루었다.

영국의 유물론자인 베이컨(F. Bacon)을 뒤이어 스피노자, 홀바흐(P. Holbach), 디드로(D. Diderot), 포이어바흐(L. A. Feuerbach), 헤르젠(Herzen) 같은 일군의 사상가들이 나타났다. 이들은 자연 과학이 이룬 업적에 의존하면서 세계를 세계 그 자체로부터 출발해 자연 내적인 동인에 따라 해석해 내려고 했다. 그들에게 물질이란 의식과는 독립적으로 존재하는 실재였다. 그들은 또 고대인들과 마찬가지로 물질의 개념은 자연에서 관찰할 수 있는 구체적인 형태를 갖춘 입자와는 일치하지 않는다고 주장했다. 물질은 여전히 이 세계에 존재하는 만상을 구성하고 있는 제1원리로 해석되었다. 일정한 역학적인 성질을 갖춘 원자가 바로 이 제1원리라고 생각했다. 고전 물리학의 입자 이외에는 다른 형태나 상태의 물질(예컨대 전자기적 작용도 입자나 그와 같은 성격의 것으로 분류했다)을 몰랐기 때문에 입자의 역학적인 성격만이 곧 물리 세계 전체를 특징짓는 것으로 인식되었다.

이런 사고는 많은 철학자들의 인식론적 기초를 형성했고 과학자들로 하여금 존재하는 만상의 원천——즉 유일한 원인이자 제1원인——은 바로 물질이라고 여겨 물질을 절대적인 것으로 간주하게끔 만들었을 뿐 아니라 입자의 역학적 성질에 대한 자료들을 모으면 그것이 곧 물질에 대한 일반 개념과 일치한다고 믿게 만들었다. 입자의 물리적 성질, 즉 크기, 무게·관성·불가분성·불침투성 등이 곧 일반적 의미로서의 물질의 속성으로 이해되었다(또 객관적 실재라는 조건이 물질의 속성으로 부과되었다). 때때로 물질이라는 개념은 물체가 가진 물리적 성질이나 질량과 동일한 것으로 간주되기도 했다.

장 형태의 물질

마르크스 이전의 유물론은 물질을 입자의 개념과 동일하게 보았는데 이런 불합리한 생각은 적어도 어느 시기 이후에는 영향을 끼치지 못하게 된다. 그도 그럴 것이 입자의 개념만으로는 자연에 존재하는 모든 대상을 포괄할 수가 없었기 때문이다. 장의 형태로 존재하는 물질은 역학적인 이미지나 개념만으로는 설명하기가 힘들었다. 그렇지만 장의 형태를 띤 물질은 물질 세계에서 점점 더 자신을 명확히 드러내고 있었다.

전자기장의 발견은 아마 물리학이 이룬 가장 중요한 업적들 중의 하나일 것이다. 어떤 특이한 물질 형태가 과학자의 눈에 들어와 그것을 탐구해 보았더니 그것은 단순히 이론과 실험에만 큰 영향을 끼친 것이 아니라 세계관의 변화까지도 초래했던 것이다. 물리학이 이 뛰어난 발견을 하기까지에는 오랜 시간이 지나야 했다. 전자기 작용의 실체에 대해서는 상당 기간 과학적으로 실증이 되지 않아, 19세기 중반까지도 그들의 본성이 명확히 드러나지 않고 있었다. 장의 성질을 설명하기 위해 기상천외한 것들이 다 동원되었는데, 예컨대 '무게가 없는', '모든 것을 투과하는', '어떤 것에도 영향을 받지 않는' 물질이라거나, 에테르의 변형이라거나, 에테르로도 분류할 수 없고 보통의 무게를 가진 입자로도 볼 수 없는 불가사의한 것이라는 주장이 있는가 하면 나중에는 순수한 운동 그 자체라는 의견도 제시됐다. 여기 몇 가지 예가 있다. 뉴턴은 빛은 에테르도 아니고 진동 운동도 아니며 작열하는 물체로부터 전달되는 다른 어떤 것이라고 생각했다. 프랭클린은 전기 현상은 자연에 '전기적 물질(electircal matter)'이라는 것이 존재하기 때문에 생긴다고 설명했다.

'전기적 물질'은 극히 감지하기 힘든 섬세한 입자로 이뤄져 있다. 그것은 보통의 물질을 통과해야 할 뿐 아니라 가장 조밀하게 되어 있는 금속 같은 것도 아주 쉽게 그리고 거의 아무런 저항도 받지 않으면서 통과해야 하기 때문이다.

아에피누스(Aepinus)는 자기 현상을 역학적이고 물질적인 원인 때문에 생기는 것으로 자석의 내부 구조나 (자석) 주위의 물질을 동시에 잘 살펴보아야 한다고 주장했다. 프랑스 화학자이자 물리학자인 쿨롱(C. Coulomb)은 자기 현상을 설명하기 위해서는 우리가 물체의 무게나 천체 물리학을 설명하기 위해 사용하는 자연의 인력과 척력에 의존할 필요가 있다고 강조했다. 스위스 수학자이자 물리학자인 오일러(L. Euler)는 마치 음파가 공기와 관계 있는 것처럼 빛은 에테르와 관련이 있다고 믿었다.

따라서 고전 역학이 성행하던 시기에는 장의 물질적인 본질과 물질과의 관계에 대해 서로 모순되는 관념들이 지배적이었다. 그러나 비록 고전 물리학이 전자기 현상의 물질적인 본질에 대해 일관된 설명을 하진 못했지만, 전자기 현상의 구조에 대해서는 몇몇 심오한 견해가 제시됐을 뿐 아니라 많은 연구가 행해져 전자기 현상의 규칙성을 수량적으로 표현할 수 있게 됐으며, 경험 자료들이 축적돼 장물리학이라는 새로운 분야가 발달하는 데 큰 기여를 했다.

물질의 실제적인 형태로써 장의 이론이 발전하게 된 데는 물리학의 세 분야인 광학·자기학·전기학의 발달과 상당히 관련돼 있다. 광학은 꽤 일찍이 물리학의 한 분야로 자리잡고 있었다. 빛의 본질에 대해서는 18세기에 이미 두 가지의 뛰어난 견해가 제기되고 있었다. 즉 입자설과 파동설이다. 그것의 주창자는 각각 뉴턴과 호이겐스였는데, 물론 그들 이전에도 비슷한 주장이 제기되긴 했다. 이들 개념이 역사적으로 전개해 온 과정은 제쳐두고서라도 두 개념 사이의 논쟁이 물질의 장 형태에 관한 인식이 발달하는 데 추진력이 돼 왔다는 사실을 주목할 필요가 있다. 똑같은 물리 현상을 놓고서도 서로 자기의 개념이야말로 그 현상을 제대로 설명해 낼 수 있다고 주장했다. 그리고 서로 상대편의 개념으로 설명되지 않는 현상을 찾아냈다. 빛(의 현상)은 발광체로부터 나오는 입자에 지나지 않는다는 뉴턴의 입자설은 초기에는 잘 맞아떨어져 대단한 성공을 거두었다. 그러나 아인슈타인은 다음과 같이 썼다.

그렇다 해도 빛이 흡수되는 경우 빛을 구성하고 있는 입자들은 어떻게 되는가 하는 문제는 이미 중요한 의문으로 남아 있었다. 더구나 서로 다른 종류의 입자를 끌어들여 (무게를 가진) 물질과 빛을 구별하는 것은 만족스러운 방법이 못된다. 더 근본적인 취약점은 빛 입자들 사이에 상호 작용하는 힘을 어떤 규칙에 따라 설명하는 것이 아니라 완전히 임의적으로 가정할 수밖에 없다는 점이다.

입자설과 파동설이 서로 모순되고 입자설로는 간섭과 회절 현상을 설명할 수 없게 되자 자연 과학자들의 관심도 그때까지 잊고 있던 호이겐스의 파동론으로 옮겨지게 되었다. 호이겐스는 빛은 뉴턴이 생각하듯이 작열하는 물체에서 분출되는 입자들의 흐름이 흘러서 생기는 것이 아니라 마치 음파처럼 우주 공간에 가득 찬 조밀한 매질인 에테르를 통해 전파된다고 단언했다. 파동론이 다시 각광받게 된 데는 영국의 물리학자인 영이 기여한 바가 크다. 그는 입자설의 약점을 많이 찾아냈던 것이다. 그는 입자설로 (다양한 광원으로부터 나오는) 빛이 똑같은 속도로 전파되는 현상이나, 빛의 흡수와 반사, 여러 가지 색으로 빛이 굴절하는 현상 등을 설명하는 데 어려움과 모순이 있다는 데 주목했다. 영은 파동설에 근거해 굴절과 반사, 뉴턴의 고리(ring)[*], 회절, 간섭 현상 등을 설명하려는 대담한 시도를 했다. 영과 동시대 인물인 프랑스 물리학자 프레넬은 영과는 독립적으로 파동설을 완성시켰다. 프레넬도 영과 마찬가지로 빛의 파동 효과를 연구하는 것이 목적이었으나, 그는 영보다 더 깊이 있게 그것을

---

[*] 곡률 반경이 큰 볼록 렌즈를 유리의 평면 위에 놓았을 때 볼 수 있는 동그란 형태의 간섭 무늬. 후크(R. Hooke)가 1665년에 처음 관측했으나 나중에 뉴턴이 정밀하게 원의 반경을 측정했다.

입증해 보였다.

파동설도 입자설과 마찬가지로 전자기 현상이 갖는 복합적인 실체의 한 단면을 반영하는 데 불과하다는 사실은 나중에 밝혀졌다. 아인슈타인은 거기에 대해 다음과 같이 썼다.

> 그러나 빛의 연구와 관련된 이야기는 결코 끝나지 않았다. 19세기의 판결은 최종적이거나 결정적인 것이 아니다. 입자와 파동 중 어떤 것을 선택하느냐 하는 문제는 현대 물리학자들에게 여전히 남겨져 있으며 이전보다 더욱 심오하고 복잡한 형태로 얽혀 있다.

빛의 속성을 탐구하는 동시에 물리학에서는 전기와 자기의 본질에 대한 연구가 철저히 진행됐다. 어느 시점까지 이 세 종류의 자연 현상 곧, 빛·전기·자기는 각각 별도로 연구되었으며, 서로 실체가 다른 것으로 여겨졌다. 오랫동안 전기와 자기 현상은 각각에 해당되는 전기적이 유동체와 자기적인 유동체 때문에 생기는 것으로 설명되었다.

그러나 시간이 지나면서 전기와 자기 현상을 내적으로 연관지울 수 있게 하는 사실들이 발견됐다. 여기에는 외르스테드와 앙페르(A. M. Ampère)가 발견한 사실이 포함된다. 외르스테드는 전선에 흐르는 전류가 전선 근처에 있는 자기 바늘에 영향을 끼친다는 점에 주목했다. 이것은 (전하의 운동으로 생긴) 전기장이 변화하면 항상 자기장이 생긴다는 단순한 사실 이상을 내포하고 있었다. 즉 외르스테드의 실험은 '앞으로는 반드시 전기장과 자기장을 연결해서 생각해야 한다' 라는 인식을 담고 있다고 아인슈타인 또한 보았다.

앙페르의 실험도 전기와 자기의 통일성을 발견한 또 다른 방법이었다. 서로 평행하게 놓여 있는 두 전선을 따라 전류를 흘려보내면 마치 자기적인 인력과 척력처럼 서로 영향을 끼치는 것을 관찰했다. 그는 또한 지구 속에 전류와 비슷한 어떤 현상이 있다는 것을 믿게 되었다. 그래서 그는 모든 자기 현상을 순전히 전기적인 사건 때문에 생기는 것으로 환원시켰다.

이런 발견들은 전기와 자기의 물질적인 속성을 아는 데 상당한 도움을 주었을 뿐 아니라 패러데이가 장의 문제를 탐구하는 데 기초가 되었다.

외르스테드는 전기장의 변화가 자기장을 동반한다는 사실을 보였지만 패러데이는 실험을 통해 거꾸로 자기장을 변화시키면 전선에 유도 전류가 생기며 그 결과 전기장이 형성된다는 사실을 발견했다. 그의 실험은 전기와 자기 현상이 서로 내적으로 관계가 있다는 것을 여실히 보여 주었다. 그러나 패러데이는 단순히 이 사실에만 만족하지 않았다. 그는 전기력과 자기력이 작용하는 공간상의 각각의 점을 기하학적으로 조사해 본 후 장의 '물리적인' 속성에 대해 결론을 내렸다.

> 그 사실은 자석 내부뿐 아니라 바깥에도 물리적인 역선(力線)*이 존재한다는 것을 가리킨다. 그것은 직선뿐 아니라 곡선 형태로 존재한다.······내가 보기에는 곡선 형태의 역선도 물리적인 역선과 일치한다.
>
> 움직이는 전선이 일으키는 현상도 똑같은 결론을 유도한다.······전선이 놓여 있던 지역에도 자석 주위에 나타나는 현상이나 상황이 그대로 재현된다. 이것은 자기 역선의 물리적인 정체가 무엇인지 생생하게 보여 준다.

그는 전기적인 역선에 대해서도 똑같은 결론을 내렸다. 자기 역선과 마찬가지로 전기 역선도 실제로 존재한다는 것이었다.

---

* 전기 역선이나 자기 역선과 같이 장이 만들어내는 힘을 장의 각 점에서 접선 방향으로 나타낸 선.

정전기(靜電氣)로 눈을 돌려보면 앞의 경우와 마찬가지로 여기에도 거리에 따른 인력이 (그 밖의 다른 작용과 함께) 존재한다는 것을 알 수 있다. ……동전기(動電氣)의 경우에도 역선의 존재를 훨씬 명확하게 확인할 수 있다.

패러데이의 견해는 장의 개념이 형성되는 데 상당한 역할을 했다. 그는 맥스웰이 지적한 것처럼 전기상과 자기상 사이의 내적 관계만을 발견하는 데 그치지 않았다.

수학자들이 공간에서 거리에 따른 인력의 중심을 보았던 데 반해 그는 모든 공간에 역선이 통과하고 있는 것을 보았다. 수학자들이 거리를 보았다면 패러데이는 매질을 보았던 것이다. 패러데이는 역선이 정확히 매질의 어느 지점에서 발행하는지 찾으려고 노력한 결과 역선들이 전기의 흐름에 가해지는 인력을 따라서 놓여 있음을 알았다.

외르스테드 · 앙페르 · 패러데이와 그 밖의 여러 과학자들이 얻은 실험 결과들은 이론적으로 정리될 필요가 있었다. 이 작업을 한 사람이 바로 영국의 물리학자인 맥스웰이었다. 그는 이 실험 데이터들을 이용해 전자기 현상에 대한 현대적인 개념의 기초를 놓았다. 그는 외르스테드 · 앙페르 · 패러데이가 할 수 없었던 일을 해냈다. 그는 두 물체 사이의 공간을 메우고 있는 매질이 물리적으로 어떤 속성을 가지느냐는 물음에 대한 답을 못 구해 고민했다. 그는 전기장과 자기장은 실제로 존재한다는 사실을 출발점으로 삼아 전자기장 이론을 창안해 냈다.

내가 제안하는 이론은 전자기장(Electromagnetic Field)에 관한 이론이라고 이름을 붙일 수 있다. 왜냐하면 이 이론은 전기적인 물체와 자기적인 물체 주위의 공간에서 일어나는 일을 다루고 있기 때문이다. 이것은 또 동태적 이론(Dynamical Theory)으로 불릴 수도 있을 것이다. 왜냐하면 이 공간에는 전자기 현상을 일으키는 물질의 운동이 있기 때문이다.

맥스웰은 따라서 '전자기장'이라는 개념을 자신의 이론에 끌어들였고, 이 개념을 사용해 전기적·자기적 상태를 띤 물체의 주위를 둘러싸고 있는 매질을 설명하고자 했다. 물리학자들이 연구해 온 이 매질에 대해 이 같은 이름을 부여하는 것이 우연은 아니었다. 이것은 나중에 맥스웰이 이론적으로 입증한 전기와 자기가 상호 연계돼 있다는 실험 사실에 뿌리를 두고 있었기 때문이다.

장이 하나의 독립된 존재 형태라는 인식을 갖게 된 중요한 계기는 장에도 에너지의 속성이 있다는 사실이 발견되면서부터이다.

> 유용한 모델로써 도입되었던 장이 이제는 점점 실재하는 것으로 되어 가고 있다. …… 장에 에너지의 속성을 부여한 것은 장의 개념을 한 단계 더 발전시켰으며, 장 개념은 점점 더 강조되는 반면 기계적 관점에 매우 본질적인 입자의 개념은 점점 더 위축되어 갔다.

맥스웰은 또 전자기장이 빛과 똑같은 속도로 전파된다는 사실을 발견했다.

> 이 속도는 거의 빛의 속도에 가깝다. 따라서 빛(여기에는 복사열을 비롯해 그밖의 모든 형태의 복사가 포함된다)이라는 것을 전자기 법칙에 따라서 파(waves)의 형태로 전자기장을 통과하는 전자기 현상이라고 결론을 내릴 만한 충분한 이유가 있다.

이런저런 사실들을 바탕으로 해서 맥스웰은 전자기파와 빛이 똑같은 속성을 갖고 있다고 깨닫게 됐다. 전자기장은 한번 형성되고 나면, 그 원천이 무엇이든 상관없이 독립적으로 존재한다는 사실이 입증됐다. 그러나 맥스웰은 장의 물질적인 속성이 무엇인지에 대해서는 아무것도 몰랐다. 패러데이와 마찬가지로 그는 실제적으로 중요한 것은 에테르라고 생각했으며 전자기장은 에테르의 변화에 의해 생긴다고 간주했다.

세계를 단 하나의 물질상으로 제시하기 위해서는 에테르를 찾아야 했고, 에테르와 다른 물질적 실재와의 관계를 설명하기 위해 노력할 수밖에 없었다. 에테르에 대해서는 많은 역학적인 모델이 제시됐지만 한 번도 관찰된 적이 없었다. 물체에 의한 빛의 발산과 흡수 같은 현상들을 두고 에테르 개념의 신봉자들은 물질과 전자기장(에테르) 사이에 어떤 관계가 있음에 틀림없다고 믿었다.

이 분야에서의 중요한 성과는 맥스웰의 뒤를 이은 헤르츠, 헤비사이드(O. Heaviside)에 의해 이뤄졌다. 로렌츠의 전자 이론도 에테르와 물질과의 관계를 밝히는 데 큰 역할을 했다. 맥스웰 이론에서는 전하가 전자기장을 발생시킨다는 두루뭉실한 주장을 폈으나 로렌츠 이론에서는 전자가 장의 물리적인 원천이라고 못박았다. 로렌츠 이론은 물질과 물질적 세계를 형이상학적이고 기계적으로 보는 관점에 타격을 주었다. 빈(W. Wien), 아브라함(M. Abraham), 톰슨(J. J. Thomson) 등 전자기 현상의 근원을 밝히고자 노력한 여러 과학자들의 연구도 이와 같은 목적을 달성하는 데 기여했다. 입자를 다룬 고전적인 이론은 주로 (물질의 양으로서의) 질량에 초점을 맞추었기 때문에 이제 근본적인 어려움에 부딪쳤다. 기계적 세계관이 지녔던 보편적인 성격은 토대부터 흔들리기 시작했던 것이다.

전자기장이 실재한다는 것을 입증하는 데 어느 정도 진전이 있었는데도 그것을 물질과 관련시켜서 설명하기에는, 즉 구체화하는 데는 여전히 어려움이 있었다. 입자의 성질과 장의 속성은 서로 첨예하게 대립되고 있었다. 몇 가지 공통점이 밝혀졌지만 물리학자들은 그것들의 구조에 대해서 아직 깊이 있는 인식을 못하고 있었다. 또한 입자와 장, 그것들의 속성에 대한 적절한 철학적 분석도 행해지지 않고 있었다. 고전 물리학에서는 입자를 불연속적인 형태로써, 장은 연속적인 매질로써 생각하고 있었다. 물리학자들은 변증법에 익숙하지 못했고 입자와 장은 서로 양립할 수 없는 현상으로 치부했다. 따라서 입자와 장의 통일성에 대해서 생각할 수가 없었다. 나타나는 모든 현상이나 성질은 입자에 의한 것이거나 장에 의한 것 둘 중의 하나라는 이분법이 여전히 지배하고 있었다. 원자론 지지자들은 불연속성이 절대적인 것이라고 주장했고, 세계를 전자기적으로 해석하는 사람들은 연속성을 절대화했다. 변증법에서는 이미 이 문제를 해결할 수 있는 방법을 일반적인 형태로 제시해 놓고 있었다. 헤겔은 칸트의 이율배반론을 발전시켜 불연속성과 연속성이 서로 양립할 수 있는 개념이라고 결론짓고 있었던 것이다.

입자와 장의 통일

미시 물리학의 발달과 변증법적 유물론의 분석 방법에 힘입어 입자와 장의 통일성이란 개념에 도달할 수 있었고 나아가 전자기 현상이 물질의 속성을 가진 실재라는 것이 입증됐다. 이것은 세계의 미시 구조를 더 깊이 투시한 결과 얻어진 결실이었으며 따라서 장과 입자의 개념 자체도 바뀌게 되었다. 최초로 발을 내디딘 사람은 플랑크(M. Planck)였다. 그는 입자에 의한 빛의 방출과 흡수를 새로운 방법으로 이해했다. 이전까지는 이 현상이 연속적으로 일어난다고 믿고 있었다. 그러나 플랑크는 진동자의 에너지는 연속적이 아니라 불연속적으로 바뀐다는 사실을 밝혔다.

아인슈타인은 전자기장의 속성에 대해 더 깊이 있는 결론을 내렸다. 그는 빛이 입자에서 방출 또는 흡수될 때만 불연속적인 특성을 띠는 것은 아니라고 주장했다. 장은 전파되는 과정에서도 양자(quanta) 형태를 띤다고 주장했다.

'흑체 복사(black radiation)', 광전자 효과, 자외선에 의한 음극선의 발생, 그 밖에 빛의 변환으로 일어나는 다른 복사는 빛에너지가 공간상에서 불연속적으로 전파된다는 가정을 해야 제대로 이해할 수 있다. 이 가정에 따르면 한 점에서 방출되는 빛에너지는 넓은 공간에 연속적으로 퍼져 전파되는 것이 아니라 유한개의 에너지 양자가 공간상의 한 점에 자리잡고서 계속 방출되는 것으로, 이 양자는 결코 분할되지 않으며 단지 방출되거나 흡수될 뿐이다.

아인슈타인은 빛의 양자는 에너지뿐 아니라 충격량도 갖는다고 보았다. 그의 연구는 결국 빛의 양자론의 기초가 되었는데 양자론에는 입자성과 파동성이 둘 다 반영돼 있다.

프랑스 물리학자 드 브로이(L. de Broglie)는 아인슈타인의 발견이 굉장히 중요한 역할을 했다고 강조하면서, 간결하지만 뛰어난 아인슈타인의 소논문은——빛 자체의 성질에 대한 문제는 별문제로 하더라도——마치 마른 하늘에 천둥이 친 것 같다고 표현했다. 그리고 50년이 지난 시점에서도 그것이 불러일으킨 충격은 가시지 않았다고 평가했다. 아인슈타인이 이론 물리학에서 일으킨 이 혁명은 몇 개월 뒤 상대성이론에 관한 그의 첫 작품이 불러일으킨 충격에 결코 뒤지지 않는다고 드 브로이는 강조했다.

장의 개념은 이렇게 물리학의 발달과 더불어 새로운 내용을 계속 획득해 나갔다. 장은 회절이나 간섭에서 보듯 파의 성질과 함께 불연속적인 입자의 속성을 함께 갖고 있다는 게 밝혀졌다. 이것은 물리학에서 말하는 물질의 두 가지 형태, 즉 장과 입자를 함께 묶을 수 있는 중요한 단서가 됐으며 따라서 장에 물질의 속성을 부여할 수 있는 길이 열리게 됐다. 그러나 많은 물리학자들에게 이 발견은 혼돈을 불러일으켰다. 그들은 하나의 대상에 대해 상호 배타적인 속성인 입자성과 파동성을 결합시킨다는 게——비록 사실로 확인됐다고 할지라도——쉽게 이해되지 않았다. 이른바 입자-파동의 이원론은 장물리학에서 등장했다. 어떤 과학자들은 그것을 주관적으로 해석해 하나의 물질에는 입자든 파동이든 하나의 속성만이 성립할 수 있기 때문에 입자-파동의 이원론은 객관적인 지위를 갖지 못한다고 주장했다.

1924년 드 브로이는 전자기장을 입자와 관련시켜 설명하는 데 성공함으로써 전자기장의 물질적 속성을 규명하는 데 대단한 기여를 했다. 그는 빛은 입자의 성질을 갖고 있고 미립자는 파의 성질을 갖고 있다는 대담한 가정을 했다. 슈뢰딩거(E. Schrödinger)는 드 브로이의 생각을 발전시켜 파동 역학(wave mechanics)을 창안했다. 거의 비슷한 시기에 하이젠베르크는 보어의 방식을 따르고 관찰 가능성과 상응의 원리에 입각하여 행렬 역학(matrix mechanics)을 만들었다. 곧 이어 1926년에 슈뢰딩거는 행렬 역학과 파동 역학이 수학적으로 동일하다는 걸 입증했다. 보어는 이런 상황을 논리적으로 설명하기 위해 상보성 원리(principle of complementarity)를 제안했다.

드 브로이의 주장은 곧 이어 실험을 통해 사실임이 확인됐다. 결정 격자(結晶格子, crystal lattice)*에 미립자 빔(beam)을 통과시켰을 때 빛을 통과시켰을 때처럼 간섭 현상이 관측된 것이다. 미립자도 어떤 조건 아래서는 파동의 성질을 보인다는 게 확실했다.

빛과 미립자 연구를 통해 얻어진 결과를 놓고 과학자들은 서로 엇갈린 해석

---

* 같은 종류의 원자 또는 분자가 결정 구조를 형성할 때 공간적·주기적으로 규칙적인 배열을 이루어 이들을 맺는 선이 3차원적인 격자 모양이 되는 원자 또는 분자 구조.

을 내렸다. 어떤 과학자들은 하나의 대상에 대해 입자-파동 이원론을 적용하는 것을 용인한 반면 다른 과학자들은 동일한 하나의 대상이 입자성과 파동성 두 가지를 모두 지닐 수는 없다고 생각했다.

이 점에 있어서 라이헨바흐(H. Reichenbach)의 다음과 같은 언급은 상징적이다.

> 드 브로이의 발견이 뜻하는 것은 파동과 입자가 동시에 존재할 수 있다는 직접적인 의미라기보다는 하나의 물리적 실재에 대해 두 가지 해석이 가능하다는 것, 즉 두 가지가 결합해 하나의 상을 만들어낼 순 없지만 상호 진리성을 인정하는 간접적인 의미에 불과하다.

고전 역학에서 생성된 파동·입자 개념을 미시 세계에 기계적으로 적용시키기 때문에 이런 언급을 하게 되는 것이다. 일부 과학자들이 고전적인 파동·입자 개념을 미시 세계의 연구에 무분별하게 적용시킨 결과 많은 어려움에 부딪친 게 사실이다. 그래서 고전 물리학 개념을 비고전적으로 응용하는 방법에 대해 탐구가 시작됐다. 미시 세계의 본질을 연구할 때 파동과 입자의 상보성을 받아들이는 것이 필요하다는 주장은 이제 상식이 됐다. 오늘날 이 상보성 원리는 양자 세계의 고전적인 해석(코펜하겐 해석)에 필수 불가결한 존재이다.

변증법적 유물론의 지지자들은 독자적인 접근법으로 미시 세계의 속성을 해석했다. 러시아의 저명한 물리학자인 바빌로프는 다음과 같이 썼다.

> 물질(matter), 즉 형태를 갖춘 물질(substance)과 빛은 파동과 입자(material points)의 성질을 동시에 갖고 있다. 그러나 전체적으로 볼 때 물질은 파동도 아니고 입자도 아닐 뿐더러 그 둘의 혼합물도 아니다.

그러므로 그는 미시 세계의 비고전적인 특성을 강조하면서 고전적인 개념을 그 내용을 변화시키지 않고 바로 미시 세계에 적용하는 것은 불가능하다고 주장했다. 다시 말해 이런 입장을 취하는 과학자들은 물리학이 이제까지와는 질적으로 전혀 다른 새로운 대상(객체)──고전적인 입자·파동 개념으로 설명되는 거시 세계의 대상과는 다른──을 발견했다는 사실로부터 출발했다. 어떤 의미에서 이 새로운 대상(객체)들은 입자와 파동 두 성질을 통일(unity) 내지 종합(synthesis)했다고 보아야 한다.

미시 세계의 물질의 특성을 알아내려면 물질에 대한 새로운 개념이 도입돼야 한다. 그것은 물질의 서로 다른 형태인 장과 입자 사이의 관계를 표현할 수 있는 것이면 더욱 좋다.

이에 대해서 오멜리야노프스키는 다음과 같이 말했다.

> 양자 역학에서는 입자 개념과 파동 개념의 종합으로 미립자와 그 미립자들의 움직임을 설명했다. 따라서 운동하는 미립자들은 파도 운동의 특징도 아울러 가졌다. 그것은 입자와 장을 통일시켰다. 그러나 역으로 장으로부터 입자로의 변환은 양자 역학에서 이뤄지지 않았다. 양자 역학의 각도에서 볼 때 장은 여전히 '고전적'으로 남아 있었고, 입자들의 수와 종류도 더 생성되거나 줄어들지 않은 채 그대로 머물렀다.

그러나 장에 대한 양자 이론이 나타나 두 번째 문제를 해결했다. 장양자 이론에서는 고전 역학에서의 장 개념과는 달리 양자화된 장의 개념을 도입하고 있다. 양자화된 장은 물질의 특수한 형태로 고유의 특징을 갖고 있다. 이것은 장의 상태로도 나타나고 입자 상태로도 나타난다(물론 입자나 장이라는 용어를 구식 개념으로 이해해서는 안 된다). 장양자론에 의하면 기본 입자란 양자화된 장이 여기(excited)*된 상태이다. 또 장이란 입자와 같이 물질의 특수한 형태이거나 기저된(unexcited) 상태라는 차이점이 있다. 고트(V. S. Gott)는 이 점에 대해 다음과 같이 썼다.

> 미시 구조에 관한 지식이 깊어짐에 따라 입자와 장 개념에 큰 진전이 생겨서 이제 물질(matter)을 구체성의 물질(substance)과 장으로 굳이 이분하는 방법은 단지 거시 세계에만 해당될 뿐이고 미시 세계의 현상을 설명하는 데는 거의 이용되지 않고 있다.

입자와 장은 상호 전환된다는 사실이 발견됨에 따라 장은 물질적인 속성을 갖고 있다는 것과 장과 입자 사이에는 보편적인 관계가 있다는 게 가장 설득력 있게 받아들여졌다. 이것과 관련된 실험은 물리학자들에게 조금 큰 값을 가지는 전자기장의 한 양자가 원자핵과 충돌하면 하나의 전자가 하나의 양전자와 짝을 이뤄 방출된다는 사실이 알려져 있다. 이 실험은 장 물질이 입자적인 물질로 전환한다는 증거가 된다. 물론 반대 방향으로의 변환도 가능하다. 양전자 빔(beam)을 금속판에 쏘면 감마선을 내게 되는데 이것은 양전자가 금속에 있는 자유 전자를 소멸시키면서 전자기장의 양자를 방출하기 때문이다. 여기에서는 입자 물질이 전자기장으로 전환된다는 것이다. 장과 물질 사이의 상호 변환은 전자와 양전자에만 국한된 것이 아니고 다른 모든 입자와 반입자(anti-particle)들 사이에서도 일어난다. 이들 입자와 반입자들은 상호 작용을 통해 전자기장이나 다른 물리적인 장의 양자 형태로 변화하며, 거꾸로 물리적인 장과 입자가 상호 작용하면 입자와 반입자가 생성된다. 이러한 모든 사실들은 입

---

* 원자나 분자의 바깥쪽에 있는 전자가 적당한 자극을 받으면 일정한 에너지를 흡수하여 더 높은 에너지 상태로 변화하는 일.

자 형태의 물질과 장 형태의 물질 사이에 긴밀한 내적 연관이 있음을 보여 주고 있다.

핵이나 중간자 등과 같은 다른 모든 물리적인 장들이 물질적인 속성을 갖고 있다는 데는 의심의 여지가 없다. 그것들은 또 소립자와도 관계가 있다. 어떤 상황하에서 그것들은 입자 물질로 전화하며, 또 그 입자 물질들이 장으로 전화한다는 게 현대 물리학에 의해 실험적으로 증명되었다.

그러나 객관적인 물리 세계가 단지 두 가지 형태, 즉 입자와 장 형태로만 자신을 드러낸다고 앞질러 규정하는 것은 잘못이다. 물질은 우리가 갖고 있는 개념보다 훨씬 풍부하게 자신의 속성을 표출한다. 이것은 기계적 유물론이 쇠퇴하고 최근 수십 년간 새로운 발견이 이뤄지면서 확실해졌다. 물리학에는 오늘날 양자화된 장도 등장했고 중력 에너지의 비보존(non-conservation), '무'로부터의 '창조', 이미 알려진 물질로부터 '무'로의 전화 등 낯선 관념들이 등장했다. 물리학에 이러한 역설이 존재한다는 것은 입자와 장이라는 현대 지식의 프리즘으로만 우주를 바라보는 형이상학적 관점에 문제가 있다는 걸 의미한다. 사실은 입자와 장에 대해서도 아직 과학은 모든 것을 알지 못하고 있다.

철학적 범주로서의 물질 개념

물리학은 두 가지 측면에서 물질에 관한 철학적 범주가 발달해 오는 데 영향을 끼쳤다. 첫째, 장이라는 개념이 특별한 실재로써 과학에 도입됨에 따라 마르크스 이전의 유물론이 갖고 있던 물질 개념과 당시까지 자연 과학에 확고히 자리잡고 있던 물질 개념을 재검토해야 한다는 문제가 시급한 과제로 떠올랐다. 이전의 물질 개념과 새로 발견된 과학적 사실이 모순된다는 것은 명확해졌다. 왜냐하면 종전의 개념, 즉 입자의 역학적인 성질만으로는 전자기장과 같은 새로운 물질 영역을 설명한다는 게 불가능하기 때문이다. 둘째, 20세기로 넘어

가는 전환점에서 새로운 시대를 여는 발견들이 이뤄졌다. 이들은 종전의 입자의 속성에서는 알려지지 않은 것들이며 고전 역학의 개념을 통해 얻어진 형이상학적이고 기계적인 물질의 이해와는 상응하지 않았다. 1895년 뢴트겐(W. C. Röntgen)은 '불투명체'를 투과하는 놀라운 능력을 가진 광선(rays)을 발견했다. 그것은 입자 물질은 불침투성을 갖고 있다는 종전의 개념에 배치되는 것이었다. 1896년 베크렐(A. Becquerel)은 자연 방사선을 발견했다. 원자는 분리될 수 없다는 관념을 깨고 자발적으로 붕괴된다는 게 입증된 것이다. 그 뒤 1897년 톰슨과 비헤르트(E. Wiechert)는 원자보다도 크기가 몇 배 작고, 질량을 가진 입자인 전자를 발견하는 데 성공했다. 전자가 원자를 구성하는 성분이라는 건 명백했다. 물질(원자 = atom)은 '분리되지 않는다'는 성질도 결국 상대적이라는 게 증명된 셈이다. 전자를 계속적으로 연구한 결과 물질의 물리적인 속성에 대해 새로운 관념들이 얻어졌다. 종전에는 불변량(invariable)으로 간주되었던 질량이 전자의 운동 속도가 증가하면 덩달아 늘어나는 것으로 밝혀져 결국 질량도 변화하는 양의 범주에 포함되었다.

종전의 물질 개념이 한계를 갖고 있고 그 개념으로는 전자기 현상을 설명하기가 불가능하다는 점을 이미 마르크스 이전의 일부 유물론자들은 주목하고 있었다. 그들은 종전의 물질 개념은 입자의 구체적·기계적인 속성에 무리하게 얽매여 있다고 생각했다. 그러나 이 문제를 완전하게 이해한 것은 변증법적 유물론에 이르러서였다. 변증법적 유물론은 물질 개념 속에는 객관적인 실재와 외부 세계 전체가 추상적으로 반영돼 있다고 보았다. 레닌은 다음과 같이 쓰고 있다.

> 물질(matter)은 객관적인 실재——감각을 통해 인간에게 주어져 있고, 감각에 의해 모사(copied)·인화(photographed)·반영(reflected)되면서

도, 인간의 감각과는 독립적으로 존재하는 객관적인 실재——를 나타내는 철학적 범주이다.

물질에 대한 위의 정의와 관련해 다음의 세 가지 요소를 지적하는 것이 중요하다.

    (1) 물질(matter)은 객관적인 실재이다.
    (2) 물질은 인간의 의식 바깥에 의식과는 독립적으로 존재한다.
    (3) 물질은 의식에 반영된다.

첫 번째 요소가 의미하는 바는 인간의 의식 바깥에서 의식과는 별개로 존재하는 모든 사물·현상·대상들이 물질을 구성한다는 말이다. 이것은 물질을 단순히 어떤 구체적인 물체나 현상에만 국한시키는 데 대한 주의를 나타내고 있다. 두 번째 요소는 철학에서의 두 가지 큰 흐름, 즉 유물론과 관념론을 가르는 명확한 경계를 가리키고 있다. 세 번째 요소는 불가지론을 겨냥해 세계는 인식 가능하다는 것을 강조하고 있다.

변증법적 유물론에서는 철학적 범주로서의 물질 개념과 (물질의) 구조와 속성을 다루는 자연 과학적인 물질 개념을 혼동하지 말 것을 특히 강조하고 있다. 철학적 범주로서의 물질 개념은 첫째, 형이상학적 유물론이 주장하듯 불침투성·불가분성·관성·질량과 같은 입자의 구체적인 속성과는 일치하지 않으며, 둘째, 물질적인 대상 즉, 원자·물·불·공기 등의 구체적인 형태와도 동일하지 않으며, 셋째, 이 대상들이 놓여져 있는 구체적인 상태(입자적 상태나 장 같은 것)와도 똑같은 개념이 아니다. 물질 세계는 많은 다양한 속성들을 지니고 있으나 그것들은 모두 구체적인 것으로써 물리적·화학적·생물학적, 그 밖의 다른 성질들로 이뤄져 있다. 그러나 이들을 물질에 대한 철학적 개념 속에 포함하는 것은 올바르지 않다. 물질에 대한 철학적 개념은 단지 하나의 속성 즉, 객관적 실재(objective reality)가 존재한다는 사실하고만 관계를 맺고 있다.

레닌은 "철학적 유물론과 관계 있는 물질의 유일한 '속성'은 실재가 인간의 정신 바깥에 객관적으로 존재한다는 사실이다"라고 쓰고 있다.

이처럼 최대한으로 광범위한 철학적 범주로써의 물질 개념은 이미 발견된 것은 물론이고 아직 발견되지 않고 있는 외부 세계의 모든 대상에까지 적용된다. 미래에 어떤 대상이 발견되든, 또 그것들이 어떤 특성을 가지든, 어떤 상태를 띠고 있든 이들 모두는 변증법적 유물론의 물질 개념 속에 들어오게 된다.

물질 개념과는 별개로 '물리적 실재(physical reality)'라는 용어가 철학 문헌이나 물리학 서적에서 발견된다. 아인슈타인도 이 용어를 사용했다. 그러면 이 용어를 도입했던 이유는 무엇인가? 아인슈타인은 이 용어에 어떤 내용을 부과했는가?

아인슈타인은 자신의 저술에서 '물리적 실재'라는 용어를 여러 가지 의미로 도입했다. 그는 첫째, 방법론적인 범주로써, 둘째, 물질 개념과 등가 개념으로써 이 용어를 다루었다. 그러나 그는 왜 그와 같은 '등가' 개념을 도입할 필요를 느꼈는가? 여기서 우리는 우선 몇몇 철학자들이 물리적 실재라는 개념은 특별한 의미를 띠고 있다고 주장하는 데 동의할 수 있다. 그들은 현대 물리학이 고전 물리학의 관점으로 볼 때 기이하게 여겨지는 방법과 추상화를 통해 여러 현상과 과정들을 이해하기 때문에 물리적 실재가 특별히 중요한 뜻을 갖는다고 주장하는 것이다. 아인슈타인이 확실히 변증법적 유물론의 물질 개념을 충분히 알지 못했다는 것도 주목해야 한다. 아인슈타인은 단지 물리학이 거둔 최신의 발견에 기초해 '소박 실재론(naive realism)'——여기서는 물질 개념을 입자 개념과 동일시했다——대신에 '물리적 실재' 개념을 도입하는 것이 자신의 의무라고 여겼다. 나는 앞서 아인슈타인이 물리적인 문제를 다룰 때 외부 세계가 인식 주체와는 독립적으로 존재하는 것을 가정했다고 언급했다. 그는 외부 세계의 독립성이라는 이 가정이 모든 자연 과학의 밑바탕에 깔려 있다고 생각했다. 그러므로 그에게는 물리적 대상(physical object)이란 과학적 개념 속에서 반영되는 물질적 대상(material object)을 의미했다. 객관적 실재의 문제를 다루면서 그는 다음과 같이 썼다.

> 감각적인 지각은 외부 세계와 '물리적 실재'에 대한 정보를 단지 간접적으로 제공하기 때문에 오직 이론적인(추상적인) 방법을 통해서만 외부 세계와 '물리적 실재'를 정확히 이해할 수 있다.

이렇듯 그는 '외부 세계', '물질', '물리적 실재'라는 개념을 모두 똑같은 선위에 놓고 다루고 있다.

이 개념들이 담고 있는 내용을 정확히 규정하는 문제는 항상 아인슈타인을 따라다니며 괴롭혔다. 그는 형이상학적 유물론이 물질의 개념을 당시 입자의 개념으로 한정시켜 제한해 왔다고 보았다. 그러나 외르스테드·패러데이·맥스웰의 발견은 그때까지 물리학에 알려지지 않았던 새로운 영역의 물질 세계가 있다는 걸 보여 주었다.

초기에 장의 개념은 (기계적 관점으로) 현상을 이해하는 보조적인 역할에 불과했다. 그러나 그것이 새로운 개념이라는 인식이 착실히 자리잡아 마침내

장에 의해 입자의 개념을 퇴색시켜버렸다.

아인슈타인은 장을 실재와 분리된 개념으로 보지 않았다. 그것은 형체를 갖춘 물체처럼 객관적으로 존재하는 것이었다. (이 점에 대한 그의 관점은 앞에서 인용됐다. "현대 물리학자들에게 전자기장은 마치 자신이 앉아 있는 의자만큼이나 현실적(실재적)이다.")

따라서 아인슈타인은 (물리학에서) 입자와 장으로 나눠지는 외부 세계가 곧 물리적 실재라고 이해했다. 이 개념은 과학이 다루는 모든 자연 현상을 포괄한다고 생각했다. 즉 (세계의) 입자적 대상과 장이라는 대상을 포괄한다. 이것은 마르크스 이전의 사상가들이 갖고 있던 물질 개념보다 훨씬 폭넓은 것이었다. 왜냐하면 이것은 입자 개념이 갖는 한계를 훨씬 넘어섰기 때문이다. 아인슈타인은 '물리적 실재' 개념이 담고 있는 내용이 물리학이 발달하더라도 변하지 않으리라고는 생각지 않았다. 그는 이 개념을 앞으로 발견될 수 있는 물리 세계의 대상에 대해서까지 확장시켰다. 그러나 그의 물리적 실재 개념은 변증법적 유물론에서 다루는 개념보다 폭이 좁았다. 왜냐하면 아인슈타인의 개념은 사회 현상에까지 확대되진 않았기 때문이다. 물리적 실재 개념은 물질의 물리적 상태만을 탐구 대상으로 삼기 때문에 철학적 범주의 수준으로는 고양될 수 없었다. 많은 물리학자들이 객관적 실재와 동의어로써 물리적 실재 개념을 받아들였기 때문에 이 개념은 과학에서 긍정적 역할을 수행했다.

아인슈타인은 또 물리학의 각 분야가 다루고 있는 대상을 구별하기 위해서 '물리적 실재' 개념을 채용했다. 그는 객관적 물리 세계를 상대적으로 독립적인 두 가지 큰 영역, 즉 입자와 장(이들 각각은 질적으로 독특한 운동 형태를 갖고 있다)으로 나누고 이 두 영역이 관련된 대상에 따라 물리학을 여러 분야로 구분했다. 외부 세계에 대한 우리의 인식은 변하기 때문에 거기에 맞춰 시간이 지나면 물리학의 공리적 기초도 변화시켜야 한다고 그는 강조했다. 뉴턴 물리학의 전제들이 완전히 바뀐 다음에야 물질로서의 장이 발견될 수 있었다는 것이다.

물리학에서 공리적 기초가 가장 크게 바뀐 경우, 다시 말해 실재의 구조에 대한 우리의 인식이 가장 심대하게 붕괴된 때는 패러데이와 맥스웰이 전자기 현상에 대한 연구를 통해 뉴턴에 세웠던 이론 물리학의 기초를 뒤흔든 것을 꼽을 수 있다.

아인슈타인은 물리적 실재의 개념을 양자 역학에까지 확장시켰다. 그는 양자 역학이 다루는 물질적 대상은 고전 역학이나 전자기학이 다루는 대상과 그 속성상 다르다는 것을 이해하고 있었다.

이론 물리학이 이룩한 최초의 가장 성공적인 작품, 즉 양자 역학은 우리가 간단히 뉴턴 학설, 맥스웰 학설이라고 부르는 두 이론과는 근본적으로 체계가 다르다. 왜냐하면 양자 역학의 법칙에 등장하는 수치는 물리적 실재 그 자체를 묘사하려고 하지 않으며 단지 우리가 관심을 두고 있는 물리적 실재가 어떤 확률로 일어날 수 있는가를 얘기할 뿐이기 때문이다.

그는 코펜하겐 학파가 내린 양자 역학에 대한 해석에 동의하지 않았다. 이 해석은 양자 이론과 이 이론이 그려내는 실재 사이의 이해하기 힘든 상호 관계를 벗어나기 위한 임시방편에 불과하다고 보았던 것이다. 물리학자들은 미시 세계의 입자-파동(의 이원론적인) 실재를 (확률론적이 아닌) 직접적으로 그려낼 수 있는 방법을 찾고 있다고 그는 말했다.

어떤 물리학자들은, 그 가운데 나도 포함되지만, 공간과 시간 속에 존재하는 물리적 실재를 직접적으로 그려낼 수 있다는 믿음을 우리가 앞으로 그리고 영원히 포기해야 한다는 사실을 믿지 않는다. 즉 자연에서 일어나는 사건이 마치 도박성이 짙은 게임과 비슷하다는 관점을 받아들일 수가 없는 것이다. 자신의 고유한 탐구 방법을 선택하는 것은 모든 사람들에게 개방돼 있다. 또한 모든 사람들은 레싱(G. E. Lessing)이 멋지게 말한 것처럼 진리에 대한 탐구가 재산보다 훨씬 고상하고 가치 있다는 사실로부터 위안을 느낄 수 있을 것이다.

오늘날에는 확률 개념을 통해 양자 물리학의 문제를 해결하는 것이 가능하다고 믿고 있다. 이 개념은 양자 물리학이 내세우는 실재의 (구조들 사이의) 객관적인 관계를 그려낸다고 과학자들은 주장한다. 그러나 이것이 아인슈타인과 보어 사이의 논쟁, 즉 양자 이론이 실재를 정확하고 완전하게 그려내는지를 놓고 두 사람이 벌인 논쟁이 끝났다는 것을 의미하지는 않는다. 물리학의 다른 이론들처럼 양자 역학도 절대적인 진리는 아니다. 미래에 다른 이론이 나타나 아인슈타인의 주장이 옳았다는 것을 보증해 줄지도 모른다. 물론 이런 일이 일어나지 않을 가능성도 있다. 그러나 오늘날 이 점만은 확실하다. 즉 미시 세계를 설명하는 좀더 일관된 이론을 찾고자 하는 아인슈타인의 탐구와 (실재에 대한) 양자 역학의 묘사 방법에 대한 그의 반대는 물리적 실재를 좀더 깊이 있게 이해할 필요성이 있음을 가리키고 있다.

제2장
물리학과 철학에서의 시간·공간·운동 개념

시간·공간의 절대성과 상대성 · 187
시간·공간과 변증법적 유물론 · 194
내적 변화로서의 운동 · 197
운동과 변증법적 유물론 · 203

시간·공간의 절대성과 상대성

먼저 시간과 공간의 문제를 살펴보자. 시간과 공간에 대한 근대적인 개념은 몇몇 과학, 특히 물리학과 수학, 그리고 철학에 의해 형성되고 발달해 왔다. 이러한 특정 과학과 철학으로부터 나온 지식들은 상호 영향을 주고받으면서 시간과 공간의 본질을 좀더 완벽하게 드러내는 데 큰 역할을 했다.

과학사를 통해 볼 때 시간과 공간의 문제를 최초로 일반화한 것은 뉴턴의 이론 체계였다. 뉴턴의 이론 체계는 유클리드(Euclid)의 수학적 사상과 데모크리토스·에피쿠로스·루크레티우스의 철학 사상에 그 뿌리를 두고 있었으며, 고전 역학에서 얻은 결론에 토대를 두고 있었다.

뉴턴은 절대적인 개념(객관적인 개념)과 주관적인 개념(표면적인 개념)을 구분했다.

절대적 공간——그 본성상 외부의 어떤 것과도 관계를 맺고 있지 않다——은 항상 변함없고 부동적이다. 반면 상대적 공간은 어떤 고정돼 있지 않은 차원으로써 절대적 공간의 척도이다. 후자는 물체들과 맺고 있는 위치를 통해 우리가 감각적으로 파악할 수 있다. 반면 전자는 흔히 확고부동한 공간으로 간주된다.

뉴턴의 이러한 전제에 따르면 공간은 물질과는 아무런 관련이 없고, 물질의 성질에도 속하지 않는 것으로 차라리 어떤 독립적인 실재로 존재한다. 공간을 물체들이 가득 찬 일종의 용기로 간주했다. 이 개념이 갖는 주요한 한계——이것은 2세기 이상에 걸쳐 과학상의 논쟁이 되어 왔다——는 바로 뉴턴의 전제와 관련이 있다.

뉴턴은 시간에 대해서도 똑같은 결론을 내렸다. 그는 절대적 시간과 상대적 시간을 구별했다. 절대적 시간은 일정하고 순수한 지속으로써 물질 세계와는 독립적으로 존재할 뿐 아니라 자연에서 일어나는 어떤 사건과도 무관하다고 주장했다. 절대적 시간은 일차원적이며 연속적이고 전체 우주를 통해 균질성을 갖고 있다는 것이다.

절대적이고 참되고 수학적인 시간은 그 본성상 외부의 어떤 것과도 관계없이 일정하게 흐르며 '지속(duration)'이라는 이름으로 부를 수 있다. 반면 상대적이고 피상적이며 상식적인 시간은 운동이라는 방법을 통해 어떤 (시간적인) 간격이 감각적이고 현상적으로 (이것이 정확하든 부정확하든) 측정된 것이다. 상대적 시간은 흔히 참된 시간 대신 사용되며 한 시간, 하루, 한 달, 일 년 등과 같은 것이 여기 속한다.

게다가 시간과 공간은 기계적 과정(기계적 과정은 운동하는 물체에 대해 독립적이다)과 무관할 뿐 아니라 서로간에 대해서도 상대적인 독립성을 유지한다고 여겨졌다.

뉴턴이 시간과 공간에 대해 이와 같은 개념을 가졌던 이유는 물질 세계가 입자로 이루어져 있다고 생각했기 때문이다. 당시의 과학 발달 수준에서 볼 때 모든 사물은 구체적 형태를 띠면서 공간의 한 곳에 제한된 상태로만 존재할 수 있었던 것이다. 물질에 관해 이와 같은 이해가 지배해 왔기 때문에 고대 사상가들은 세계는 단지 원자와 빈 공간(void)으로만 이루어져 있다고 생각했다. 이런 관념은 뉴턴에게까지 이어져 시간과 공간의 실체를 보는 데 철학적이고 자연 과학적인 기초가 되었다. 여기서는 시간과 공간은 서로 독립적인 실재로써 물질과는 아무런 관련을 맺지 않는다고 보았다.

시간과 공간에 대해 이와는 다른 개념이 뉴턴 이론과 나란히 오래 전부터 있어 왔다. 물론 이것은 논증에 있어 다소 문제가 있고 권위가 떨어지는 것도 사실이다. 이것은 아리스토텔레스에서 시작돼 데카르트·라이프니츠·톨런드(J. Toland), 그 밖의 여러 사상가들에 의해 발전됐다. 예컨대 라이프니츠는 뉴턴과는 달리 시간과 공간의 문제에 접근하면서 물질을 좀더 폭넓게 생각하고 있다(여기서 라이프니츠의 물질 개념이 갖는 철학적인 본질에까지 들어가지는 않겠다. 그는 물질을 정신적인 실체로 해석했다). 우선 라이프니츠는 뉴턴이 물질에 관해 제한적인 형이상학적 개념을 갖고서 시간과 공간의 개념을 끄집어냈다고 지적하면서 그렇기 때문에 뉴턴이 자연 속에서 시공이 갖는 심오한 속성을 밝혀내는 것은 불가능하다고 주장했다. 원자와 빈 공간만이 존재한다고 주장한 고대인들이 우리들의 세계관을 빈약하게 만들었을 뿐 아니라 물질 세계의 실재를 단순히 가장 간단한 원소가 존재하는 것으로 격하시킨 것도 이들이라고 강조했다. 그에 따르면 물질 세계는 입자 물질만이 존재하는 것으로 한정될 수 없었다.

현재의 물질의 양이 현재의 사물을 구성하는 데 가장 적절하다고 말할 수는 없다. 현재의 상황이 신이 더 많은 물질을 사용하는 것을 방해하고 있다면 현재의 사물의 구성이 절대적으로 적절하게 이루어져 있다고 할 수 없다는 얘기이다. 그러므로 (신이) 더 많은 무엇인가를 사용할 수 있도록 사물의 구성을 다른 것으로 선택하는 것이 나을 것이다.

라이프니츠는 물질의 개념을 물체에만 국한시킨 것이 아니라 빛과 자기 현상, 다른 '비감각적인 매개물'로까지 확대시켰다. 아리스토텔레스나 후기의 데카르트처럼 그는 진공, 즉 빈 공간의 존재를 인정하지 않았다. 물질은 모든 곳에 존재하며 물질이 존재하지 않는 곳은 없다고 생각했다.

저자는 진공에 대해 나와 반대되는 의견을 갖고 있다. ……그는 진공이란 용기에서 공기를 뽑아냄으로써 만들어지며, 완벽한 진공이 존재할 수 있다고 주장한다. 즉 용기 속에 티끌만큼의 물질도 존재하지 않는 공간이 생길 수 있다는 것이다. 아리스토텔레스주의자나 데카르트 추종자들——그들은 완벽한 진공을 받아들이지 않는다——은 어떤 유리 튜브나 용기에서도 진공은 존재하지 않는다고 얘기해 왔다. 왜냐하면 유리에는 아주 작은 구멍이 있는데 이 구멍으로 빛이나 천연 자석의 자기소 또는 다른 미세한 유동체가 흘러들 수 있기 때문이라는 것이다. 나도 이 주장에 동의한다.

이처럼 라이프니츠는 물질은 질적으로 다양한 형태로 존재할 수 있으며 단지 부분적인 경우에만 입자로 환원시킬 수 있다고 생각했다. 따라서 물질과 독립적으로 절대 진공과 절대 공간이 존재할 수 있다는 뉴턴의 주장을 받아들이지 않았다. 그는 시간과 공간은 물질의 속성을 갖고 있기 때문에 사물이나 자연 과정을 떠나서 생각할 수 없다고 강조했다. 물질이 어떤 질서와 관계 속에서만 존재해야 하는 것도 이 때문이다. 라이프니츠가 보기에 시간과 공간의 구조를 결정하는 것은 물질이었다. 그러나 그의 견해는 동시대 과학을 통해 확증되지 못했으며 그로 인해 과학자들도 그의 주장을 수용하지 않았다.

아일랜드 철학자인 톨런드*도 시간과 공간에 관한 뉴턴 이론의 한계점에 대해 똑같은 결론을 내렸다. 라이프니츠와 마찬가지로 그는 물질에서 출발해 시간과 공간을 탐구했으며 물질의 개념이 좀더 발전해야 할 것이라고 생각했다. 그러나 라이프니츠와는 반대로 그는 물질을 정신적인 실재가 아니라 객관적인

---

* 물질 세계 전체는 살아 있으며 영혼을 갖고 있다고 보는 물활론을 주장했다. 이때의 물활론은 의식을 자립화하는 관념론의 입장에 반대하기 위한 것으로, 유물론적 견해가 역사적 제약 속에서 성숙되지 못한 채 표현된 것이라고 평가된다.

실재로 간주했다.

  톨런드는 뉴턴의 진공 개념과 절대 시간, 절대 공간에 대해 비판을 가했다. 이런 개념은 물질이 서로 아무런 연관이 없이 독립적으로 존재한다고 생각하기 때문에 도출되는 것이라고 지적하고 이런 생각은 한계와 문제점을 내포하고 있다고 강조했다. 물질 세계는 단지 우리의 상상 속에서만 분리될 수 있을 뿐이며 절대 진공도 실제로는 존재하지 않는다는 것이었다. 물질의 구성을 분리하는 것은 우리의 물질관이 불완전한 데 기인한다고 보았다.

  진공 개념은 단지 연장(extension)으로만 정의하거나, 활동성이 없고 서로 별개인 여러 부분으로 쪼갤 수 있다는 물질관 때문에 빚어지는 수많은 오류들 중의 하나이다. 이런 가정에 입각해 있다면 진공이 없을 수가 없으며 여기에서 수많은 불합리한 점이 도출되는 것이다. 우리가 물질에서의 부분이라고 부르는 것은 물질 작용에 대한 다른 개념이거나 물질의 변형을 구별하기 위해 붙이는 호칭에 불과하다. 따라서 물질에서의 부분이란 단지 허구적이거나 상대적일 뿐 현실적이지도 않고 절대적으로 분리되는 것도 아니다.

  톨런드가 보기에 시간과 공간은 독립적인 실체로써 물질과 물질적인 과정을 벗어나서는 존재하지 않았다. 시간과 공간은 물질 세계의 속성들이다.

  수학자들은 사물과 분리된 시간과 양을 갖지 않는 점 등과 같이 물질 없는 공간을 상정했다. 철학자들도 물질의 운동을 설명하기 위해 물질과는 뚜렷이 구별되는 공간을 상상했다. 이 공간은 무한히 확장되며, 무형이고 움직임이 없고, 등질성을 갖고 분리될 수 없으며, 무한한 성질을 갖고 있다고 보았다.

수학에서의 새로운 흐름인 비유클리드 기하학이 시간과 공간 이론이 발달하는 데 지대한 역할을 했다. 새로운 흐름에 기초를 놓은 사람은 러시아 과학자인 로바체프스키(N. I. Lobachevsky)였는데, 그는 물질 세계의 속성을 깊이 연구해 이 같은 기하학을 창안해 냈다. 이 이전에는 물질의 공간적 형태를 다루는 수학이 유클리드 기하학 하나뿐이었다. 유클리드 기하학의 공리는 실제 생활에서 바로 확증될 수 있는 것들이었다. 이 때문에 유클리드 기하학은 절대적인 지위를 누려왔다. 뉴턴을 비롯한 모든 과학자들에게 유클리드 기하학은 공간의 속성을 가장 심도 있게 드러내 주는 이론적 기초가 되었다. 2,000년 이상에 걸쳐 이 하나뿐인 기하학의 권위는 신성불가침이었다. 로바체프스키가 유클리드 기하학의 절대적인 지위에 의문을 제기했을 때 대다수 과학자들은 그를 이해하지 못했다. 그의 의심할 여지없는 공적은 유클리드의 제5공리(평행선 공리)에 대해 이의를 제기했다는 데 있다. 제5공리에 들어맞지 않는 새로운 기하학을 도입했던 이를 통해 그는 객관적인 실재가 (유클리드 기하학 하나뿐만이 아니라) 또 다른 기하학 체계들에도 반영될 수 있다는 것을 증명했다. 이것은 물질의 공간적 속성이 이전에 생각해 오던 것보다 또 유클리드 기하학에서 기록됐던 것보다 훨씬 풍부하다는 것을 뜻했다.

로바체프스키가 새로운 기하학을 창출하는 데 성공할 수 있었던 것은 그가 자연의 본질과 통일성, 다양성에 대해 철학적으로 깊이 있게 접근했기 때문이다. 또 자연에 관해 우리들이 알고 있는 지식은 결코 자연을 완벽하거나 개략적으로도 반영하고 있지 못하다는 것을 그가 잘 알고 있었기 때문이기도 했다. 그는 자연에 관한 지식은 자연이 우리들에게 각인시키는 것이지 그 반대 작용(인간이 자연에게 지식을 불어넣는 것)은 아니라고 확신했으며 그렇기 때문에 우리들의 인식 작용은 현실(실재)의 분석으로부터 출발해야 한다고 강조했다.

비이성적인 사고 방식은 이제 그만두고 모든 지혜를 이성을 통해서만 끄집어내도록 노력하라. 자연에서 구하라. 그러면 자연은 모든 진리로 안내할 것이며 당신의 모든 의문에 대해 확실하고 만족스럽게 대답해 줄 것이다.

로바체프스키는 기하학의 제1대상은 물체여야만 한다고 생각했다. 평면·곡선·직선·점 등과 같은 기하학 개념들은 현실(실재)의 분석 결과를 추상화시켜 얻은 개념이라는 것이었다.

우리는 단지 자연에 존재하는 물체들만을 알 수 있을 뿐이다. 따라서 선이나 평면과 같은 개념들은 추론된 것이지 획득된 것은 아니기 때문에 이런 개념들을 수학의 기초로 받아들이면 안 된다.

주어진 직선에 평행하면서 한 점을 지나는 직선은 여러 개 있을 수 있다는 로바체프스키의 가정이나 이것으로부터 추론된 그의 정리들은 뉴턴의 (공간과 시간에 관한) 이론 체계와는 분명 모순된 것이었다. 그러나 그는 전혀 개의치 않았다. 왜냐하면 공간상의 관계에 관해 그가 이끌어낸 이론적인 결론은 물질 세계의 속성으로부터 나온 것이라고 생각했기 때문이다. 공간은 물질을 떠나서는 상상할 수 없다고 그는 강조했다. 만약 어떤 기하학이 삼각형의 세 각의 합은 항상 일정하다는 공리가 우리의 공간 개념을 위해 꼭 필요한 공리는 아니라고 주장한다면,

이런 주장의 참·거짓을 판별할 수 있는 것은 경험뿐이라고 할 수 있다. 예컨대 여러 가지 방법으로 삼각형의 세 각을 측정해 봄으로써 알아볼 수 있는 것이다. 인위적으로 만든 평면 위에 삼각형을 그리거나, 또는 공간에 삼각형

을 만들고 세 각을 측정하면 되는 것이다. 후자의 경우에는 변의 길이를 굉장히 길게 그리는 게 좋다. 왜냐하면 범기하학(pangeometry)의 이론에 따르면 두 각이 직각인 삼각형에서 세 각의 합은 길이가 길수록 그 차이가 눈에 띄게 커지기 때문이다.

얼마 뒤 또 다른 비유클리드 기하학이 등장했다. 헝가리 수학자 보여이(J. Bolyai)와 독일 수학자 리만(B. Riemann)은 유클리드 기하학과는 다른 공간적 특성이 존재할 수 있다는 로바체프스키의 주장을 재확인했다. 예를 들어 리만은 구면기하학(spherical geometry)을 고안했는데 이것은 둥근 구표면의 기하학적인 성질을 다룬 것이었다. 이를 통해 유클리드 기하학은 부분적인 특성을 지니는 것에 불과하다는 것이 다시 한 번 입증됐을 뿐 아니라 그 동안 유클리드 기하학을 절대화하고 모든 물질적인 실재에 확대·적용해 온 것은 불합리했다는 게 밝혀졌다. 유클리드 기하학의 절대화는 그 동안 기하학적 특성이 마치 자율성을 갖는 것 같은 느낌을 갖게 만들었다. 로바체프스키와 마찬가지로 리만은 자연에 존재하는 대상의 물리적 속성은 공간적 특성과 관계 있다고 보았다. 그는 물체들 사이의 빈 공간도 '각각의 점이 기하학적 공간 위에서 움직이는 물리학적 공간'이라고 부를 수 있는 물질로 채워져 있다고 가정했다.

시간·공간과 변증법적 유물론

이제 물리학은 물질을 장의 형태로 표현하는 데까지 이르렀고 수학은 비유클리드 기하학을 창출했다. 물리학과 수학 분야에서의 진보와 더불어 시간과 공간에 관한 이론이 발달하는 데 크나큰 자극을 준 것은 변증법적 유물론이었다.

알다시피 시간과 공간에 대해서는 철학 유파에 따라 서로 다른 접근 방법을 보여왔다. 몇몇 유파는 시간과 공간을 경험에 의존하지 않는 선험적인 범주로 받아들인 반면 다른 유파에서는 전적으로 인간의 지각에 의존하는 것으로 받아들였다. 제3의 유파에서는 시간과 공간을 물질적인 실재와는 분리해 물질 세계와 독립적으로 나란히 존재한다고 보는 등 여러 주장들이 있었다.

변증법적 유물론에서는 시간과 공간을 외부 세계를 반영하는 물질의 근본적인 속성일 뿐 아니라 물질의 존재 양식이라고 규정한다. 객관적인 실재가 갖는 일반 속성과 그들 사이의 관계는 시간과 공간으로부터 추출된다는 것이다. 시간과 공간은 보편적인 성격을 갖고 있다. 시간과 공간을 떠나서는 물질의 구성을 전혀 생각할 수가 없다. 엥겔스의 주장에 따르면 시간을 벗어나는 것은 공간을 떠나는 것만큼이나 엄청나게 불합리한 것이다.

변증법적 유물론에 관한 고전적인 저자들은 시간과 공간이 객관적인 성격을 지니고 있다는 것을 철학상의 주요한 문제에 답함으로써 우회적으로 증명했다. 레닌은 다음과 같이 강조했다.

> 객관적인 실재, 즉 운동하고 있는 물체가 우리의 정신과는 독립해서 객관적으로 존재하고 있다는 것을 인정함으로써, 유물론은 시간과 공간의 객관적인 실재성도 어쩔 수 없이 받아들이게 된다.

동시에 그들은 또 이 문제를 자연 과학이 거둔 업적에 근거해서 다루었다. 즉 자연 과학은 시간과 공간의 구조가 실재적이라는 것을 받아들이고 있었다.

> 과학은 과학의 탐구 대상인 물질이 3차원의 공간에 존재하고 있다는 사실을 결코 의심하지 않으며, 따라서 물질을 구성하고 있는 입자들도 그것들이 아무리 작아 우리 눈으로 볼 수 없다고 할지라도 3차원의 공간 내에 '필연적'

으로 갇혀 있어야 한다고 확신한다.

유물론적 변증법은 시간과 공간의 개념이 상대적인 특성을 가지고 있다고 지적해 왔다. 이것은 모든 지식은 좀더 완전한 지식을 향해 가는 도정에서 중간에 거치는 한 단계에 지나지 않는다는 상대적인 의미를 지적한 것이다. 그러나 시간과 공간에 관한 지식이 불완전하고 결점이 있고 앞으로도 변화될 가능성이 있다고 해서 이것이 시간과 공간의 객관성을 반영하지 않는다거나 단지 인간의 관념의 산물이라고 몰아붙일 수 있는 근거는 되지 않는다. 시간과 공간 그리고 운동은 상호 내적 연관성을 갖고 있다.

변증법적 유물론에 따르면 세계는 시간적으로 무한하고 공간적으로는 경계가 없다. 이것은 과학적 사실에 근거한 진술이며 또한 근본 원리적인 성격을 갖고 있다. 왜냐하면 여기에는 여러 측면에서의 고찰이 있기 때문이다. 뒤링(K. E. Dühring)은 시간과 공간의 객관성을 부인하는 한편, 시간적으로 세계가 창조되었으며, 공간적으로는 세계가 유한하다는 사상이 결코 유물론과 배치되는 것은 아니며 오히려 세계의 존재 조건이라는 것을 증명하려고 했다. 그러나 그의 이러한 시도는 결국 '최초의 충격(a first impulse)', '최후의 원인(a final cause)'이라는 개념을 받아들이도록 했다.

변증법적 유물론은 다음과 같이 널리 퍼져 있는 사상, 즉 시간과 공간에 대해 주관적인 해석을 내리는 사상을 꾸준히 비판해 왔다. 마흐는 시간과 공간은 일련의 감각·지각들이 질서정연하게 체계화된 것이라고 했고, 푸앵카레는 우리가 편리하게 찾아낸 논리적 범주라고 했으며, 보그다노프(A. A. Bogdanov)는 사회적 합의의 산물로, 피어슨(K. Pearson)은 시간과 공간은 단지 우리가 사물을 인식하는 양식일 뿐이라고 주장했다. 그 밖에도 주관적 해석을 내리는 여러 주장들이 있다. 레닌의 얘기를 들어보자.

과학적 지식과 일치되는 객관적인 사실이 있다(물론 이때 과학적 지식이라는 것도 과학 발달의 전 과정에서 상대적인 단계를 거치는 것에 불과하긴 하지만……). 즉 지구는 어느 사회보다 앞서 존재했으며, 모든 인간과 모든 유기물보다 선험적으로 존재해 있었다는 것, 또한 지구는 유한한 시간 동안 존재해 왔으며 다른 행성에 비해 한정된 공간을 차지하고 있다는 것도 명백하고 객관적인 사실이다.

레닌은 또한 시간과 공간을 주관적으로 해석하는 사람들이 저지르는 인식상의 오류는 그들이 물질을 객관적인 실재로 받아들이기를 거부하는 것이라고 지적했다. 그는 이런 오류는 객관적 지식이 갖는 상대성이라는 요소를 그들이 지나치게 절대화시켜 생각하기 때문이라고 꼬집었다.

내적 변화로서의 운동

운동의 문제에 관해 얘기해 보자면 과학자들과 철학자들 모두에게 운동은 오랫동안 탐구와 논쟁의 대상이 돼 왔던 문제이다. 논쟁은 주로 운동이라는 개념이 갖는 본질은 무엇인가, 물질 세계와 운동과는 어떤 관계가 있는가에 초점이 맞춰졌다. 이 문제는 이데올로기적으로도 중요한 의미를 띠고 있을 뿐 아니라 방법론적인 중요성도 아울러 갖고 있다. 어떤 자연 현상을 설명하는 데 성공하느냐 못하느냐는 대개 운동의 문제를 어떻게 해석하느냐에 달려 있기 때문이다. 나는 앞에서 기계적 유물론에 대해 언급하면서 만약 모든 운동을 기계적인 형태로만 환원시켰다면 자연 과학이 발달하는 데 엄청나게 부정적인 역할을 했을 것이라고 말한 적이 있다. 운동의 문제는 상대성이론의 철학적 해석과 관련해서도 몇 번 논의의 대상이 되었는데 여기서 다시 한 번 운동 개념이 갖는 본질에 대해 언급하고 넘어가야겠다.

이 문제는 역사적으로 오랜 근원을 갖고 있다. 고대 사상가들은 이미 운동에 관해 몇 가지 정확한 추측을 하고 있었다. 그들은 운동이 보편적 성격을 가지고 있다는 사실과 운동이 물질의 내재적인 속성이라는 사실에 주의를 기울였다. 개괄적인 형태로나마 운동을 가장 과학적으로 이해하고 표현했던 사상가는 헤라클레이토스였다. 그는 세계는 영원히 흐르고 바뀌며(모든 것은 유전하며 멈춰 있는 것은 아무것도 없다), 한 상태에서 다른 상태로 지나간다고 말했다. 그는 운동과 변화의 원인을 물질 자체에서 찾았다. 현실에서의 모든 변화는 필연적으로 상반되는 것들의 투쟁을 통해 일어난다고 그는 주장했다.

그러나 운동에 관해 고대인들이 개략적으로 갖고 있던 철학적 추측은 과학적으로 입증될 수가 없었다. 이것을 증명하는 것은 고전 역학의 전성기에 와서야 가능해졌는데, 이때는 이 문제가 과학적 탐구의 중심 과제로 떠올랐다. 운동 개념은 갈릴레이와 뉴턴에 이르러 가장 완벽하게 형성되었다. 필자는 앞에서 물질을 다루면서 그들의 공헌에 대해 강조한 적이 있다. 그러나 역학의 창시자들이 운동의 물리적 속성을 이해하는 데 큰 기여를 했지만 그들이 철학적으로는 약점을 지니고 있었다는 점도 아울러 지적했다. 이러한 약점 중의 하나는 그들이 기계적 운동을 절대화해 철학적 범주로까지 격상시킨 점이다. 자연과 사회에 나타나는 모든 현상을 기계적 운동으로 설명할 수 있다고 본 것이 그들의 잘못이었다. 게다가 어떤 의미에서 고전 역학은 운동을 물질과는 고립된 실재로 취급했다. 즉 물질과는 아무런 연관을 맺고 있지 않는 시공연속체(space-time continuum) 속에서 물체가 단순히 위치 이동하는 것 자체가 운동이라고 본 것이다. 물체의 운동은 물체 내부의 상태에는 아무런 영향을 끼치지 못한다는 관점이 고수되었다.

절대 운동은 물체가 어떤 하나의 절대적인 위치에서 다른 절대적인 위치로 옮겨가는 것이다. 그리고 상대적인 운동은 하나의 상대적인 위치에서 또 다른 상대적인 위치로 이동하는 것이다.

뉴턴이 천체 운동의 원천을 비물질적인 힘이라고 강조했을 때 그것이 의미하는 것은 기계적 운동 속에 갇힌 물질의 속성으로는 운동의 문제를 해결할 수 없다는 것을 선언한 것이다.

자연 과학은 이미 오래 전에 미시 세계의 구조까지 파고들었다. 이를 통해 운동의 물리적인 본질이 밝혀졌을 뿐 아니라 철학에서도 운동은 외부로부터 주어지는 것이 아니라 모든 물질에 내재해 있는 자연 자체의 하나의 속성이라는 것을 받아들이게 되었다. 이 점에서 18세기 몇몇 유물론자들의 사상은 흥미롭다. 그들은 운동에 관한 이론을 세우면서 당시에 널리 퍼져 있던 뉴턴의 '초기 충격' 개념을 받아들이려고 하지 않았다. 대신 이미 확립된 '활성이 없고, 움직일 수 없는' 물질이라는 개념과 관찰된 자연 현상 사이의 연관을 찾으려고 애썼다.

그 둘의 관계에 대해 언급하자면 톨런드가 운동 문제를 심오하게 분석해 놓은 것이 도움이 된다. 그는 자연을 주의 깊게 관찰한 뒤 여러 학자들이 주장하듯이 물질은 내재적인 활동을 배제하고서는 제대로 묘사(표상)할 수 없다면서, "나는 물질이 절대적인 휴식(평정) 상태에서 죽은 듯이 있는 덩어리이며 또 여태까지 쭉 그 곁에 있어 왔다는 주장을 받아들이지 않는다"라고 결론을 내렸다. 톨런드는 기계적인 운동과 총체적인 운동, 즉 모든 물질 세계에 적용되는 운동을 구별했다. 기계적 운동은 단순히 물체가 공간상에서 이동하는 것, 즉 구체적인 활동을 하고 있는 상태이거나 그 결과인 데 반해 총체적인 운동은 자연의 동인, 즉 자연을 움직이는 동력이라는 것이었다.

사태를 좀더 잘 파악할 수 있게 됨에 따라 나는 공간적인 운동, 즉 직선이나 곡선 운동, 빠르거나 느린 운동, 단순하거나 복합적인 운동 같은 것은 여전히 '운동'이라고 부르겠지만, 총체적인 운동(Motion of the Whole)은 작용(Action)이라고 불러야 한다고 생각한다. 왜냐하면 총체적인 운동은 물질 세계의 모든 부분에 변화를 일으키는 '결정 인자'로서 이것이 없으면 어떤 변화도 일어날 수가 없기 때문이다.

톨런드는 이런 개념상의 혼돈, 즉 원인과 결과를 동일시하거나 기계적인 공간상의 이동과 운동 일반을 같은 계열에 놓고 생각하는 것이 혼돈을 일으켜 사람들이 쉽게 받아들일 수 없을 것이라는 데 주의했다. 그러한 혼돈으로 말미암아 많은 학자들이 운동의 원인을 일반적으로 물질 세계의 외부에서 찾으려고 눈을 돌렸다는 것이다.

…… '작용(action)'이나 '운동을 일으키는 힘(moving Force)'이 둘 다 운동이라는 이름으로 흔히 불리고 있다. 그래서 결과와 원인이 서로 뒤죽박죽이 되어버렸다. 이것은 많은 사람을 당황하게 했고 불합리한 세계로 몰고 갔다. 그러나 물질의 변화를 계속 연구해 온 사람들은 작용이 변화의 원인이라고 일관되게 주장해 왔다. 그 외의 다른 어떤 것도 주장 속에 포함되어 있지 않았다. 이것을 바탕으로 우리는 공간상의 운동은 변화의 결과라고 쉽게 설명할 수가 있다. 그 외 다른 의미는 없다(혼동할 이유가 전혀 없는 것이다).

톨런드는 기계적인 운동을 물질과 분리해 어떤 비물질적인 실재로서 독립시키려는 시도를 경계했다. 그는 물체가 정지해 있는 것이 운동의 절대적인 부재(不在) 또는 부정을 의미하는 것은 아니라고 주장했다. 공간에서의 물체의 기계적인 이동과 마찬가지로 정지도 상대적이다.

지금은 널리 알려져 있는 사실이지만 정지는 절대적인 무활동의 상태 혹은 결핍이 아니다. 물체를 움직이기 위해서 힘이 필요한 것과 마찬가지로 물체를 정지 상태로 유지하기 위해서도 똑같이 힘이 필요하다. 그러므로 공간상의 운동과 정지는 단지 상대적인 용어일 뿐이며 서로 뒤바뀔 수 있는 양식이다. 그리고 결코 궁극적인 실재도 아니다.

톨런드는 자연에는 절대적으로 정지 상태에 있는 입자가 있을 수 없다고 결론지었다. 모든 것은 운동중이거나 유전(flux)하고 있다. 연장(extension)과 마찬가지로 운동도 물질의 실재적인 속성과 관련돼 있다는 것이었다.

그래서 나는 물질에는 운동이 필수적이라고 주장한다. …… 나는 이 개념 하나를 통해 우주에 퍼져 있는 모든 운동을 설명할 수 있기를 바란다. 진공은 있을 필요도 없고 있지도 않으며 운동을 빠뜨리고서는 물질은 정확히 정의될 수 없다는 걸 보일 수 있었으면 한다. 나아가 전에 언급했던 운동을 일으키는 힘과 정지에 관련된 난점도 이 개념 하나로 풀릴 수 있을 것으로 본다.

톨런드는 이처럼 물질과 운동 사이의 연관 관계——자연 과학은 이 관계를 한참 뒤에야 알아냈다——를 개략적으로나마 정확하게 표현했다.

운동의 문제는 18세기 프랑스 유물론자들의 철학 저술 속에서도 언급이 되었다. 그들 주장의 일부는 자연 과학이 밝힌 몇몇 사실들로 보강이 되기도 했다. 예를 들어 디드로는 물체 자체는 어떤 활동이나 힘도 내부적으로 보유하고 있지 않다고 주장하는 철학자들, 즉 (물체가 활동하거나 운동하는 것은) 외부에서 어떤 효과가 물체로 이른바 양도되기 때문이라고 생각하는 철학자들을 비판했다. 그는 외부의 기계적인 작용이 물체에 영향을 주긴 하지만 이 영향력은 거의 무시할 수 있을 정도일 뿐 아니라 순간적인 것에 지나지 않는다고 강조했다. 물질을 변화시키는 주요한 동력은 그 자체 내에, 즉 분자와 원자들 속에 있다는 것이었다. 그리고 이러한 내부의 힘(inner force)은 양적으로는 거의 무한하다고 보았다. 외부로부터 분자에 작용하는 힘은 소진될 수 있지만 분자 내부의 힘은 결코 소멸되지 않는다고 그는 주장했다. 내부의 힘은 영속적이며 일정하다고 보았다.

홀바흐도 비슷한 의견을 갖고 있었다. 그도 운동을 두 가지 주요한 형태로 구분했다. 기계적이고 외부적인 운동이 그 하나이고, 다른 하나는 운동의 내적 형태를 가리켰다. 전자는 우리가 쉽게 알 수 있는 것이지만 후자는 겉으로 나타나는 차이점과 변화로는 직접적인 확인이 곤란한 것이었다. 그는 운동이란 자연의 몇몇 일부분에서만 발생하는 우연한 사건이 아니라 모든 객관적인 실재를 통해 관철되는 것이라고 생각했다. 운동은 외부로부터 자연에 도입된 것이 아니라 자연계에 고유한 내재적인 것이며 자연 그 자체로부터 유도되는 것일 뿐 아니라 자연의 주요한 속성이며 존재 양식이라고 보았다.

> 자연에 관한 사상은 필연적으로 운동 개념을 포함하고 있다.……운동은 물질의 본질로부터 당연히 유도되는 존재의 한 형태이다. 물질은 자신의 에너지를 이용해 운동하며, 물질 속에 내재된 힘을 통해 움직인다. 물질의 운동 양태가 다양하게 나타나는 이유는 자연계에 퍼져 있는 물질들이 그 속성과 질, 이 둘의 결합 형태에서 원래부터 그만큼 다양하게 존재하고 있기 때문이다.

홀바흐는 몇몇 학자들이 운동을 물질로부터 분리하고 운동의 원인을 외부에서 작용하는 힘으로 돌리려고 한다고 지적하면서 그들이 이렇게 주장하는 까닭은 그들의 단순한 원칙, 즉 자연 그 자체로부터 얻어지는 어떤 의미도 물질 개념에 부여하지 않겠다는 원칙 때문이라고 꼬집었다. 만약 자연주의자들이 자연을 탐구하는 데 좀더 신경을 썼더라면 그들은 아마 다른 결론을 얻었을 것이라고 그는 설명했다.

우리가 자연을 모든 속성이 배제된 한낱 죽은 물질 덩어리나 혹은 완전히 수동적인 것으로 이해하는 한 물질의 운동 원리를 설명하기 위해 어쩔 수 없이 자연의 바깥으로 눈을 돌리지 않을 수 없다. 그러나 자연을 있는 그대로 받아들인다면, 즉 다양한 부분들이 다양한 속성을 갖고 있는 총체적인 자연, 이러한 속성에 의거해 작용과 반작용이 서로간에 영원히 계속되며, 무게를 갖고 공통의 중심을 향해 구심력을 받고 또 밖으로 벗어나려고 하기도 하며(원심력), 인력과 척력이 작용하고, 뭉치기도 하고 흩어지기도 하며, 서로 가까이 접근해서 충돌해 새로운 물체를 만들거나 해체하기도 하는 등의 자연을 그 자체로 받아들인다면 사물의 구성 및 우리가 느끼는 제반 자연 현상을 설명하기 위해 굳이 초자연적인 힘에 의지할 필요가 전혀 없을 것이다.

운동과 변증법적 유물론

운동을 다룬 철학 이론이 한 단계 진전하게 된 배경에는 당연히 헤겔이라는 이름이 연루돼 있다. 비록 그가 행한 운동에 관한 분석 중 일부는 17세기와 18세기의 몇몇 철학자들이 이미 발견한 진리로부터 조금 벗어나긴 했지만 말이다. 헤겔이 분석 대상으로 삼은 것은 자연의 과정, 즉 보편적인 운동과 변화에 대한 것이었다.

헤겔은 기계적인 철학(mechanistic philosophy)을 설득력 있게 비판한 최초의 철학자였다. 그는 운동과 기계적인 이동을 동일하게 본 형이상학적 유물론자들의 한계를 지적하고 운동 개념의 범위를 확장시켰다. 그는 운동을 단지 기계적인 이동으로서만이 아니라 물리적·화학적·생물학적 나아가 사회적 과정으로 파악했다. 운동의 원인은 상반되는 것들의 상호 투쟁이라고 그는 생각했다. 모순(contradiction)이 모든 운동과 생명력의 뿌리라는 것이다. 무엇이든지 자체 내에 모순이 존재하는 한 그것은 운동하며 자체 내에 주진력과 활동력을 갖고 있다는 주장이었다. 변화의 일반 법칙을 발견한 것도 헤겔의 공헌이었다. 그러나 그가 내린 운동에 대한 변증법적인 해석에는 새로운 의미가 추가되었다. 헤겔은 운동하는 것은 물질 세계가 아니라 물질에 구현돼 있는 절대 정신이라고 주장했다. "자연은 한 단계는 다른 단계로부터 필연적으로 기인하며 각 단계는 그 단계가 만들어내는 진리의 근사치를 갖는 '단계들의 체계(a system of stages)'라고 볼 수 있다"고 헤겔은 썼다.

운동에 관한 이론은 변증법적 유물론에 이르러 개화했다. 이것은 종전의 유물론의 성과와 헤겔식 변증법이 거둔 진전, 그리고 자연 과학과 사회 과학의 업적 등을 종합함으로써 이루어졌다. 무엇보다도 변증법적 유물론의 창시자들은 운동이 보편적 성격을 갖는다는 것을 실증하고 이것을 물질 세계와 정신 세계 나아가 사회 현상으로까지 확대 적용시켰다.

운동은 철학적이고 과학적인 범주로서 기계적 유물론에서 주장하듯이 어떤 한 가지 형태의 운동으로만 간주할 수 없다고 그들은 강조했다. 물질의 운동에는 기계적인 이동만 있는 것이 아니다. 거기에는 열도 있고 빛도 있으며, 전기, 자기, 그리고 화학적 결합과 분해·생명·의식까지도 포함된다는 것이었다. 변증법적 유물론은 운동을 통해 물체의 양적인 변화만 보는 것이 아니라 질적인 변화도 아울러 본다. 엥겔스는 "운동은 단순히 위치의 이동일 뿐만 아니라 역학보다 더 차원이 높은 분야에 속하며 또한 질적인 변화이기도 하다"고 썼다. 이것과 관련해 엥겔스는 에너지 보존 법칙을 제한적으로 해석하는 것은 잘못이라고 보았다. 당시의 에너지 보존 법칙에는 양적인 측면만 고려되고 있었던 것이다. 그는 운동 과정에서 질적인 내용이 어떻게 바뀌는가, 한 종류의 에너지가 또 다른 종류의 에너지로 어떻게 변화하는가를 중점적으로 관찰했다. 이처럼 엥겔스가 물질의 운동 형태를 분류해 준 덕분에 그 동안 운동에 관해 떠돌던 고립되고 모순된 여러 사실들이 하나의 조화로운 체계 속으로 편입되었다.

변증법적 유물론에서는 고정된 물체나 평형 상태를 절대화해서는 안 된다고 보고 있다. 왜냐하면 정지 상태나 평형 상태는 상대적인 개념이기 때문에 운동 형태와 관련지어서만 생각해야 한다는 것이다. 운동에 관한 지식은 물리학·화학·생물학·천문학·정치경제학·역사 등 현재까지 알려진 모든 과학적인 사실을 동원해도 완벽하게 될 수가 없다. 즉 운동을 현재까지 발견된 어떤 구체적인 양식과 형태로 규정하는 것은 불합리한데, 왜냐하면 (엥겔스가 얘기했듯이) "운동은 모든 물질에 적용되는 것으로서 변화 그 자체"이기 때문이다.

운동은 이렇게 정의하는 것이 가장 일반적이다. 그것은 기계적·물리적·생물학적·사회적인 운동 형태와 현재까지 알려져 있고 앞으로 발견될 다른 모든 운동 양식과 형태를 포괄한다.

변증법적 유물론은 운동을 단지 물질의 탐구와 관련해서만 생각한다. 물질은 운동 없이는 상상할 수 없고, 마찬가지로 물질 없는 운동도 꿈꿀 수 없다. 이 두 철학적인 범주는 상호 내적 연관을 맺고 있다.

> 그러므로 운동 그 자체를 비롯해 기계적 힘과 같은 어떤 운동 형태도 물질과 분리될 수가 없다. 운동과 물질을 마치 서로 별개인 것처럼 구분하면 반드시 모순에 빠지게 된다.

결국 운동은 창조되지 않는다. 물질처럼 운동도 영원히 존재한다. 자연에는 하나의 운동 형태로부터 다른 운동 형태로의 상호 변환만이 있을 뿐이다. 그러나 운동은 물질과 마찬가지로 구체적인 운동 양식 및 형태를 통해서만 제대로 이해될 수 있다.

물질 그 자체, 운동 그 자체는 여태껏 그 누구도 보거나 경험하지 못했다. 그것들은 단지 현실적으로 존재하는 다양한 물체 및 운동 형태를 통해서 보고 경험할 뿐이다. …… 운동 그 자체는 감각을 통해 지각되는 모든 운동 형태의 총체화에 지나지 않는다. 물질이나 운동과 같은 단어는 하나의 약호에 불과하다. 이 약호가 갖는 공통된 속성에 의거해 감각적으로 받아들인 수많은 사물들을 이해하는 것이다.

변증법적 유물론에서는 운동을 물질과 분리하지 않으며, 물질 내부의 고유한 본질적인 속성으로 보고, 물질이 가진 속성 중 으뜸으로 친다. 마르크스는 "물질의 고유한 속성 가운데 운동이 제1이며 영원하다"고 말했다. 엥겔스에 따르면 운동은 물질의 존재 양식이므로 물질의 단순한 속성 이상의 의미를 띠고 있다.

19세기 중반에 운동에 관한 이론이 수립됐는데, 이것은 자연 및 사회 현상을 설명하는 데 철학적으로 믿을 만한 방법론적 기초가 되었다. 그런데도 개별 과학자들은 운동의 문제를 다루면서 방법론적으로 오류를 범하곤 했다. 물리화학자인 오스트발트의 예를 들어보자.

오스트발트는 물리학이 발견한 새로운 사실들에 근거해 운동의 본질에 관해 많은 결론을 이끌어냈으나 이들 결론은 당시의 과학이 일반적으로 받아들인 관점과는 크게 벗어나 있었다. 그는 에너지가 물질의 속성으로 가장 공통되고 유일한 실재라고 간주하고(즉 에너지가 물질과 동일하다고 보고), 에너지를 물질뿐 아니라 운동으로부터도 고립시켰다. 그는 세계가 오직 '에너지적 요소'와 물질과 상관없는 운동으로만 구성돼 있다고 보았다. 자연 과학은 물질의 개념을 전혀 필요로 하지 않는다는 것이 그의 주장이었다. 에너지의 속성을 통하지 않고는 물질은 이해될 수도 없고 정의될 수도 없다는 것이었다.

에너지가 실재로서 점점 자리잡아감에 따라 물질에 대한 요구는 사라지고 있으며 이제 물질에는 전통 외에 남아 있는 권리가 아무것도 없다. 자연 과학의 발달에 발맞추어 물질은 에너지를 받아들여야 할 뿐 아니라 나아가 임기가 다된 통치자처럼 자신의 자리를 에너지에게 전적으로 넘겨 주어야 한다. 이제 물질은 존경받는 선임자로서의 칭송만 남고 점차 사라져야 될 운명이다.

오스트발트는 사고 활동도 에너지의 과정으로 환원시켰다. 왜냐하면 이런 종류의 활동도 에너지의 변환이 없으면 일어나지 않는다고 보았기 때문이다.

만약 우리의 정신적인 과정들이 에너지와 관계가 있고 또 이 속성을 외부 현상에도 적용시킬 수 있다는 걸 보일 수 있다면 외부의 모든 사건들이 에너지들 사이의 과정이라는 걸 쉽게 설명할 수 있을 것이다.

오스트발트는 물질 개념을 에너지 개념으로 대체시키려고 노력했다. 왜냐하면 에너지 개념이야말로 세계를 범주적으로 설명하기 위한 가장 일반적이면서 첫머리를 차지하는 개념이라고 보았기 때문이다. 그는 이를 통해 물질과 의식 사이의 해묵은 문제도 해결할 수 있으리라고 생각했다.

물질과 정신의 개념 둘 모두를 에너지 개념에 종속시켜 두 개념을 통일시킴으로써 오래된 난관을 간단하고 자연스럽게 해결한 것은 상당히 유익하게 보인다. 앞으로 철학이 지향해야 할 방향——지금은 다소 힘들어 보이지만——도 이와 동일한 방향이 돼야 할 것으로 보인다.

레닌은 『유물론과 경험비판론*Materialism and Empirio-Criticism*』에서 물리학의 위기를 진단하면서 오스트발트의 '에너지론'을 비판했다. 그는 다음과 같이 강조했다.

운동을 물질로부터 분리하는 것은 마치 사유 활동을 객관적인 실재로부터 분리하거나 내 자신의 감각을 외부 세계로부터 분리하는 것과도 똑같다. 다시 말해 그것은 관념론을 받아들이는 것이다. 물질과 상관없는 운동을 가정하면서, 즉 물질을 부인하면서 흔히 사용하는 속임수는 바로 물질과 사유 사이의 관계를 무시하는 데 있다. 마치 이 물질과 사유 사이의 관계가 존재하지도 않는 것처럼 처음에 문제를 제기하지만 실제로는 은밀하게 이 관계를 끌어들인다. 애초에는 이 관계가 표현되지 않다가 어쩔 수 없이 점차 나타나게 되는 것이다.

많은 철학자들과 과학자들이 오스트발트의 개념에 반대하고 또 진보된 과학에서 그의 개념이 입증되지 못했는데도 어떤 학자들은 수시로 그를 부활시켰다. 그의 새로운 제자들은 이제 상대성이론에 자신들의 토대를 두고 물질을 에너지로 환원시키려고 시도한다. 나는 앞으로 상대성이론의 철학적 본질을 탐색하면서 이 점에 대해 다시 거론하게 될 것이다.

제3장
특수상대성이론의 발생과 철학

물리학·수학·철학의 종합 · 211
로렌츠의 이론 · 214
푸앵카레의 이론 · 218
전자기 현상의 철학적 본질 규명 · 234

물리학·수학·철학의 종합

상대성이론은 복합적인 성격을 지니고 있지만 그 중에서도 특히 시간과 공간의 물리적인 문제에 대해 관심을 집중한다. 과학사를 통해 볼 때 시간과 공간에 대한 이론은 몇몇 과학, 즉 물리학·수학·철학에 기초해 발달해 왔다. 시공에 관한 이론을 형성하고 발전시키는 데 주요한 공헌을 했던 몇몇 뛰어난 이름을 대보면, 수학자로는 유클리드, 로바체프스키, 리만, 물리학자로는 뉴턴과 아인슈타인, 철학자로는 아리스토텔레스, 라이프니츠, 톨런드 등이 포함된다.

상대성이론과 시공에 관한 새로운 관점은 아인슈타인이 물리학·수학·철학의 성과들을 종합함으로써 탄생할 수 있었다. 그는 바로 앞선 선배들뿐 아니라 한참 멀리 떨어진 전임자들에게서도 많은 영향을 받았다. 그는 그 분들에게 공을 돌리고 고맙게 생각했다. 아인슈타인은 고대인들의 사상을 연구하는 데 많은 시간을 보냈으며 실제로 근대 물리학이 기초로 삼고 있는 과학적 전제들 중 상당 부분은 이미 고대부터 발생했던 것이라고 강조했다.

우리는 고대 그리스를 서양 과학의 발상지로 떠받든다. 인류는 그리스에서 최초로 경이로운 논리 체계를 목도하게 되는데, 이 체계는 공리들 중의 어느 것 하나도 결코 의심할 바 없을 정도로 정확성을 띠고 한 단계 한 단계 발전했다. 이것은 다름아닌 유클리드 기하학을 가리킨다. 이 놀라운 이성의 승리로 말미암아 인류는 이후에 인류가 위업을 쌓아 가는 데 필요한 인간 지성에 대해 뚜렷한 확신을 갖게 됐다. 만약 유클리드를 통해 당신의 젊은 열정이 고무되지 않는다면 당신이 과학적인 사고를 갖기는 힘들 것이다.

아인슈타인은 로마시대의 사상가 루크레티우스와 그 밖에 과거의 여러 사상가들의 철학 사상도 높이 평가했다. 그는 고전 역학이 결점과 한계가 있다는 것을 알았지만 그런데도 고전 역학의 창시자들은 상대론적 물리학이 발달하는 데 큰 역할을 했다고 지적했다. 그는 "오늘날 물리학자들의 사고에는 뉴턴이 제창한 기본 개념들이 상당히 작용하고 있다"고 썼다. 그는 또 갈릴레이에게도 공을 돌렸다. 왜냐하면 갈릴레이는 상대성의 원리, 즉 등속 직선 운동을 하는 모든 좌표계에서는 역학 법칙이 항상 동일하게 작용한다는 원리를 처음으로 명확히 밝혀냈기 때문이다. 이 원리가 상대성이론으로까지 발전한 것이었다.*

아인슈타인은 상대성이론이 형성되는 데는 고전 역학의 창시자들이 갖고 있던 인식상의 개념도 큰 역할을 했다고 강조했다. 다른 과학자들과는 달리 그는 고전 역학의 창시자들의 연구에 나타난 인식 과정에서 변증법적 유물론적 요소를 발견했을 뿐 아니라 새로운 사고 방식의 맹아를 보았던 것이다.

그러나 뭐니뭐니 해도 상대론적 물리학이 발전하는 데 가장 눈에 띄는 기여를 한 사람은 아인슈타인의 직접적인 선배인 로렌츠와 푸앵카레였다. 이 몇 가지 경우만 보더라도 상대성이론을 과학적으로 분석하기 위해서는(여기에는 상대성이론을 누가 먼저 발견했느냐 하는 우선권 문제도 포함된다) 세 측면 즉, 수학·물리학·철학을 모두 고려 대상에 넣어야 한다는 것을 알 수 있다. 내가 보기에 상대성이론을 분석한 많은 연구에서 공통적으로 발견되는 오류는 세 측면들 중의 어느 한두 가지만 지나치게 절대화한다는 것이다. 수학의 역할을 과대평가하는 측에서는 로렌츠와 푸앵카레에게 우선권을 준다. (반면) 아인슈타인에게는 철학적이고 물리학적인 측면에서 부록 정도의 역할만을 할당하는 것이다.

아인슈타인은 상대성이론이 탄생할 수 있었던 것은 물리학이 객관적 실재의

---

* 상대성의 원리와 상대성이론은 구별해야 한다. 상대성의 원리는 본문에서 설명하듯이 등속 직선 운동을 하는 모든 좌표계에서의 역학 법칙의 동일성을 뜻하는 것이고, 상대성이론은 아인슈타인의 특수상대성이론과 일반상대성이론을 통칭하는 용어이다.

새로운 속성——이것은 처음에 과학자들도 기이하게 여긴 '장으로 된 물질(field matter)'을 가리킨다——을 발견했기 때문이라고 강조했다.

그러면 아인슈타인은 어떤 방법을 통해 상대성이론에 도달할 수 있었던가? 전임자인 로렌츠와 푸앵카레가 기여한 점은 무엇이었나? 이 문제에 답하기 위해서는 당시의 물리학이 상대성이론이 발현하기 직전의 상태에 있었다는 것을 기억해야 한다. 당시의 물리학은 무엇보다도 입자 물질의 속성을 연구해 새로운 사실을 많이 흡수했다. 물질 세계에 입자의 영역이 존재한다는 것은 이미 고전 물리학이 완벽하게 법칙으로 이끌어낸 사실이었다. 장의 형태를 띤 물질이 있다는 사실은 많은 과학자들에게 혼란을 불러일으켰다. 빛은 간섭과 회절 현상이 있기 때문에 파의 성질을 갖고 있다고 생각되었다. (이때 빛 자체가 전달되는 것이 아니라) 가상적인 매개물, 즉 에테르가 역학적인 진동을 하기 때문에 전달되는 것이라고 물리학자들은 생각했다.

빛의 본질을 발견하는 데 이정표 역할을 한 것은 패러데이와 맥스웰의 연구였다. 그들은 빛이 전자기적 성질을 지니고 있다고 발표했다. 맥스웰은 빛은 (에테르의 역학적인 운동이 아니라) 전자기적 현상이라고 해석했던 것이다.

그때까지는 무게를 가진 물질 이외에 빛을 전달하는 매개물인 에테르가 별도로 존재한다고 믿었기 때문에 물리학자들은 이 둘 사이의 상호 작용에 관한 의문에 부딪쳤다. 이 의문을 풀기 위해 몇 가지 가정이 제기되었는데, 그 중에서도 가장 단순한 것은 다음의 두 가지 서로 경쟁하는 가설이었다. 하나는 에테르가 운동하는 물질 속에 포함돼 있다는 가정이었고, 다른 하나는 에테르는 절대적인 정지 상태에 있다는 가정이었다. 첫 번째 가정은 피조(A. Fizeau)의 실험 결과를 설명할 수가 없었다. 피조는 물질의 운동이 에테르에 얼마만큼 영향을 끼치는가를 알아보기 위해 (한 번은) 튜브 속에 물이 흐르게 한 다음 빛을 투과시켰고 또 한 번은 정지해 있는 물에 광선을 쏘았다. 결과는 물(물질)의 운동 속도가 빛의 투과 속도에 전혀 영향을 끼치지 않는 것으로 나타났다(만약 첫 번째 가정처럼 에테르가 운동하는 물질이라면 흐르는 물에 의해 에테르의 운동이 영향을 받기 때문에 결국 빛의 진행 속도에도 크든 작든 영향을 끼쳐야 할 것이다—옮긴이 주). 두 번째 가정은 물리학적인 측면뿐 아니라 철학적으로는 중대한 의미를 내포하고 있었다. 만약 에테르가 (절대) 정지 상태에 있다는 가정이 입증되었다면 그것은 바로 에테르가 뉴턴이 얘기한 절대 공간과 동일하다는 것을 증명한 셈이 되었을 것이다.

로렌츠의 이론

에테르가 고정되어 있는 것으로 보았던 로렌츠는 피조의 실험과 다른 전자기현상을 모두 설명해 줄 수 있는 이론을 창안해 냈다. 로렌츠에 따르면 에테르는 절대 부동의 상태에 있기 때문에 지구에서 행해지는 실험을 통해 (에테르를) 관측할 수가 있다는 것이었다. 왜냐하면 지구가 에테르 속에서 운동하기 때문에 지구와 에테르의 상대적인 운동이 빛의 전파에 끼치는 영향을 우리가 관찰할 수 있다는 주장이었다. 그러나 로렌츠는 에테르 속에서의 지구의 절대적인 운동을 실험을 통해 발견하기는 불가능하다는 것을 이론적으로 밝혔다. 왜냐하면 빛의 속도와 (지구와 에테르의) 상대적인 운동 속도의 비율이 워낙 미미해 실험적으로 감지할 수 없기 때문이었다. 그러나 마이컬슨(A. A. Michelson)과 몰리(E. W. Morley)는 더 정밀한 장치로 실험*을 했는데 결과는 (로렌츠가 예상했던 것과는) 반대로 나타났다. 로렌츠의 이론이 틀렸다는 것이 입증된 것이다.

---

* 에테르의 실재를 규명할 목적으로 1881년 마이컬슨이 빛의 간섭을 이용해 실험한 '마이컬슨-몰리 실험'으로 에테르의 존재를 확인하지 못했다. 1887년에 몰리와 함께 다시 실험했으나 결과는 마찬가지였다. 이 실험은 에테르의 개념이 무의미하다는 걸 입증해 상대성이론이 탄생할 수 있는 기반을 제공했다.

로렌츠는 자신의 이론을 고수하기 위해 수축(contraction)*이라는 새로운 가정을 도입했다. 에테르와 상대적인 운동을 하는 물체는 운동하는 동안은 어느 정도 그 길이가 줄어든다는 것이었다. 그러나 실험에 사용되는 측정 기구도 똑같이 수축하기 때문에 서로 상쇄돼 결과는 수축된 것으로 나타나지 않을 것이라고 주장했다.

로렌츠는 또 국부적 시간(local time)**이라는 개념도 도입해 자신의 이론을 진전시켰는데 이것은 상대성이론의 발견으로 가는 도정에서 한 단계 큰 도약이었다. 그는 다양한 속도로 운동하는 계(system) 속에서 시간과 좌표가 어떻게 변환되는가를 공식으로 만들었다. 이 공식은 특수상대성이론의 수학적 기초가 되었다. 로렌츠의 전자론과 전자기학 및 광학 이론, 그리고 에테르의 문제를 설명하기 위해 그가 발전시킨 많은 개념들 등이 없었다면 상대론적 물리학의 탄생은 한참 뒤로 미뤄졌을 것이다. 아인슈타인은 로렌츠가 발견한 것들을 아주 높이 평가했다.

로렌츠는 이 간단한 공식에 기초해 그때까지 알려진 모든 전자기적 현상과 운동하는 물체의 전기 역학 현상을 설명하는 완벽한 이론을 만들어냈다. 그 공식은 경험 과학에서는 드물게 일관성·명료함·아름다움을 갖추고 있었다. 이것으로 설명할 수 없었던 유일한 현상은 유명한 마이컬슨-몰리 실험뿐이었다.

---

* 로렌츠의 수축 : '마이컬슨-몰리 실험'을 설명하기 위해 로렌츠가 1893년에 제안한 가설. 등속 운동을 하는 물체는 운동 방향에 대해 $\sqrt{1-(V/C)^2}$ (v : 물체의 속도, c : 진공 속의 광속)의 비율만큼 줄어든다는 것. 피츠제럴드도 독자적으로 이 가설을 세워 '피츠제럴드-로렌츠 수축'이라고도 한다.
** 로렌츠 수축의 가설이 마이컬슨-몰리 실험을 완전히 설명하기 위해서는 시계도 정지계에서 볼 때 $\frac{1}{\sqrt{1-(V/C)^2}}$ 만큼 늦어져 보여야 한다. 이 시간을 국부적 시간이라 한다.

아인슈타인은 로렌츠의 연구가 전자기장 개념을 하나의 독립된 실재로 격상시켰던 점에 주의를 기울였다. "그는 설득력 있는 방식으로 변화를 가져왔다. 그의 주장에 따르면 원칙적으로 장은 빈 공간에서만 존재한다."

로렌츠가 발견한 시간과 좌표의 변환 공식은 과학 발전에 심대한 영향을 주었다. 소련의 물리학자인 라자레프(P. P. Lazarev)는 그것이 상대성의 원리가 발달하는 데 자극제가 되었다고 평가한다.

나중에 이 변환 공식은 아인슈타인의 상대성이론에서 얻어지는 여러 결과들 중 하나가 되었다. 그러므로 우리는 이론 분야에서 로렌츠를 근대 상대성이론의 창시자들 속에 포함시켜야 한다.

로렌츠의 발견에 대해 응분의 평가를 하면서도 아인슈타인은 그가 변환에 대해 잘못 해석한 부분이 있다는 것을 지적했다.

로렌츠는 나중에 그의 이름을 따서 붙여진 '로렌츠 변환 공식'을 발견하긴 했지만 그것의 전반적인 성격은 제대로 알지 못했던 것 같다. 그는 맥스웰 방정식이 빈 공간에서 특정한 좌표계(정지해 있음으로써 다른 모든 좌표계와 구별되는 좌표계)에서만 성립한다고 생각했다. 이것은 정말 역설적인 상황인데, 왜냐하면 고전 역학보다도 훨씬 더 강력하게 관성계를 좁은 범위에 한정시키는 것으로 보이기 때문이다. 이런 상황은 결국 특수상대성이론으로 극복할 수밖에 없었다.

로렌츠의 이론에서 제일 큰 약점은 에테르가 정지해 있다고 가정한 것이었다. 아인슈타인은 그 가정이 실제로 확인되었던 것처럼 상대성의 원리와 명백히 모순된다고 생각했다. 상대성의 원리는 자연 법칙이 모든 관성계에서 똑같이 성립한다고 보고 있다. 그런데 에테르가 정지해 있다고 보는 로렌츠의 가정은 등속 직선 운동을 하는 모든 좌표계, 즉 에테르와 상대적인 정지 상태에 있는 모든 좌표계들 중에서도 특정한 운동 상태에 있는 좌표계를 별도로 골라내기 때문에 모순이 생기게 되었다.

로렌츠는 에테르가 정지해 있다는 가정에 너무 집착했기 때문에 그것이 그가 상대성이론을 발견하는 데 장애물로 작용했으며 나아가 상대성원리의 본질을 완벽하게 파악할 수 있는 가능성도 빼앗겨버렸다. 독일의 이론 물리학자인 플랑크는 이 점에 대해 다음과 같이 말했다.

아마 그는 평생 상대성이론의 법칙을 받아들이기보다는 차라리 상대성의 원리를 포기하였을 것이다. 그만큼 그는 광파(光波)의 물질적 매질(에테르)에 집착하고 그와 함께 최우선(first-rate) 좌표계의 개념도 버리지 않았다.

물론 로렌츠가 수축이라는 개념을 가정함으로써 특수상대성이론의 본질을 나타내긴 했지만 사실 그는 그것이 내포하고 있는 의미를 제대로 이해하지 못하고 있었다. 로렌츠는 자신이 도입했던 '국부적 시간'과 같은 개념들은 허구적인 양(quantity)으로서 실재의 현실을 반영하지는 못한다고 생각했다. 로렌츠가 가설을 도입했는데도 가설에 실재적인 내용을 부여한 사람은 아인슈타인이었다. 이 점에 대해 보른은 다음과 같이 썼다.

아인슈타인은 그때 이성의 방향을 반대로 틀었다. 로렌츠에게는 결론에 해당했던 내용을 자신은 상대성이론을 위한 출발점으로 삼았던 것이다(1905). 상대적으로 움직이는 모든 좌표계는 동일한 상황에 놓여 있으며 각각의 좌표계는 길이나 시간을 재는 데 필요한 고유의 측정 기준을 갖추고 있다는 전제로부터 출발했다.

푸앵카레의 이론

푸앵카레는 아인슈타인과는 독립적으로 나중에 상대성이론을 기초하고 완성하는 데 도움이 될 여러 이론들을 발견했다. 물론 여기에는 그 자신의 연구와 함께 19세기 말에 이룩된 물리학의 업적들, 그리고 무엇보다도 로렌츠의 연구 결과가 많은 도움을 주었다. 푸앵카레는 로렌츠의 뒤를 충실히 따랐는데 왜냐하면 그 당시에는 물리학 탐구의 초점이 로렌츠의 연구 결과에 맞춰져 있었기 때문이었다.

푸앵카레는 지구의 절대 운동, 즉 고정된 에테르에 대한 지구의 상대적 운동을 발견하려는 물리학자들의 시도가 당시까지도 성공을 거두지 못하고 있다는 것을 알았다. 프레넬은 빛의 굴절과 반사 현상을 면밀히 연구해 본 결과 지구의 운동이 빛의 반사와 굴절에 아무런 영향을 끼치지 않는다고 결론지었다. 피조도 자신의 이름을 따서 붙여진 실험──파이프 속을 흐르는 물에 빛을 투과시키는 실험──에서 똑같은 결과를 얻었다. 마이컬슨도 지구의 운동이 빛의 흐름에 거의 효과를 끼치지 못한다는 것을 밝혀냈다. 이런 모든 실험 결과를 바탕으로 푸앵카레는 갈릴레이가 역학 현상의 일반화에 기초해 주장했던 상대성의 원리를 전자기장으로까지 확대하는 것이 필요하다는 것을 깨닫게 되었다.

앞에서 지구의 절대 운동을 확인하고자 하는 일련의 실험들이 실패로 돌아감에 따라 로렌츠가 수축의 가설을 도입하게 되었다고 설명했다. 그러나 동시에 좀더 정밀한 실험을 할 필요가 있다는 주장이 제기됐다. 왜냐하면 상대성의 원리에서 볼 때 지구의 절대 운동을 확인하는 것은 불가능한 것이 아니었기 때문이다. 이런 상황은 또 로렌츠가 수축의 가설을 더 진전시켜 나가도록 부추겼다. 로렌츠는 결국 푸앵카레가 그의 이름을 따서 붙여 준 로렌츠 변환 공식을 발견했다. 푸앵카레는 로렌츠가 이 변환 공식을 너무 제한적으로 해석하고 있다고 보고 그것이 담고 있는 실제적인 내용을 확장해서 해석하려고 노력했다.

그 문제의 중요성은 나에게 그것을 물고 늘어지도록 했다. 내가 얻은 결론은 중요한 점에서는 모두 로렌츠가 얻었던 결론과 일치했다. 단지 나는 조금 가다듬고 몇 가지 세부적인 사항을 보충했을 뿐이었다.

푸앵카레는 로렌츠의 변환 공식이 군(群)적인 성격을 띠고 있고 상대성의 원리와도 일치한다고 결론지었다. 푸앵카레가 변환 공식을 어떻게 해석했는지 들어보자.

로렌츠의 사상은 다음과 같이 요약할 수 있다. 만약 계(system) 전체에 대해 어떠한 변형도 생기지 않게 하면서 이동을 공통적으로 할 수 있다면 그것은 변환에 의해 전자기 방정식이 달라지지 않기 때문인데 그 변환이 바로 로렌츠의 변환이다. 두 계가 하나는 고정돼 있고 다른 하나가 이동한다면 이 두 계는 서로에 대해 정확한 상이 된다.

덧붙여 푸앵카레는 로렌츠가 상대성 원리의 적용 범위를 확대하려고 시도했던 점에 주목했다. 로렌츠는 상대성 원리가 전자기력이 존재하는 곳뿐만 아니라 다른 모든 자연력이 존재하는 곳에도 적용되어야 한다고 주장했던 것이다. 로렌츠의 이런 생각에 영향을 받아 푸앵카레는 로렌츠의 가설이 중력 법칙에는 어떤 변화를 가져올 수 있을까 연구해 보기도 했다.

별의 속도가 광속과 비교해 거의 무시할 수 있을 정도로 작다면 로렌츠 조건을 만족시키고 동시에 뉴턴 법칙으로 환원될 수 있는 법칙을 발견할 수 있을까? 앞으로 보겠지만 우리는 이 문제에 자신 있게 답할 수 있어야 할 것이다.

1898년 푸앵카레는 몇몇 전임자들과 마찬가지로 '절대 시간', '두 사건의 동시성', '두 시간 간격의 등가성'과 같은 고전 물리학 개념들은 임의적인 성격을 지니고 있다고 자신의 견해를 밝혔다. 그러나 우리가 물리적인 시간(시각)을 정확히 측정하려고 할 때 상당한 난관에 부딪힌다는 사실을 그는 명백히 이해하고 있었다. 무엇보다도 심리적 시간을 물리적 시간의 기준으로 삼을 수는 없었다. 물리적 시각을 측정하기 위해 물리학자들은 흔히 전자를 이용하지만 그러나 진폭이 항상 일정한 값을 유지한다고 보기 힘들다. 왜냐하면 진폭은 온도와 공기 저항, 대기의 압력에 따라 변하기 때문이다. 더 정확한 시간 측정 도구로서 축을 따라 회전하는 지구의 자전 운동이 거론되었으나 그것도 조류와 다른 행성에 의한 중력의 영향을 받기 때문에 일정하지 않다고 푸앵카레는 판단했다. 이처럼 우리가 가진 측정 기구에 결점이 있다면 동일한 자연 현상의 발생에서 종결까지를 시간 간격을 재는 표준으로 삼을 수도 있지 않을까. 왜냐하면 시간적으로 두 현상은 똑같아야 하기 때문이다. 그러나 물리적인 세계에서는 하나의 원인에 의해서만 결과가 발생하는 것이 아니므로 이런 방법도 정확한 것이 될 수 없다고 푸앵카레는 생각했다.

푸앵카레는 동시성을 판정하는 한 방법으로 빛의 속도를 도입하면 어떨까 하고 생각했다. 왜냐하면 물리학자들이 광속을 일정한 것으로 받아들이고 있었기 때문이었다. 그는 이 가설도 어느 정도 한계는 있지 않을까 짐작했지만 결과적으로는 동시성을 연구하는 데 새로운 방법을 제공한 셈이 됐다.

푸앵카레가 광속이 일정하다는 가설을 제기함으로써 뉴턴의 시간 개념을 비판할 수 있는 새롭고 그럴듯한 논거를 제시하긴 했지만 그 스스로는 자신의 철학적 입장에 비추어볼 때 그것(광속의 일정성)이 다른 정의들처럼 단지 편리한 규칙에 지나지 않는다고 보았다. 동시성이나 두 시간 간격의 동일성은 그 어느 것도 직접적으로, 즉 직관적으로 결정될 수 없었기 때문에 아직은 '불완전한 합의의 산물'이라고 본 것이다. 규칙은 직관에 의존하는 것이니만큼 일반적 규칙이나 엄밀한 규칙과 같은 것은 있을 수 없으며 단지 각 사건마다 적용시키는 많은 수의 부분적인(일반적이 아닌) 규칙만이 있을 뿐이다. 우리가 규칙들을 채택해서 사용하는 것은 그것들이 가장 편리하기 때문이지 그 규칙들이 참이기 때문은 아니다. 이것이 푸앵카레의 입장이었다.

시간 개념을 연구하기 위해 광속의 일정함에 대한 가정으로 눈을 돌리는 것이 얼마나 중요한가 하는 점은 아인슈타인이 마흐의 연구 결과를 분석하는 과정에서 확실해졌다(마흐는 뉴턴 물리학의 이론적 업적에 대해 연구했다). 마흐가 뉴턴의 절대 시간에 대한 개념을 비판하는 데 실패했던 까닭은 이 광속이 일정하다는 전제에서 출발하지 않았기 때문이라고 판단했다.

푸앵카레는 실험 결과와 자신의 이론을 일치시키기 위해 로렌츠가 제기했던 국부적 시간과 수축의 가설에 어떤 약점이 있는지를 검토했다. 푸앵카레는 이 두 가설이 불필요한 '결과물'이라고 생각했다.

모든 것이 이제 제대로 자리잡힌 것처럼 보인다. 그러나 모든 의문점이 해결되었는가? 만약 우리가 빛을 내지 않는, 그리고 빛의 속도와는 다른 속도로 진행하는 신호를 통해 의사 소통을 한다면 어떤 일이 벌어질까? 광학 장치로 시계를 설치해 둔 다음 이 새로운 신호를 통해 시간을 체크하려고 하면 우리는 두 위치가 똑같이 이동하면서 시간이 발산하는 것을 기록하게 될 것이다.

이 모든 사실들을 통해 고전 물리학의 개념과 원리들 중 몇 가지는 변경할 필요가 있다는 것이 확인됐고, 푸앵카레는 뉴턴 역학과는 다른 새로운 역학을 세워야 한다고 결론지었다.

아마도 우리는 완전히 새로운 역학을 구성해야 할 것 같다. ……새 역학에서는 속도에 비례해서 관성도 증가하고 빛의 속도는 (다른 어떤 것도) 넘어설 수 없는 최고 한도가 될 것이다. (새 역학보다) 훨씬 더 단순하고 일반적인 역학(고전 역학)은 (정밀하지 않은) 개략적인 측면에서 여전히 존재할 것이다. 왜냐하면 고전 역학은 운동 속도가 굉장히 크지 않는 한 정확히 들어맞기 때문이다. 그래서 우리는 새로운 역학 아래서도 구식 역학을 계속 마주치게 될 것이다.

우리가 보듯이 상대성이론의 개념들 중 많은 것들은 상대성이론이 발전되기 직전까지 푸앵카레가 이미 검토를 끝낸 상태였다.

아인슈타인이 이 문제에 관해 중대한 결과를 얻기 직전인 1904년에 푸앵카레는 이미 상대성이론을 발견할 수 있는 모든 요소를 갖고 있었다고 드 브로이는 썼다. 그는 운동하는 물체의 전기학에 관한 모든 난점들을 탐색했으며 로렌츠의 국부적 시간과 피츠제럴드(G. F. Fitzgerald)의 축약이라는 이름으로 행해지는 일련의 연구들을 알고 있었다. ……그는 불규칙적으로 잇따라 도입되는 이 단편적인 가설들이 결국에는 (이것들을 다 포괄할) 일반 이론에 흡수되리라는 것을 확실히 깨닫고 있었다.……푸앵카레는 아인슈타인보다 먼저 상대론적 속도에 관한 공식을 알고 있었다.

푸앵카레는 나중에 상대성이론의 본질적 요소가 될 개별적인 개념이나 전제들을 이미 다 파악하고 있었으면서도 왜 결정적인 일보를 내딛지 못했는가?

경험적인 자료가 축적되면 대개 새로운 종합과 새로운 질적 전환이 가능할 뿐 아니라 종래의 개념으로는 설명하지 못하는 새로운 현상을 발견하게 된다는 것을 우리는 잘 알고 있다. 창조 과정의 이런 속성 때문에 이론 과학자들은 물리학보다도 철학 분야에 더 폭넓은 지식을 갖고 있어야 한다. 그러나 어떤 철학도 자연이 제기하는 문제에 해답을 주지는 못한다. 철학 사상은 무엇보다도 자연에서 일어나는 과정을 객관적으로 반영해야 한다. 왜냐하면 부적절한 철학 사상은 과학자들에게 전혀 도움이 되지 않을 뿐더러 오히려 그들을 혼돈에 빠뜨려 방향 감각을 상실케 만들기 때문이다. 이 같은 예는 실증주의적인 사상을 가진 과학자들이 원자론과 분자 운동론, 그 밖의 여러 과학 이론에 대해 어떤 태도를 취했는가를 보면 알 수 있다. 엥겔스는 다음과 같이 썼다.

> 지금 자연 과학의 이론 분야에 혁명이 일고 있다. 순전히 경험적으로 발견된 많은 사실들이 그 동안 꾸준히 축적돼 이들을 제대로 정리해야 될 필요성 때문에 이 혁명은 탄생했다. 그런데 지금 일어나고 있는 혁명은 자연 과정의 변증법적인 성격을 대단히 강조하고 있어 심지어 자연의 변증법적 성격을 가장 반대하는 경험론자들의 의식에까지 파고들고 있다.

아인슈타인과 마찬가지로 푸앵카레도 자연 과학의 철학적인 문제에 주목했다. 그의 철학 저서 『과학과 가설 La Science et L'hypothese』, 『과학의 가치 La Valeur de la Science』, 『과학과 방법 Science et Methode』, 『최후의 사상 Dernieres Pensees』 등은 널리 알려져 있다. 이들 저서에 나타나 있는 푸앵카레의 철학 사상은 아인슈타인의 (철학) 관점과 근본적으로 확연히 구별된다.

아인슈타인은 과학 이론을 분석할 때 대부분 무의식적으로 유물론과 변증법에 의존했다. 예를 들어 물질의 본질을 아인슈타인과 푸앵카레는 각각 어떻게 이해했는가? 여태까지 보았듯이 아인슈타인은 우주의 본질에 대해 두 가지 개념이 존재하고 있다는 데 주목했다. 즉 외부 세계가 우리의 의식과는 독립적으로 존재한다고 하는 유물론적인 개념이 그 하나이고, 자연은 그것을 인식하는 주체에 의존한다는 관념론적인 개념이 다른 하나이다. 아인슈타인은 몇몇 글에서 물질에 대한 관념론적 해석과 형이상학적 유물론의 해석 모두를 비판했다. 외부 세계가 그것을 인식하는 주체와는 상관없이 객관적으로 존재한다는 것을 믿는 것은 자연 과학의 밑바탕에 깔려 있는 전제라고 그는 주장했다. 하지만 형이상학적 유물론의 물질관은 편협할 뿐더러 감각적으로 잡히는 물질만 내포하고 있다고 지적하고 실재의 개념을 바꾸도록 요구했다. 전기동역학의 장(electrodynamic field)도 구체성을 띤 물질이기 때문에 입자처럼 실재적이라고 그는 말했다. 또 인식 과정에서 주관적 요소가 갖는 역학을 과대 평가하는 과학자들의 관점을 비판했다. 반면 푸앵카레는 외부 세계는 인간의 의식에 달려 있다고 보았다.

어떤 실재(현실)가 정신——이 실재를 상상하고 보고 느끼는 바로 그 정신——을 떠나 정신과 독립적으로 존재한다는 것은 불가능하다. 그런 외부 세계가 만약 존재한다면 우리가 접근하기가 쉽지 않을 것이다.

푸앵카레가 그의 책 속에서 '객관적(objective)'이라는 용어를 사용했던 것은 사실이다. 그러나 그가 어떤 의미로 이 용어를 썼는지 알아보자. 유물론자들은 '객관적'이라는 용어를 의식과 독립적으로 존재하는 것을 뜻하는 것으로 사용했지 그 외 용도는 아무것도 없다. 그러나 푸앵카레는 객관성이란 인간의 이성으로 파악할 수 있는 전반적으로 근거가 확실한 어떤 것이라는 의미로 사용했다.

　……객관적인 것은 몇몇 정신에 대해서는 공통적이어야 한다. 그래서 객관적인 것은 '하나의 정신으로부터 다른 정신으로' 이동할 수 있고 이 이동은 '담화(discourse)'를 통해서 이뤄진다. ……그러므로 다음과 같은 결론을 얻을 수 있다. 담화가 없다면 객관성도 있을 수 없다.

　푸앵카레가 객관적인 것이라고 일컫는 몇몇 정신에 공통적인 것이란 무엇인가? 그가 보기에는 공통된 것이란 눈에 보이는 사물이 아니라 그들간의 관계를 말한다. "그러므로 유일한 객관적 실재, 즉 우리가 얻을 수 있는 유일한 진리는 바로 이 조화다"라고 말했다. 레닌은 이런 생각을 비판하면서 푸앵카레에 대해 다음과 같이 지적했다.

　푸앵카레는……완전히 주관주의자의 입장에서 마흐주의자들이 하듯이 객관적 진리를 부정하고 있다. 그는 객관적 진리가 우리의 외부에 존재하느냐 하지 않느냐는 물음에 대답하기 위해서 '조화'라는 범주를 도입하고 있다. "객관적 실재는 의심할 나위 없이 결코 존재하지 않는다"고 선언하고 있는 것이다. 이 새로운 용어(조화)가 고대 사상가들의 불가지론과 한치의 차이도 없다는 것은 명백하다. 왜냐하면 푸앵카레의 '독창적인' 이론은 자연에는 객관적인 실재와 객관적인 법칙이 존재하지 않는다는 것을 그 핵심으로 하고 있기 때문이다(비록 푸앵카레가 객관적 진리에 대해 일관되게 부정하고 있는 것은 아니지만 말이다).

과학의 본질을 정의하면서 푸앵카레는 인간은 사물을 바로 인지할 수 없고 사물들간의 관계만이 유일하게 객관적인 실재이기 때문에, 과학이 다루어야 할 중심 문제도 바로 이 관계여야 한다고 강조했다.

과학이 성취할 수 있는 것은 소박한 독단론자들이 생각하듯이 사물 그 자체가 아니라 사물들간의 관계일 뿐이다. 이 관계를 제외하고는 우리가 알 수 있는 실체란 아무것도 없다.

이런 철학적 입장을 갖고 있으니 푸앵카레가 심오한 불가지론에 빠지는 것은 어쩌면 당연하다고 하겠다. 그는 과학을 단순히 현상의 묘사, 또는 이리저리 흩어진 개별적인 사실을 모으는 방법, 즉 분류하는 방법 정도로 생각했기 때문에 물리적인 대상의 본질을 알 수 있다는 믿음을 가질 수가 없었다. 그러므로 과학을 보는 시각도 다음과 같았다.

과학 이론이 열이란 무엇인가, 전기란 무엇인가, 생명이란 무엇인가 등에 대해 우리에게 가르치려 들 때 이미 그것은 잘못된 것이다. 과학 이론은 우리에게 단지 개략적인 묘사만 해줄 수 있을 뿐이다. 그것은 결국 일시적이고 잠정적일 수밖에 없다.

그러면 아인슈타인은 과학을 어떻게 이해했는가? 내가 여태까지 지적했듯이 그는 실증주의자들의 관점을 극복하고 과학을 단순히 겉으로 드러난 현상을 묘사하거나 현상들간의 관계를 찾는 것쯤으로 한정할 수는 없다고 보았다. 물리학의 목적은 대상의 본질을 탐구하는 것이며 자연의 심층적 과정을 꿰뚫어보는 것이라고 그는 강조했다.

푸앵카레와는 달리 그는 사물의 본질을 통찰하는 인간이 가진 이성의 힘과 능력을 믿었다. 그가 자연을 인식 가능한 대상으로 믿었던 이유는 자연에서 일어나는 모든 과정은 자연 고유의 법칙과 인과 관계에 의거해서 구성된다는 것을 알았기 때문이다.

푸앵카레는 과학적인 개념과 이론은 자연의 참된 과정을 반영하지 못한다고 간주했다. 과학적 진리라는 것은 기껏해야 일종의 상징 또는 편리한 기호에 불과하다는 주장이었다. 프레넬과 맥스웰 이론 사이의 관계를 논하는 자리에서 그는 다음과 같이 얘기했다.

> 그것들(미분방정식)은 예나 지금이나 우리에게 다음과 같은 사실, 즉 어떤 것과 다른 어떤 것 사이에는 그러한 관계가 존재한다는 것을 보여 준다. 단지 우리는 이 어떤 것을 이전에는 '운동'이라고 불렀고, 지금은 '전류'라고 부르고 있는 차이밖에 없다. 더구나 이 명칭들은 대상들——자연이 영원히 우리에게 드러내 보여 주지 않을 바로 그 실재——의 단순한 이미지에 불과하다.

푸앵카레는 과학 법칙을 발견하기 위해서는 일반화가 필요하다는 것을 인정했다. 그러나 자연 법칙의 발견을 일반화를 통해 해석하려는 시도는 해결하기 힘든 어려움을 야기한다고 보았다.

> 모든 개별 사실들은 무한히 많은 방법을 통해 이해가 가능하다. 우리에게 주어진 이 수많은 방법 중에서 우리는 하나를 선택해야 한다. 적어도 일시적으로나마 선택해야 한다. 그러면 과연 우리가 취할 수 있는 선택 기준은 무엇인가? 그것은 유추일 뿐이다.

푸앵카레는 수학적인 지성이 우리에게 참된 유추를 이해할 수 있도록 가르친다고 주장했다. 즉 내용이 서로 다른 실재들을 하나의 이름으로 뭉뚱그려 부를 수 있도록 해주는 것이 수학적 지성이라는 것이다.

만약 그렇다면 과학적 개념과 원리, 법칙 등은 왜 필요한가? 이것들은 어떤 가치를 갖는가? 푸앵카레는 물리학의 어떤 명제들이 과학적이냐 그렇지 않느냐를 판정하는 기준은 그 명제가 탐구 대상의 본질을 어느 정도나 반영하느냐에 달려 있다고 주장하는 유물론적 과학자들의 관점을 배격했다. 과학적 명제들은 단지 과학자들의 편의에 따라 만들어진 것에 불과하다고 생각했다. 과학이 필요한 이유는 행동 규칙으로서 유용하게 작용할 수 있는 예측을 하기 때문이라는 게 그의 입장이었다.

푸앵카레가 지녔던 관점은 물리학과 수학의 철학적 가치를 평가하는 데도 그대로 잣대로 이용되었다. 고전 역학을 분석해 본 후 그는 다음과 같은 결론을 얻었다.

> 고전 역학의 공리는 우리가 당연히 정할 권리가 있는 단순한 관례에 지나지 않는다. 왜냐하면 우리는 그 관례들과 모순되는 경험이 없을 것이라는 것을 미리 확신하기 때문이다.

그는 물질의 물리적 속성, 예컨대 질량 같은 개념을 우리가 도입하는 이유는 단지 계산할 때 유용하기 때문이며 그것(질량)은 하나의 편리한 계수에 지나지 않는다고 주장했다. 시간에 대해서도 마찬가지였다. 상대적으로 더 정확하게 시간을 재는 방법이란 없다. 일반적으로 채택되고 있는 것은 단지 가장 편리한 측정 방법일 뿐이다.

아인슈타인이 상대성이론을 발견한 뒤에도 푸앵카레는 과학의 본질에 관해 종전의 철학적 입장을 견지했다. 새로운 물리학이 몰고 온 혁명에 대해 언급하면서 그는 다음과 같이 주장했다.

이 새로운 개념들로 인해 우리의 입지는 어떻게 변화되는가? 우리가 종전에 얻었던 결론을 부득불 변경시킬 수밖에 없는 처지인가? 전혀 그렇지 않다. 우리는 우리에게 편리하게 보이는 것을 하나의 약속으로 정했을 뿐이며 그 어떤 것도 그 누구도 이 약속을 폐기하도록 강요하지 못한다. 오늘날 어떤 물리학자들은 새로운 약속을 채택하길 원하고 있다. 그들이 반드시 새로운 약속을 채택해야만 할 의무는 없다. 단지 새로운 약속이 더 편리해 보인다고 그들이 판단했기 때문이지 그 외 다른 이유는 없다. 그것이 전부다. 그리고 그들의 의견에 동의하지 않는 사람은 구식 습관을 굳이 바꿀 필요 없이 당연히 종전의 약속을 그대로 사용할 수 있다.

대부분의 과학자들이 상대성이론을 통해 시간과 공간에 관한 새로운 전망들을 발견했으나 푸앵카레는 여전히 요지부동이었다. 그는 시간과 공간에 대한 새 개념들은 이전의 뉴턴식 이해 방식과 마찬가지로 우리가 받아들이거나 만 아들이지 않을 수 있는 하나의 약속에 지나지 않는다고 여겼다. 상대성의 원리에 대해서도 똑같은 생각이어서 그것은 약속에 불과하다고 간주했다.

과학적 개념과 원리, 이론 등을 아인슈타인은 어떻게 해석했는가? 실증주의자들의 주장과는 달리 아인슈타인은 정신적인 (이성적인) 활동에 의존하지 않은 채 감각을 통한 정보 사실에만 의지해서는 지식을 얻을 수 없다고 보았다. 그것은 마치 실재와 분리된 이론화가 참된 지식으로 이끌지 못하는 것처럼 절름발이식 인식 방법이었던 것이다.

외부 세계를 인식하는 과정은 과학적인 개념이 형성되면서 시작되고 거기서 더 나아가 물리 이론을 창조하게 된다고 그는 생각했다. 개념은 단지 감각이나 지각의 집합체와 같은 것은 아니다. 개념·원리·이론 등은 단순히 상징이나 기호가 아니라 실재의 반영이며, 따라서 새로운 내용으로 끊임없이 채워지게 된다고 보았다. 때때로 개념과 이론을 재음미해 새로운 개념과 이론으로 대체하는 것이 필요하며 이를 통해 물리학의 기초를 변화시킬 수 있다고 그는 덧붙였다.

아인슈타인은 물리학의 전제들은 실험과 밀접히 연관돼 있을 뿐 아니라 외부 세계를 반영한다고 확신했다. 푸앵카레와는 달리 객관적인 실재를 반영하지 않는 과학에 대해서는 관심을 두지 않았다. 하나의 이론이 갖춰야 될 첫째 조건은 실험과 모순되지 않는 것이라고 아인슈타인은 주장했다.

> 우리가 세운 이론을 통해 실재를 이해할 수 있을 것이라는 믿음이 없거나, 외부 세계가 내적 조화를 이루고 있을 것이라는 확신이 없다면 과학은 존재할 수 없다. 이러한 믿음은 모든 과학적인 창조 활동의 동기이며 앞으로도 영원히 그럴 것이다.

아인슈타인이 상대성이론을 철학적으로 분석한 것을 보면 다분히 유물론적이다. 그는 물리학의 어떤 개념도 선험적으로 형성될 수 있거나 자연의 사실과 모순될 수 있다고 생각지 않았다.

푸앵카레는 수학의 정리에 대해서도 물리학의 개념들에서와 마찬가지로 잘못된 시각을 갖고 있었다. 그는 기하학이 실험적인 기원을 갖고 있다는 유물론자들의 주장에 동의하지 않았다. 그는 "기하학이 체험으로부터 유래했다고요?", "좀더 깊이 살펴보면 그렇지 않다는 걸 알게 될 겁니다"라고 말했다.

푸앵카레는 기하학의 기본 공리는 실재를 반영하지 않으며 단지 과학자들이 고려해야 하는 조건일 뿐이라고 주장하면서 "기하학의 정리들은 단순히 관습에 지나지 않는다"고 고집했다. 유클리드 기하학과 로바체프스키 기하학 둘 중 어느 것을 선택하느냐 하는 문제를 경험이 해결해 줄 수는 없다는 게 그의 주장이었다.

푸앵카레의 논지를 따른다면 유클리드 기하학이나 로바체프스키 기하학이 어떻게 정확히 실재를 반영하는가에 대해 그 누구도 언급하는 것이 불가능해진다. 단지 과학자들에게 둘 중 어느 것이 더 편리하고 불편한 기하학인가로 분류될 수 있을 뿐이다.

……우리의 정신은 자연 도태에 따라 외부 세계에 적응한다. 그리고 (우리는) 공간을 설명하는 데 가장 유리한 것으로서 기하학을 선택해 왔다. ……그것은 우리의 결론과 전적으로 맞아떨어진다. 기하학은 진리가 아니라 편리하고 유리할 뿐이다.

아인슈타인은 전혀 다른 각도에서 이 문제에 접근했다. 이미 보아 왔듯이 그는 수학이 현실의 필요성으로부터 탄생됐다고 생각했다.

수학의 정리들은 우리가 자연에서 관찰하는 실제적인 과정들을 반영한다는 게 그의 의견이었다. 그는 어떤 과학자들이 기하학의 정리들을 실재와 분리시키는 이유는 유클리드 기하학이 경험에 기초하고 있다는 사실을 망각했기 때문이라고 생각했다.

아인슈타인에 따르면 하나의 기하학은 그것이 실재를 얼마만큼 충실하게 반영하느냐에 따라 참이거나 거짓으로 판명될 수 있다는 것이다.

푸앵카레가 상대성이론을 발견할 수 없었던 것은 그가 유클리드 기하학과 실재 사이를 묶는 끈을 보지 못했기 때문이라고 아인슈타인은 지적했다. 심지어 푸앵카레는 자신은 유클리드 기하학을 고수하기 때문에 물리 법칙을 거부할 필요가 있다고까지 여겼다. 바로 이 점에 푸앵카레의 오류가 있다고 아인슈타인은 가리켰다.

만약 우리가 공리 체계를 갖춘 유클리드 기하학과 현실의 실제적인 사물 사이의 관계를 무시한다면 다음과 같은 관점——예리하고 심오한 사상가인 푸앵카레가 주창한 관점——에 쉽게 이르게 된다. 즉 유클리드 기하학과 가능한 다른 모든 (공리 체계를 갖춘) 기하학 사이에 차이점이 있다면 유클리드 기하학이 가장 단순하다는 사실밖에 없다. 공리 체계를 갖춘 기하학은 실재에 관해 어떤 언급도 하지 않기 때문에——그러한 작업은 오히려 물리 법칙과의 결합에 의해 이루어진다——자연의 실재야 어떻게 되어 있든 상관없이 유클리드 기하학을 고수하더라도 전혀 문제될 게 없다는 관점이다. 왜냐하면 만약 이론과 경험 사이에 모순이 발견된다면 물리 법칙을 변경하면 되지 유클리드 기하학의 공리 체계를 바꿀 필요는 없기 때문이라는 것이다. 따라서 만약 현실의 실제 사물과 기하학 사이의 관계를 무시한다면 유클리드 기하학이 가장 단순하기 때문에 우리가 쉽게 받아들이게 된다고 이 관점은 주장한다.

드 브로이도 푸앵카레가 상대성이론을 완성하지 못한 데 대해 거의 비슷한 의견을 내놓았다.

왜 푸앵카레는 자신의 사상의 목적을 이루지 못했는가? 의심할 바 없이 그것은 그의 지나친 정신주의——아마 순수 수학으로 단련된 것으로부터 유래하는——때문일 것이다. 이런 경향은 그가 물리 이론에 대해 다소 회의적인 태도를 갖도록 했다. 왜냐하면 논리적으로 동일한 가치를 갖는 수많은 관점과 다양한 관념이 존재하기 때문에 과학자들은 (그 수많은 관점과 관념들 중에서) 편리하다고 느끼는 단지 하나만을 선택하면 그만이기 때문이다. 그러한 유명론(nominalism)은 가끔 그를 다음과 같은 사실, 즉 논리적으로 가능한 이론들 가운데서도 물리적 실재와 가장 근접해 있고 물리학자들의 직관을 가장 잘 반영하며 물리학자들이 노력의 대가를 가장 잘 올릴 수 있는 그런 이론이 선택된다는 사실조차 받아들이지 못하게 하는 것처럼 보였다.

드 브로이는 비록 아인슈타인의 수학 지식이 푸앵카레의 깊은 이해에 미치지 못했을지 모르지만 아인슈타인은 우주에 관한 개별적인 관점을 종합하고 물리학에 등장하는 모든 난점을 단숨에 제거하는 데 푸앵카레보다 훨씬 앞서 있었다고 강조했다. 드 브로이는 상대성이론의 발견과 관련해 특히 아인슈타인이 물리적인 실재의 본질을 꿰뚫어보고 깊이 이해하고 있었다는 점을 높이 평가했다. 그것은 '물리적인 실재(phusical realities)'에 관한 심오한 이해를 갖고 있었던 한 대가의 위대한 정신이 거둔 공로였다.

그래서 아인슈타인과 드 브로이는 굳이 푸앵카레의 철학적 관점을 언급하지 않고서도 과학의 이름을 빌어 그가 물리적·수학적 명제들의 본질에 대해 주관적인 태도를 취했다고 결론지었다.

푸앵카레는 로렌츠와 마찬가지로 운동하는 물체의 전기동역학을 해석하면서 고전적인 관점을 벗어나지 못했다. 예컨대 그는 로렌츠 변환을 전자기장 개념으로 해석하긴 했으나 상대론적인 이해는 하지 못했다. 바로 이 점이 그의 이론체계가 갖는 약점이었을 것이다. 그의 철학적인 입장과 함께 이러한 물리학적인 오류 때문에 푸앵카레는 상대성이론의 체계를 구축할 수 있는 만반의 준비를 갖추어놓고서도 새로운 물리학의 완전한 이해와 완성을 향한 도약을 이뤄내지 못했다.

전자기 현상의 철학적 본질 규명

로렌츠와 푸앵카레가 성공하지 못한 것을 아인슈타인은 해냈다. 내가 보기에 아인슈타인이 성공할 수 있었던 것은 전자기장의 철학적인 본질을 제대로 짚어냈기 때문으로 보인다. 이 새로운 형태의 실재(전자기장)는 고전 역학에서 다루던 보통의 입자와는 질적으로 확연히 다른 것이 분명해 보였다. 그러나 아인슈타인은 입자(이것은 물질적인 본성에 대해서는 당시의 과학자들이 아무런 의문을 제기하지 않았다)와 함께 자기장을 객관적인 실재라고 간주했다. 오랫동안 다른 물리학자들이나 철학자들은 전자기 현상의 객관적인 상태를 규정짓지 못했는데, 그러나 상대성이론을 창안하는 데는 그 문제를 해결하는 것이 근본적인 과제였다. 관성계에 상관없이 빛의 속도가 일정하다는 것을 보이기 위해서도 이 문제가 해결되어야 했다. 만약 전기 역학의 대상이 객관적으로 존재한다면 광속의 불변성도 하나의 물질적인 속성으로 간주되어야만 한다. 그러나 아인슈타인은 이 요구가 형이상학적 유물론의 조건과 모순된다는 것을 알아차렸다. 왜냐하면 형이상학적 유물론에서는 장의 속성은 물질의 개념과 일치하지 않기 때문이었다. 아인슈타인이 실재의 다수의 물리학자들과는 반대로 그는 당시에 존재하던 물질 개념을 재검토할 필요가 있다고 결론지었다. 따라서 전자기 현상을 철학적인 접근을 통해 분석하는 것이 상대성이론을 발견하는 도정에서 필요한 단계가 되었다. 물질 문제에 관한 이런 접근이 없었다면 아인슈타인은 아마도 근본적인 물리학의 기초——광속 불변의 원리, 바로 여기에서 특수상대성이론이 탄생했다——를 발견하지 못했을 것이다.

아인슈타인은 또 고전 물리학에서 다뤄졌던 상대성의 원리에 대해서도 주목했다. 그것을 새로 발견한 전자기 현상에까지 확대시킴으로써 그는 상대성의 원리를 일반화시키는 데 성공했다. 일반화된 상대성의 원리에 따르면 자연 법칙은 기준 좌표계의 운동에 상관없이 일정하다는 결론이 얻어졌다. 이것은 곧 객관적인 외부 세계에서는 절대 운동——절대 공간에 결부된 운동——이 존재한다는 어떤 징후도 없으며 단지 상대적인 움직임, 즉 서로에 대한 물체들의 운동만이 존재한다는 것을 가리켰다. 따라서 광속 불변의 원리와 상대성의 원리는 특수상대성이론의 기초가 되었다.

맥스웰 이론에 기초해 운동하는 물체의 전기 역학에 대한 단순하고 일관된 이론을 얻는 데는 이 두 가지 원리로 충분하다.

아인슈타인이 물리학의 이 두 원리에 대해 언급한 것은 이 원리들이 자연의 참된 과정을 반영하며 물질 세계의 두 영역인 장과 입자를 이어주는 가장 기본적인 원리라고 생각했기 때문이었다. 광속 불변의 원리는 기본적으로 장 물질에만 관여하지만 상대성의 원리는 물질의 두 영역인 역학과 전기 역학에 등장하는 장과 입자에까지 확대된다. 말하자면 두 개의 물리학을 결합하는 것이 바로 이 상대성의 원리이며, 두 개의 물리학 중 하나는 이미 절대적인 단계에까지 올라섰으나 나머지 하나는 여전히 미숙한 발달 단계(전기 역학)에 와 있었다. 과학자들은 전기 역학을 고전 역학이 지배하던 시기에 형성된 개념 체계의 테두리 속으로 집어넣으려고 백방으로 애쓰고 있었다.

이 원리들은 실험적으로 옳다는 것이 입증되었기 때문에 둘 중 어느 하나라도 무시하는 것은 아무런 근거를 갖지 못하게 됐다. 그런데도 고전 역학의 관점과 이 두 원리는 양립할 수 없었다. 이 문제를 벗어나기 위해 아인슈타인은 다음의 물음에 답해야만 했다. 고전 역학의 관점은 절대적인가, 아니면 상대적이며 변경 가능한 것인가? 만약 그렇다면 고전 역학의 진술은 어느 정도까지가 진리인가? 그는 이 두 문제 모두에 성공적으로 대답했다. 아인슈타인은 뉴턴과 (고전 역학을 보편적인 것이라고 보는) 뉴턴 추종자들의 관점을 거부하는 한편 모든 물리학을 역학 법칙으로 환원시키는 것은 불합리하다는 것을 보였다. 나아가 역학 법칙이 적용되는 한계를 설정했다. 이러한 그의 작업을 도와준 것이 철학이었다. 그는 고전 역학의 철학적 기초를 분석해 봄으로써 진리를 향한 이정표를 그려낼 수 있었다. 광속 불변의 원리와 상대성의 원리가 양립 불가능하다는 일부 물리학자들의 주장에 대해 아인슈타인은 그러한 오류가 어떤 암묵적인 가정 ──사물들을 서로 모순되지 않고 좀더 단순하게 이해하기 위해서는 버려야 할 가정── 때문에 생기는 것이라고 결론지었다.

그는 이론 물리학이 발달하는 데는 과학적 개념이 가장 중요한 역할을 한다고 보았다. 자연 현상들 사이의 관계는 과학적 개념을 통해서 가장 잘 설명된다고 본 것이다.

그러나 그는 다른 면도 동시에 깨닫고 있었다. 즉 과학적 개념은 단지 실재를 개략적으로 반영하는 데 불과하며 물질의 본질을 더 깊이 파고 들어감에 따라 우리의 인식은 더욱 풍부해질 것이며 결국 개념들 자체에도 변화가 올 것이라고 내다보았다.

아인슈타인은 새로운 물리학이 탄생하기 위해서는 고전 역학의 개념적인 도구들을 분석해야 한다고 생각했다. 그러한 분석은 대개 과학적 개념들의 기원을 철학적으로 탐구하는 형식을 취했다. 그는 바로 이 탐구에 나섰다.

필자는 앞에서 아인슈타인이 과학적 개념들의 기원에 관해 철학적인 탐색을 하는 과정에서 다양한 모순된 진술들을 만나게 된다고 얘기했다. 그는 과학적 개념은 실재를 반영한다는 점 ──이것은 논리적으로 연역되는 것은 아니다── 을 출발로 삼아 경험적·실제적·추상적·이성적인 실재의 통일을 제안했다. 그는 개념 문제에 대한 헤겔이나 칸트의 접근법을 비난했을 뿐 아니라 '순수한' 경험주의, 형이상학이 갖는 한계, 개념은 영원 불변한다는 관념 등을 비판했다. 이상이 고전 역학의 개념들을 비판적으로 분석할 때 출발점으로 삼았던 철학적인 전제였다.

그는 뉴턴 역학의 본질을 분석해 본 결과 실험적으로 입증되지 않은 개념들이 있다는 것을 발견했다.

우리는 뉴턴이 절대 공간이라는 개념——이것은 절대 정지라는 개념을 내포하고 있다——에 대해 뭔가 석연하지 않게 느꼈다는 것을 알 수 있다. 그는 절대 공간의 개념과 일치하는 것이 실험적으로나 경험적으로 없을지도 모른다는 것을 눈치 챘다. 그는 또 원격 작용(forces operating at a distance)*이라는 개념을 도입하는 데도 다소 거북스럽게 느꼈다. 그러나 그의 이론은 실제 현실에 수없이 적용되어 모두 성공했기 때문에 뉴턴 자신이나 18세기, 19세기의 모든 물리학자들은 뉴턴 체계의 기초가 허구적일 수도 있다는 것을 전혀 상상하지도 못했을 것이다.

아인슈타인은 시간과 공간의 절대화 및 이로부터 연유하는 다른 모든 정의들은 물리학의 실제적인 측면이 상당히 낮은 발전 단계에 있었던 탓이라고 결론지었다.

상대성이론이 발표되기 전까지 널리 퍼져 있던 착각, 즉 경험적으로 볼 때 공간상에 서로 떨어져 있는 사건들이 동시성을 갖는다는 게 어떤 의미를 띠고 있는지, 물리적인 시간이 갖는 의미는 무엇인지 하는 것은 달리 따져볼 필요

---

* 뉴턴은 중력 이론의 기초를 형성하면서 한 물체가 다른 물체에 끌리는 것은 이 원격 작용의 결과라고 보았다. 즉 두 물체가 주어져 있을 때 그들 사이에 '작용'이 생기는데, 이 작용은 각각의 질량에 비례하고 둘 사이의 거리의 제곱에 반비례하는 힘으로 서로 끌어당긴다는 것이다. 그러나 이 개념은 19세기 이후 장 개념이 도입되면서 밀려났다.

가 없는, 선험적으로 너무나 당연하다는 착각은 일상 경험에서는 빛의 진행 시간을 무시할 수 있기 때문에 생기는 것이다. 그렇기 때문에 우리는 흔히 '동시적으로 보인 것'과 '동시적으로 발생하는 것' 사이의 차이를 알지 못하며 나아가 시간과 국부적인 시간(local time) 사이의 차이도 구분하지 못한다.

그러므로,

만약 시간의 절대성, 즉 동시성에 관한 공리가 알게 모르게 사람들의 무의식 속에 잠재해 있는 한, 이 파라독스를 만족스럽게 해명하려는 모든 시도는 실패할 수밖에 없게 된다는 것을 오늘날 누구나 알고 있다.

그는 또 고전 역학에서 시간과 공간에 대한 개념이 명확히 증명되지 않은 것은 오히려 역사적으로 정당화될 수 있다고 보았다. 만약 당시에 고전 역학의 시간과 공간의 개념이 자연의 진행 과정과 일치하지 않는다는 것이 밝혀졌다면 고전 역학이 창출되기는 아마 힘들었을 것이라고 아인슈타인은 주장했다.

역학과 물리학 일반의 발달이라는 측면에서 볼 때 객관적인 시간에 대한 개념이 명확히 정의되지 않은 채 이전의 철학자들에게 모호한 채로 남아 있었다는 것은 오히려 행운이었다. 시공의 구조에 대해 자신들이 가진 개념을 확신했기 때문에 역학의 기초를 다져나갈 수 있었던 것이다.

아인슈타인은 특수상대성이론의 발견은 종래 물리학에서 받아들였던 시공 개념이 파산된 것과 관계가 깊다고 보았다. "이 공리(시간의 절대성과 동시성)와 (이 공리의) 임의적인 특성 (변화 가능성)을 확실히 이해한다는 것은 이미 문제의 해결에 다가섰다는 것을 의미한다" 이러한 확신 아래 철학적 지식이 문제 해결의 핵심적인 역할을 했다. "철학적 지식이 발전을 가로막는 장애물을 제거했다는 데 아무도 이의를 제기하지 못할 것이다"라고 그는 썼다.

뉴턴 역학의 기초를 과학적·철학적으로 분석해 본 후 아인슈타인은 다음과 같은 결론을 내렸다. 즉 '동시성', '어떤 순간', '좀더 이른', '좀 늦은' 등과 같은 뉴턴 역학에 등장하는 개념들을 운동하는 모든 체계(좌표계)와 전 우주로 확대 적용할 수는 없다고 보았다. 마찬가지로 광속이 유한하다는 사실만으로도 고전 역학이 공간 개념을 절대화하는 것은 잘못이라고 결론지었다. 지구상의 두 지점 A, B(예컨대 정지해 있는 플랫폼)에서 동시에 전등불을 번쩍인다고 가정해 보자. 그러면 지구상의 고정된 지점(플랫폼)에 위치한 관찰자와 움직이는 기차 속에 있는 관찰자는 각각 이 사건(불빛의 번쩍임)이 동시에 발생했다고 느낄 것인가? 플랫폼에 있는 관찰자는 A, B에서 나오는 전등 빛이 동시에 자신에게 도달할 때 당연히 동시적이라고 느낄 것이다. 이것은 관찰자를 A, B의 중간 지점인 C에 위치시키면 가능하다. 그러나 정지한 관찰자 옆으로 B를 향해 빠른 속도로 달리는 기차 속의 승객은 어떻게 볼 것인가? 그는 자신이 달리고 있는 방향, 즉 B에 있는 전등이 방금 기차가 막 지나온 A지점 전등보다 먼저 번쩍였다고 말할 것이다. 왜냐하면 기차가 B방향으로 달리고 있으므로 전등 A까지의 거리가 전등B까지의 거리보다 멀어지기 때문이다. 따라서 기차 속의 관찰자는 땅 위에서의 사건이 동시적으로 발생하지 않았다고 말할 것이다. 어느 쪽이 진실일까? 아인슈타인 이론에 따른다면 양쪽 다 옳다. 왜냐하면 모든 기준 좌표계에 대해 성립하는 절대적인 동시성이라는 것은 존재하지 않기 때문이다. 위에 든 예의 경우 플랫폼에 대해서는 동시적이지만 기차에 대해서는 동시적이 아니다. 기준 좌표계에 있는 모든 사람은 (기준 좌표계) 자체의 고유한 시간을 갖고 있기 때문에 시간(의 경과)은 항상 어떤 하나의 물질계와 연관지어서만 생각할 수 있다. 뉴턴이 생각하듯이 비상대적이고, 전 우주에 대해 똑같은 간격으로 지나는 절대 시간이란 한 마디로 존재하지 않는다. 두 사건 사이에 경과한 시간(간격)의 크기는 그 사건을 바라보는 물질계의 운동 상태에 따라 다르다. 시간은 운동과 밀접한 관계를 맺고 있다.

운동하는 계와 정지해 있는 계에서 두 점 사이의 공간적인 거리를 다룸으로써 아인슈타인은 공간과 운동도 내적 연관이 있다는 것을 입증했다. 움직이는 기차 속에 있는 물체의 길이를 측정해야 하는 경우를 생각해 보자. 기차에 타고 있는 실험자는 자를 물체에 대봄으로써 쉽게 원하는 결과를 얻을 수 있을 것이다. 물체의 길이는 (단위 길이로 표시된 바에 따라) 자에 나타난 숫자와 일치한다고 보면 된다. 그러나 이번에는 기차 바깥, 예컨대 둑 같은 곳에서 (기차 속의) 물체 길이를 측정해 보기로 하자. 이를 위해서는 물체의 양끝이 (정지해 있는) 관찰자의 위치와 일치하는 순간을 포착해야 한다. 즉 정지해 있는 관찰자가 어느 순간에 물체의 길이와 일치하는 철로의 한 부분을 체크해 측정해야 한다. (그러나) 우리는 기차에서 측정한 길이와 둑에서 잰 길이가 일치한다고 믿을 만한 근거가 전혀 없다. 왜냐하면 움직이는 기준 좌표계와 정지 기준 좌표계에서 시간은 서로 다르게 흘렀기 때문이다.

따라서 아인슈타인은 절대 시간과 절대 공간이라는 뉴턴 역학이 기초하고 있는 다음과 같은 전제들을 논박했다.

(a) 두 사건 사이의 시간 간격은 좌표계상의 물체의 운동 상태와는 무관하다는 가정.

(b) 한 물체의 두 점 사이의 거리는 좌표계상의 물체의 운동 상태에 의존하지 않는다는 가정.

시간과 공간 개념의 분석을 통해 아인슈타인은 시간과 공간 좌표에 대한 변환 이론을 변경해야 한다는 것을 깨달았다. 왜냐하면 이 변환 이론은 물질의 속성을 형이상학적으로 파악하는 논자들의 과학적·이론적 기초였기 때문이었다. 고전적인 이론에 따르면 한 관성계로부터 다른 관성계로의 변환은 갈릴레이 변환 방정식, 즉 $x' = x - vt$; $y' = y$; $z' = z$; $t' = t$로 나타내졌다. 여기서 $t' = t$라는 식은 뉴턴 역학의 절대 시간이 불변한다는 걸 뜻한다. 이것은 곧 시간은 공간이나 물질과는 아무런 관계가 없으며 우주 전체를 통해 어떤 좌표계에서도 동일하게 흐른다는 것을 의미한다. 또 갈릴레이 변환 방정식은 공간상의 거리도 좌표계에 상관없이 변하지 않는다는 것을 보이고 있다. 이들 방정식에 따라 운동하는 체계로부터 정지한 체계로 변환하면 $l' = l$이 된다. 이것은 모든 관성계에 대해 성립한다.

아인슈타인은 고전 물리학의 변환 방정식이 속도가 느린 일부의 경우에만 들어맞아 만족스럽지 못하다고 보고 좌표와 공간에 대한 새로운 변환 방정식을 도입했다.

$$x' = \frac{x - vt}{\sqrt{1 - v^2/c^2}} ; y' = y ; z' = z ; t' = \frac{t - v/c^2 x}{\sqrt{1 - v^2/c^2}} \quad (1)$$

그는 상대성의 원리를 전자기 현상에까지 확대함으로써 위와 같은 결과를 얻었다. 이 방정식은 창안자의 이름을 따 로렌츠 변환 방정식이라 불린다. 그러나 로렌츠 자신은 뉴턴의 절대 시간과 절대 공간 개념에 사로잡혀 있었기 때문에 이 방정식이 갖는 물리적인 의미를 이해하지 못했다. 그래서 시간의 변환식에 대해서는 그것이 뉴턴의 시간 개념과 맞지 않는다고 해서 허구적인 것으로 여겼다.

아인슈타인은 고전 역학과 상대성이론의 연속성을 입증했다. 왜냐하면 만약 우리가 광속 불변의 원리를 받아들이지 않고 광속을 단지 일상의 거시적인 물체가 가질 수 있는 어떤 속도보다도 더 큰 속도 정도로만 이해한다면 우리는 로렌츠 변환 방정식 대신 갈릴레이 변환 방정식이 합당하다고 받아들일 것이기 때문이다.

특수상대성이론의 수학 공식을 숙지하고 있으면 시간과 공간의 물리적 개념을 이해하기가 훨씬 쉬울 뿐 아니라 시간과 공간을 물질의 속성으로 받아들이는 변증법적 유물론자들의 주장이 옳다는 것을 알게 된다.

로렌츠 변환 방정식은 시간과 공간 사이에 심오한 객관적 관계가 존재한다는 걸 보이고 있다. 변환식 (1)에 따르면 공간 좌표는 시간 좌표에 의존하고 반대로 시간 좌표도 공간 좌표에 좌우된다. 또 로렌츠 변환식에서는 시간과 공간이 운동과 연관돼 있는 것으로 보인다. 이것은 공간 좌표와 시간 좌표가 관성계의 상대적인 운동 속도에 의존한다는 것으로 알 수 있다. 다양한 좌표계에서의 시간 변환식을 분석해 보면 고전 물리학의 시간 개념——절대적인 특성을 갖고 있었다——은 불합리하다는 결론이 얻어진다. 상대성이론에 따르면 각각의 좌표계는 자체의 고유한 시간 체계를 갖고 있으며 그것은 그 좌표계의 운동 속도에 의존한다. 물체가 공간에서 차지하는 크기가 물체의 운동 속도에 의존한다는 것도 상대성이론에서 얻어지는 결론이다.

운동하는 물체의 길이는 $l' = l\sqrt{1-v^2/c^2}$으로 표시된다. 이 사실로부터 물체의 공간적인 크기는 절대적인 양이 아니라 정지한 관찰자에 대한 물체의 운동 속도에 따라 변한다는 것을 알 수 있다. 물체는 좌표계에 대해 정지해 있을 때 가장 길다. 물체의 크기는 물체의 속도가 커질수록 줄어들게 된다.

위와 같은 현상은 시간의 경과에서도 일어난다. 정지한 계와 운동하는 계에서의 시간 간격을 비교하기 위해 상대성이론의 변환 방정식을 도입하면 $\Delta t'$ = $\Delta t\sqrt{1-v^2/c^2}$을 얻을 수 있다. 이때 Δt와 $\Delta t'$는 각각 움직이는 계와 정지한 계에서의 시간 간격을 나타낸다. 시간도 물체의 속도에 따라 변하는 변화량이라는 것을 알 수 있다. 시간의 리듬은 물체 속도가 증가함에 따라 $\frac{1}{\sqrt{1-v^2/c^2}}$ 의 비율로 늦어진다. 정지한 계에서 시간은 가장 빨리 흐른다. 특수상대성이론은 시간과 공간에 대한 뉴턴 식의 형이상학적 개념을 허물었다. 이전에는 물체가 시간과 공간 속에서 존재한다고 여겨졌으나 상대성이론에 이르러 물체의 속도가 변화하면 그 물체가 속한 시공의 특성도 변화한다는 걸 깨닫게 됐다. 시간·공간·운동에 대한 개념이 발달하는 데 상대성이론이 했던 역할을 정리하면서 아인슈타인은 다음과 같이 썼다.

> 특수상대성이론 덕분에 시간과 공간이라는 물리 개념을 이해할 때는 운동하는 측정자와 측정 시계의 작용도 고려해야 함을 알 수 있게 됐다. 특수상대성이론은 원칙적으로 절대적인 동시성이라는 개념을 없애 버렸고 따라서 뉴턴적인 의미에서의 동시적인 원격 작용이라는 개념도 제거해 버렸다. 광속에 비해 결코 무시할 수 없는 속도로 움직이는 운동에서 운동 법칙이 어떻게 변경되어야 하는가를 이 이론은 잘 보이고 있다.

특수상대성이론은 전자기 이론을 다르게 해석할 수 있는 가능성도 제기했다. 아인슈타인의 지적을 들어보자.

> 특수상대성이론은 전자기장에 관한 맥스웰 방정식을 형식적으로 명확히 설명했다. 특히 전자기장과 자기장이 본질적으로 하나로 통일돼 있다는 인식으로 우리를 이끌었다.

특수상대성이론으로부터 유도되는 질량과 에너지 사이의 관계식 $E = mc^2$

은 과학뿐 아니라 현실적으로 지극히 중요하다. 상대성이론에 따르면 물체의 질량은 그 속도가 커짐에 따라 증가한다. 아인슈타인은 만약 운동하는 물체의 질량이 운동 에너지 때문에 증가하는 것이라면 정지한 물체에 고유한 질량(정지질량)은 물체의 내부 에너지——비록 우리 앞에 드러나지 않지만——와 연관돼 있을 것으로 보았다. 따라서 물질과 운동은 뗄 수 없는 관계를 맺고 있다고 아인슈타인의 이론은 주장하고 있는 것이다.

형식적인 관점에서 아인슈타인은 다음과 같이 주장했다.

> 특수상대성이론은 일반적으로 보편 상수 C(광속)가 자연 법칙에서 어떤 역할을 수행하는가를 보였을 뿐 아니라 한편으로는 시간, 다른 한편으로는 공간좌표가 자연 법칙 속에서 취하는 형태 사이에 밀접한 관계가 존재한다는 걸 증명했다.

'내용적'이고 물리적인 관점에서 본다면 장 물질과 그 속성이 물리학 발달에 끼친 영향을 특수상대성이론을 통해 제대로 알 수 있게 됐다고 할 수 있을 것이다. 특수상대성이론은 객관 세계를 구성하는 물질의 두 영역인 입자 물질과 장 물질을 결합시켰으며 이 결합을 통해 이전에는 알지 못했던 물질이 갖는 시공의 특성을 드러낼 수 있었다.

제4장
일반상대성이론의 발달

중력 질량과 관성 질량의 등가 원리 · 247
비유클리드 기하학의 응용 · 253
우주론에의 적용 · 260

중력 질량과 관성 질량의 등가 원리

특수상대성이론과 마찬가지로 일반상대성이론도 이전까지의 연구가 바탕이 돼 있었다. 일반상대성이론은 특수상대성이론——러시아 수학자 민코프스키(H. Minkowski)의 연구가 특수상대성이론에서 중요한 역할을 했다——의 논리적 결과물이었다. 아인슈타인 자신도 이 점을 강조했다.

> 상대성이론의 일반화 작업에는 특수상대성이론——이것은 민코프스키에 의해 대체적인 윤곽이 잡혀 있었다——이 큰 도움을 주었다. 민코프스키는 수학자로서 공간 좌표와 시간 좌표가 형식적으로 동일하다는 것을 처음으로 명확히 인식하고 이것을 상대성이론을 정립하는 데 응용했다.

이전에 개발된 특수한 수학적 도구들도 일반상대성이론이 창출되는 데 필수적인 조건이었다. 아인슈타인의 얘기를 들어보자.

> 일반상대성이론에 필요한 수학적 도구는 '절대 미분학(absolute differential calculus)'이란 형태로 개발돼 있어 손쉽게 사용할 수 있었다. 이것은 가우스(K. F. Gauss), 리만, 크리스토펠(Christoffel) 등이 기초를 닦아 비유클리드 기하학으로 발전돼 나갔으며, 리치(C. Ricci)와 레비치비타(T. Levi-Citità)가 체계화하는 데 성공해 이미 이론물리학에 응용되고 있었다.

일반상대성이론은 상대성의 원리를 중력장에까지 확장시킴으로써 탄생했다. 아인슈타인은 중력도 전자기와 마찬가지로 장의 영역에 속한다고 보았다. 중력의 속성은 전자기의 속성과 마찬가지로 주관적인 현상이 아니라 물질이 현시(顯示)된 것으로, 물질 세계의 구조를 탐구할 때 반드시 고려해야 하는 요소라고 보았다. 결국 일반상대성이론은 이미 알려진 실험 사실, 예컨대 관성 질량(inertial mass)*과 중력 질량(gravitational mass)**은 동일하다는 것과 같은 사실들을 일반화함으로써 얻어졌다. 관성 질량과 중력 질량의 동일성은 이미 오래 전에 중력의 속성을 탐구하는 과정에서 발견된 사실이었다. 이 점과 관련해 아인슈타인은 다음과 같이 강조했다.

> 중력장은 전기장이나 자기장과 비교해 볼 때 본질적으로 중요하고 현저한 차이점을 갖고 있다. 즉 중력장의 영향 아래에서만 운동하는 물체는 가속도를 얻게 되며 이 가속도는 물체의 물리적 상태나 재료와는 전혀 무관하다는 것이다.

이런 관찰을 이론적으로 일반화해 그는 등가 원리(the principle of equivalence)를 끌어냈다. 특수상대성이론이 전자기장의 탐구와 광속 불변의 원칙으로부터 얻어진 반면 일반상대성이론은 관성 질량과 중력 질량은 동일하다는 사실이 발견되면서 활기를 띠게 되었다.

처음에 아인슈타인은 특수상대성이론의 원칙들을 중력장에까지 확장시키려고 시도했다. 그러나 특수상대성이론으로는 중력의 속성을 만족스럽게 설명할 수 없었다. 사실 특수상대성이론에 따르면 물체의 관성 질량은 물체의 속도가 증가하는 데 비례해 증가한다. 그러면 관성 질량과 중력 질량은 동일하다는 원리에 따라 중력 질량도 증가해야 한다. 그러나 특수상대성이론 체계 내에서는

---

* 뉴턴 역학이 성립하는 범위 내에서 두 개의 물체가 서로 힘을 미쳐 운동할 때 가속도의 역수 비는 질량의 비와 같다. 이 원칙에 따라 정의되는 질량이 관성 질량이며, 중력 질량과 관성 질량 사이에는 비례 관계가 성립한다.

** 정지 물체에 작용하는 중력 가속도는 일정 장소에서는 항상 똑같다. 이 원칙에 따라 표준 물체와 중력을 비교함으로써 정의되는 질량이 중력 질량이며, 질량이라고 하면 보통 이를 가리킨다.

후자를 설명할 수가 없다. 이 한계를 벗어날 수 있는 새로운 이론이 요구된 것이다. 아인슈타인은 이 관계를 다음과 같이 썼다.

> 특수상대성이론의 체계 내에서 중력을 설명하려는 노력을 통해 내가 명백히 느낀 것은 특수상대성이론은 필요한 발전 단계의 단지 첫걸음에 지나지 않는다는 사실이었다.

그는 또 전자기 현상을 설명하기 위해 특수상대성이론이 상대성의 원리에 한계가 있다는 데 주목했다. 이 원리에 따르면 등속 직선 운동을 하는 체계들 사이에는 더 우선적인 체계가 없으며, 이 체계들에서는 역학 법칙이나 전자기 법칙이 동일하게 적용된다고 되어 있었다. 따라서 특수상대성이론에서의 상대성의 원리는 관성계에서만 성립한다고 결론지었다. 그러나 현실에서는 다른 체계들, 즉 가속되거나 속도가 느리거나, 원 운동이나 회전 운동을 하는 체계들이 있다. 이런 종류의 체계들에도 상대성의 원리가 성립되는가? 아인슈타인은 그렇지 않다는 것을 단번에 알아챘다. 비관성계에서는 운동하는 물체가 가속되거나 속도가 떨어지는 현상을 감지할 수 있다. 그러나 우리가 감지하는 속도의 변화는 계의 속도가 변화하는 것과 반드시 연관되어 있지는 않다고 아인슈타인은 생각했다. 그것들은 중력 작용의 결과일지 모른다고 여긴 것이다. 이런 추측이 옳다는 것을 보이기 위해 그는 다음과 같은 사고 실험을 이용했다.

운동하고 있는 밀폐된 방안에 두 사람이 앉아 있다고 가정해 보자. 이 두 사람은 그들이 우주 공간의 어느 위치에 있는지, 그들이 운동하고 있는지 여부를 전혀 모른다고 가정한다. 이 두 사람을 그들에게 일어나고 있는 상황, 즉 이 방이 정지해 있는지 움직이고 있는지를 확인하기 위해 어떤 방법을 쓸 수 있을까? 그들은 물체를 바닥에 떨어뜨려 볼 것이다. 물체가 바닥으로 떨어지면(낙하), 두 사람 중 한 명은 그들은 어떤 천체에 정지해 있고 물체는 이 천체에 의해 (천체의) 중심으로 떨어진다고 말할 것이다. 그러나 또 다른 한 명은 그들의 방은 어떤 역학적인 힘에 의해 우주 공간에서 가속 운동을 하고 있다고 말하며 물체들은 관성에 의해 정지 상태에 있는데 (물체가 떨어지는 것은) 단지 낙하한다는 느낌에 불과하다고 얘기할 것이다. 이 두 견해를 판가름할 수 있는 기준이 있는가? 아인슈타인은 헝가리 물리학자 외트뵈슈(R. Eötvös)의 실험*을 인용하면서 없다고 보았다. 아인슈타인은 중력 질량과 관성 질량이 동일하다는 사실로부터 다음과 같이 결론지었다. 즉 균일한 중력장에서는 모든 과정들이 중력이 없는 공간——이 공간은 등가속도 운동 때문에 생기는 관성력(inertial force)의 장을 균일하게 갖고 있다——에서와 동일한 방식으로 발생한다. 관성 효과와 중력 효과를 구별할 수 없다는 사실은 곧 균일한 중력장을 가진 관성계는 물리적으로 어떤 비관성계와 동일하다는 것을 의미했다. 이 사실은 바로 상대성의 원리를 비관성계에까지 확장시킬 수 있는 기초를 제공했다.

관성 질량과 무게가 있는(중력 = heavy) 질량이 동일하다는 사실로부터 특수상대성이론이 요구하는 기본 조건(로렌츠 변환 아래에서는 모든 법칙이 불변이다)은 너무 협애하다는 것을 자연스럽게 알게 된다. 즉 4차원 연속체의 비선형(non-linean) 좌표 변화에서도 (로렌츠 변환 아래에서와 같이) 모든 법칙의 불변성이 성립해야 하는 것이다.

아인슈타인은 상대성의 일반 원리(비관성계를 포함해 모든 기준 좌표계는 자연

---

* 외트뵈슈가 1889년과 1908년 두 차례에 걸쳐 행한 실험이다. 이 실험에서 그는 관성 질량과 중력 질량이 10억분의 몇 정도의 범위 내에서 거의 같다는 걸 확인했다. 그러나 아인슈타인 자신은 1907년 등가 원리를 제안할 당시 이 실험 사실을 모르고 있었고 1912년에서야 알게 됐다.

을 묘사하는 데 있어 동일하다. 즉 자연 법칙이 똑같이 성립한다는 원리)를 이용해 그 때까지 장 물질의 다른 형태에 불과하던 중력을 탐구하기 시작했다. 그는 다음과 같이 주장했다. 어떤 자연 과정의 시공 현상은 연구자들에게 잘 알려져 있다. 이 자연 과정이 갈릴레이 공간(중력장을 갖고 있지 않은 공간)에서 기준 물체 K에 대해 발생한다면 이 과정은 또 다른 기준 물체 K′(K에 대해 가속도 운동을 하고 있다)에 대해 어떻게 일어나고 있는가는 쉽게 계산해 낼 수 있다. 그러나 아인슈타인은 다음과 같이 말했다.

> 기준 물체 K에 대한 중력장이 존재하기 때문에 우리의 연구는 어떻게 중력장이 그 자연 과정(중력장이 없는 공간에서 발생한 자연 과정임에도)에 영향을 끼치는가를 보여 줄 것이다.

예를 들어 K에 대해 등속 직선 운동을 하는 물체는 K′에 대해서는 가속도 운동, 좀더 일반적으로 말해 곡선 운동을 하고 있다고 말할 수 있다. 가속도나 곡률의 크기는 (기준 물체 K′에 대해서 존재하는) 중력장이 운동하는 물체에 얼마만한 크기로 영향을 끼치는가를 나타낸다. 물론 물체의 운동에 끼치는 중력장의 영향은 이미 알려졌으나 일반상대성이론이 밝혀낸 근본적으로 새로운 사실은 전자기 복사에도 중력이 작용한다는 점이다. 일반적으로 광선은 중력장에서 휘어서 전파된다.

이러한 이론적인 결론을 통해 아인슈타인은 두 가지 측면에서 흥미를 가졌다. 이것들은 실험으로 확인될 수 있었다. 하나는 아인슈타인의 계산에 따르면 태양의 중력장에서 빛이 1.7″ 정도 휜다는 것이다. 이 현상은 개기 일식 때 관찰할 수 있다. 두 번째는 마치 태양 주위의 별들이 그만큼 실제 위치에서 이동한 것처럼 보일 것이라는 점이다. 아인슈타인은 다음과 같은 사실에 주목했다.

이와 같은 단정 내지는 추론이 정확한지 아닌지를 확인하는 것은 대단히 중요하며 이 해답은 아마 천문학자들로부터 나올 것이다.

그가 예언했던 효과는 1919년 일식 때 영국 과학자들에 의해 거의 정확하게 입증되었다. 이 관찰 데이터는 상대성이론이 거둔 승리의 서곡이었다. 게다가 중력장에 광선의 진로가 휜다는 사실은 (진공에서) 광속 불변의 법칙(이것은 특수상대성이론의 가장 중요한 원칙 중의 하나이다)이 상대적이라는 것을 입증한 셈이 됐다. 따라서 특수상대성이론을 적용하는 데도 한계가 있다는 걸 받아들이지 않을 수 없었다. 고전 역학이나 다른 모든 물리 이론과 마찬가지로 상대성이론도 적용되는 분야가 어떤 테두리 내에 한정된다는 의미였다. 아인슈타인의 얘기를 들어보자.

우리는 특수상대성이론이 무한정한 영역에 걸쳐 타당하다고 주장할 수 없다고 결론지을 수 있다. 특수상대성이론은 중력장의 영향을 무시할 수 있는 현상에 대해서만 성립한다.

따라서 아인슈타인은 등가 원리를 응용해 중력의 중요한 특성, 즉 역학적 과정뿐 아니라 전자기적 과정에 대해서도 중력이 영향을 끼친다는 사실을 발견하는 데 성공했다. 그러나 이것은 이러한 형태의 장 물질을 탐구하는 첫 걸음에 지나지 않았다.

그러나 가장 매력적인 문제는——이 문제 해결의 열쇠는 일반상대성이론이 쥐고 있다——중력장 그 자체를 만족시키는 법칙을 찾는 것이다.

비유클리드 기하학의 응용

이 문제를 풀기 위해 아인슈타인은 (특수상대성이론에 등장하는) 시간·공간에 대한 유클리드적 개념을 재해석해야만 했다. 그는 다음과 같은 사고 실험을 통해 재검토 작업의 방향을 정했다. 비관성계를 상정하기 위해 일정한 각속도(angular velocity)*로 회전하는 원반을 상상해 보자. 이 회전축은 정지한 관성계의 축과 일치한다. 만약 시계 두 개를 원반 중심과 둘레에 각각 하나씩 놓아두면 서로 다른 속도로 회전할 것이다. 왜냐하면 둘레에 있는 시계는 운동하는 반면 중심에 있는 것은 정지해 있기 때문이다. 원반 둘레에서 운동하고 있는 시계의 시간 리듬(temporal rhythm)은 원반의 중심으로부터 둘레까지의 거리에 비례해 느려지고, 중심에 있는 시계는 더욱 빨라질 것이다. 왜냐하면 등가 원리에 따르면 비관성계와 균일한 중력장을 가진 관성계 사이에는 물리적으로 구별이 없어 (비관성계에 있는) 시계의 작동이 중력장에 영향을 끼치기 때문이다. 따라서 시간도 중력의 효과에 의존해야만 한다.

이 사고 실험을 통해 아인슈타인은 공간 단위에도 중력이 영향을 끼친다는 것을 입증했다. 회전하는 원반의 원주에 접선 방향으로 매단 측정 막대와 중심을 향해 매단 측정 막대 사이에는 길이에 차이가 생기는데, 그 까닭은 정지해 있는 관찰자가 볼 때 운동하는 물체는 줄어들기 때문이다.

아인슈타인은 이 실험을 통해 비관성계에서 강체들의 기하학 법칙들은 서로 일치하지 않을뿐더러 유클리드 기하학과도 맞지 않는다는 것을 알았다. 유클리드 기하학의 정리들은 상대적이며, 그것의 적용 한계는 어떤 테두리 내에 한정된다는 것을 깨달은 것이다. 그는 다음과 같이 강조했다.

---

* 물체의 회전 운동에서, 회전의 중심과 물체의 한 점을 연결한 선분이 기선(基線)과 이루는 각의 시간적 변화의 비율.

이것은 유클리드 기하학의 정리들이 회전하는 원반뿐 아니라 일반적으로 중력장에서도 정확히 성립하지 않는다는 것을 입증한다. 직선이라는 개념도 그 의미를 상실한다. 그러므로 우리는 특수상대성이론에서 논의되던 방법으로는 원반에 대한 좌표 x, y, z를 정의할 수 있는 입장에 있지 않다.

특수상대성이론에서 관성계에 적용시키던 방법으로는 비관성계에서 공간과 시간을 정의할 수 없게 되었다. 유클리드 기하학과는 다른 수학 원리와 함께 공간과 시간 개념을 새롭게 일반화시키는 작업이 필요해졌다. 아인슈타인은 자신이 중력 현상을 탐구하면서 마주친 실재를 설명하는 데 적절한 기하학을 창안해 낼 시간이 없었다. 그런데 수십 년 전에 로바체프스키 · 리만 등과 같은 여러 수학자들이 비유클리드 기하학으로의 전화 가능성이 보이는 기하학을 고안해 낸 사실을 알았다. 아인슈타인은 그들의 업적을 이용하기로 했다. 수학, 특히 기하학의 원리를 분석해 놓은 자료(여기에는 철학적 분석도 포함됐다)로부터 많은 도움을 받았다.

유클리드 기하학이 오랫동안 확고한 믿음을 얻을 수 있었던 것은 현실에서 그 정리들이 입증되기 때문이라는 걸 아인슈타인은 알았다. 그는 또 기하학 자체의 효능과 수학의 본질 · 주제 · 기원에 대해 재음미해 볼 필요가 있다고 느꼈다.

수학자들이 다른 어떤 과학자들보다도 특별한 존경을 누리는 한 가지 이유는 수학의 정리들이 절대적으로 확실하며 논쟁의 여지가 없기 때문이다. 반면 다른 모든 과학 이론은 어느 정도 이론(異論)의 여지가 있으며 새로 발견된 사실들로 인해 전복될 위험을 항상 내포하고 있다.

사실 '점', '직선', '평면' 등과 같은 수학의 기본 개념들은 실재로부터 직접 연역되었다기보다는 정신의 추상 활동의 산물이다. 실제적인 필요를 해결하기 위해 등장한 기하학 이론들은 공리들(공리는 위에 언급한 추상 개념들의 진술로 이뤄져 있다)로부터 논리적으로 연역되었다. 그렇다면 아인슈타인이 묻듯이,

> 결국 경험과는 상관없는 인간 사유의 산물에 불과한 수학이 어떻게 실재의 대상과 놀라우리만큼 그렇게 잘 부합될 수 있는가? 경험이 없더라도 단순히 사유를 통해 인간은 실제 사물의 속성을 간파할 수 있다는 말인가?

아인슈타인은 이 문제의 해답을 기하학의 공리 체계에서 찾았다. 기하학의 공리 체계는 객관적 대상과 논리적 형식을 확실히 구분했다. 즉 기하학은 구체적인 내용을 제기함으로써 관념화된 대상들 사이의 관계만을 다루었다고 보았다.

현대의 공리 체계가 옹호하는 이와 같은 공리적 관점은 수학에서 모든 외래적인 요소를 씻어버리고 이전에 수학의 기초를 싸고 있던 신비적인 애매모호함도 쫓아버렸다. 그러나 이와 같이 정제된 수학 형식으로 말미암아 수학은 이제 우리의 직관이 느끼는 대상이나 실제의 사물에 대해 아무것도 예언할 수 없게 됐다. 공리기하학에서 '점', '직선' 등과 같은 말은 단지 공허한 개념적 술어에 지나지 않는다. 이와 같은 개념들에 내용을 부여하는 것은 수학과 아무런 관계가 없다.

기하학은 현실의 필요성 때문에 탄생했다. 기하학이라는 용어에는 땅 위에 있는 물체들의 공간적인 특성을 측량한다는 의미가 담겨 있다. 그런 측량을 위해서는 막대·자·삼각자, 이 밖에 다른 강체(rigid body : 무슨 힘으로든지 모양

과 부피를 바꿀 수 없는 가상적인 물체)들이 필요했다. 그러나 공리로서의 기하학은 실재 사물들의 움직임에는 관심이 없다. 따라서 기하학이 형식 논리의 문제뿐 아니라 내용을 가진 문제도 해결하기 위해서는 기하학의 공리 및 개념들을 경험 대상 및 (경험 대상들에 대한) 실제적인 활동과 나란히 놓으면 된다. 이런 연유로 말미암아 현실에 존재하는 강체들이 유클리드 기하학에서 다루는 대상들처럼 활동한다고 가정하더라도 문제될 게 전혀 없다. 바로 이 단순한 가정 때문에 오래 전부터 기하학은 자연 과학에 편입될 수 있었다. 이제 기하학은 논리적인 연역 내지 추론뿐만 아니라 실험 사실과 관련된 진술도 포함하게 됐다. 아인슈타인이 불렀듯이 이 '실제적인 기하학(practical geometry)'은 측정과 관계 있는 물리학 및 천문학의 문제들을 해결했다.

나는 내가 막 얘기한 기하학적 관점을 특별히 중요하게 여긴다. 왜냐하면 기하학적 관점이 없었다면 상대성이론을 공식화할 수 없었을 것이기 때문이다. 기하학적 관점 없이는 다음과 같은 사유가 불가능했을 것이다. 관성계에 대해 회전하고 있는 기준 좌표계에서 강체의 배치 법칙은 로렌츠 축약 때문에 유클리드 기하학의 규칙대로 일치하지 않는다. 따라서 똑같은 경우로써 비관성계를 도입한다면 유클리드 기하학을 포기해야만 한다. 위와 같은 해석을 내릴 수 없었다면 아마 공변 방정식(covariant equation)으로 결정적인 첫발을 내딛는 게 불가능했을 것이다.

아인슈타인은 공리 체계로서의 유클리드 기하학을 강체에 실제로 적용하는 관계로부터 분리하면 어쩔 수 없이 인습주의에 빠지게 된다고 보았다. 필자가 앞에서 얘기했듯이 푸앵카레는 유클리드 기하학이 다른 기하학에 비해 공리 체계로서 가장 단순하다고 강조하면서 만약 물리 법칙이 (타당성을 유지하기 위해) 유클리드 기하학을 약간 손질할 필요성이 생기더라도 유클리드 기하학 자체는 여전히 다른 기하학에 대해 우선권을 쥐고 있어야 한다고 결론지었다. 아인슈타인은 푸앵카레의 잘못을 지적했다. 푸앵카레는 공리 체계로서의 기하학은 추상 과학이기 때문에 어떠한 실재하는 물리적 사실도 반영하지 않는다고 하면서 또 한편으로는 이들 물리적 사실들을 묘사(설명)하는 데 원칙적으로 모든 공리기하학을 사용할 수 있다고 모순되게 얘기하고 있다는 것이다. 더구나 푸앵카레는 그 동안 열·전기·자기 그 밖에 여러 요인들이 영향을 받아 물리적 대상이나 매질의 공간적인 특성이 많이 바뀐만큼 공리기하학이 실재를 반영하진 않지만 묘사는 할 수 있다는 앞의 주장이 틀리지 않는다고 생각했다는 것이다.

아인슈타인은 이 점에 관해 원칙적으로 푸앵카레의 의견에 동의한다고 말했다. 왜냐하면 상대성이론에서 요구되는 측정에 필요한 강체가 실제로는 자연에 존재하지 않기 때문이다. 그러나 그런 강체가 자연에는 존재하지 않는다거나 강체에 부여된 속성들이 물리적 실재와는 부합하지 않는다는 난점은?

   결코 본질적인 문제가 못된다. 왜냐하면 측정하고자 하는 물체(measuring body)의 물리적 상태를 정확히 결정하는 것이 어렵지 않기 때문이다.

강체를 언급할 때 마음속에 위와 같이 측정 물체를 염두에 둘 필요가 있다. 따라서 아인슈타인은 강체 개념이 관습적이고 따라서 상대적인 진리의 자격밖에 갖지 못한다는 푸앵카레의 주장에는 동의했으나, 푸앵카레와는 달리 강체 개념이 객관적인 내용을 반영한다고 보았다. 그는 푸앵카레와 마찬가지로 원칙적인 관점에서 측정 막대(관측자 : measuring rods)의 개념과 절대적으로 일치하는 대상이 자연에는 존재하지 않는다고 보았다. 그러나 실제적인 필요를 만족시킬 정도로 정확성이 있고, 길이나 시간을 측정하는 데 요구되는 표준도 만족시키는 대상을 자연계에서 발견하는 것이 불가능하다고는 보지 않았다. 반면 푸앵카레는 절대적이지 않은 것은 상대적이며, 따라서 객관적이지도 않을뿐더러 측정에 필요한 표준으로 삼을 수도 없다는 입장을 보였다.

기하학과 물리학의 관계를 인식론적으로 세심하게 분석한 아인슈타인은 시공의 특성을 결정짓기 위해 측정자와 측정 시계를 사용하는 것은 어느 한도 내에서는 유클리드 기하학과 전혀 모순되지 않겠지만 우주적 차원의 공간으로 확대되면 '실제적인 기하학' 개념을 외삽(外揷)할 수는 없다고 결론지었다.

여기서 옹호되고 있는 관점에 따르면 연속체(continuum)가 유클리드적인가, 리만적인가 아니면 다른 어떤 구조를 띠고 있는가 하는 문제는 (경험, 곧 실험에 의해 해답이 주어져야만 하는) 물리학에 적합한 문제이지, 단순히 편의에 따라 선택할 수 있는 관습의 문제가 아니라는 것이다.

우리도 알고 있듯이 아인슈타인은 중력 이론이 갖추고 있는 구조를 리만 기하학과 연계시켜서 생각했다. 그 이유는 단순히 리만 기하학이 다른 기하학에 비해 더 편리하기 때문이 아니라, (우주적 규모의) 객관 세계가 지닌 물리적 특성은 리만 기하학의 전제들 속에서 가장 적절히 반영된다고 판단했기 때문이다. 이 점과 관련해 보른은 다음과 같이 썼다.

만약 물리 세계를 기술하기 위해 이런 종류의 비유클리드 기하학을 특별히 하나 선택한다면 그것은 단순히 어떤 죄악 대신에 다른 죄악을 대체하는 데 지나지 않는다. 아인슈타인은 물리 현상, 즉 시공 일치의 개념과 세계점(world point : 상대성이론에서 4차원 시공 세계의 중점)으로 묘사되는 사건으로 눈을 돌렸다.

일반상대성이론 덕분에 아인슈타인은 뉴턴 역학에 존재하는 난점을 해결할 수 있었다. 물론 특수상대성이론에서와 마찬가지로 고전 역학에서는 모든 계에서 자연 법칙의 불변성이 성립되는 것이 아니라 등속 직선 운동을 하는 계에서나마 자연 법칙의 불변성이 성립된다. 아인슈타인도 다음과 같이 썼다.

나는 기준 좌표계 K, K′에 대해 물체들이 서로 다른 운동을 하면서 움직일 때 이들을 기술할 수 있는 실재하는 어떤 것을 고전 역학(또는 특수상대성이론)에서 찾아보았으나 허사였다. 뉴턴도 일찍이 이런 결점을 파악하고 그것을 해결하려고 노력했으나 결국 성공하지는 못했다.

아인슈타인의 중력 이론은 중력 질량과 관성 질량이 동일하다는 등가 원리를 이용해 태양 근처의 중력장 내에서 빛이 휘어지는 현상을 만족스럽게 해명했다. 수성의 이동도 이것으로 설명했다. 19세기에 수성이 궤도상에서 느리게 회전하는 것이 관찰되었는데 당시에는 이것을 무거운 행성들, 특히 목성이 수성에 영향을 끼치기 때문이라고 설명하고자 했다. 그러나 뉴턴의 중력 이론에 기초해 계산해 보니 관찰 결과와 일치하지 않았다. 고전적인 중력 이론으로는 이 편차를 해명할 수가 없었던 것이다.

일반상대성이론에 기초해 볼 때 태양 주위를 타원으로 도는 모든 행성은 반드시 앞에서 지적한 방식대로 회전해야 한다. 그러나 수성을 제외한 모든 행성은 이 회전 정도가 너무 작아 현재의 정밀도로는 제대로 관찰할 수가 없다.

일반상대성이론은 시간과 공간에 관한 물리 이론에 심대한 기여를 했다. 예를 들어 "중력장은 시공 연속체에 영향을 끼치고 시공 연속체의 미터법을 결정하기도 한다"라는 말은 일반상대성이론에서 얻어지는 것이다. 일반상대성이론에서는 어떤 의미에서 미터법(metrics)과 중력이 동일하다고 보는데, 그 이유는 그것들이 결국 중력의 분포에 의해 결정되기 때문이다. 아인슈타인이 썼듯이 "일반상대성이론에 따르면 공간은 기하학적으로 독립적인 특성을 갖지 못하며 물질이 (공간의 특성을) 결정한다." 뉴턴의 견해에도 불구하고 공간은 균일하지 않은 것으로 판명되었다. 그것은 중력에 의해 변형된다. 물체의 밀도가 클수록 그 물체를 싸고 있는 공간은 더 많이 휘어진다. 중력장은 또 시간의 리듬을 결정하기도 하는데 천체의 질량이 무거울수록 시간이 느리게 가도록 하는 데 더 강력한 영향력을 발휘한다.

물체의 질량이 시간과 공간의 기하학적 구조를 결정한다는 사실이 밝혀짐에 따라 시간과 공간, 물질 사이에는 유기적인 관계가 존재한다는 것이 입증됐다. 특수상대성이론에서는 이 관계가 단지 외부적인 요인들(물체간의 상대적인 위치와 상대적 운동)에 따라 결정되지만, 일반상대성이론에서는 내적 관계가 밝혀져 시공 연속체의 미터법은 우주의 물질 분포에 의존한다고 보았다. 따라서 물질의 존재 형태로 시간과 공간을 바라보았던 변증법적 유물론은 과학적으로 올바르다는 것이 증명됐을 뿐 아니라 앞으로 더 발전할 수 있는 여지를 갖게 되었다.

우주론에의 적용

일반상대성이론은 우주 이론에 광범위하게 응용돼 왔다. 중력과 그 법칙이 발견·연구됨에 따라 우주론이 어느 정도 틀이 잡히기 시작했다. 천체들 사이의 물질적인 관계들이 밝혀짐으로써 고대와 중세 시대 때부터 자연 철학자들의 우주론에 팽배해 있던 근거 없는 억측들을 제거할 수 있게 됐다. 천체가 구체적으로 존재하고 그들 사이에 힘도 작용한다는 사실이 받아들여짐으로써 우주의 유한과 무한, 우주를 채우고 있는 물질의 밀도 등과 같은 문제들을 다루게 됐다.

아인슈타인의 중력 이론은 그 동안 과학자들과 사상가들 사이에 논의가 분분했던 우주의 구조에 관한 문제에 좀더 구체적인 해답을 제시할 수 있었다. 뉴턴의 우주론——우주의 중심에 별들이 집중해 있고 중심에서 멀어질수록 그 수가 감소한다는 이론——은 더 이상 과학자들을 사로잡지 못했다. 아인슈타인은 다음과 같이 말했다.

> 이 개념은 본질적으로 만족스럽지 못하다. 왜냐하면 이 개념에 따르면 별에서 복사되는 빛은 영원히 무한한 우주 공간 속으로 사라지기만 할 뿐 다시 되돌아오거나 다른 천체나 대상물들과 아무런 상호 작용도 하지 않기 때문이다. 이와 같이 물질로서의(공간으로서가 아니라) 우주가 한정돼 있다고 보는 생각은 결국 빈약한 개념이라는 것이 점점 드러날 것이다.

시공 특성은 물질에 의해 조건적으로 제한된다는 사실이 물리적으로 입증됨에 따라 아인슈타인은 우주가 어떤 기하학적 구조를 갖는가를 밝히려는 대담한 시도를 했다. 만약 천체의 운동 속도가 광속에 비해 아주 작다면, 천체의 속도는 무시될 수 있고 우주에 있는 물체들은 거의 정지해 있는 것으로 볼 수 있다고 그는 생각했다. 중력과 (우주에 퍼져 있는) 물질의 분포가 공간 및 시간에 영향을 끼친다는 사실이 알려져 있기 때문에 우주의 기하학적 구조는 항성계(stellar world)에서 유클리드 기하학의 형태를 취하지는 않을 것이다(유클리드적 구조는 물체가 가하는 효과에 의해 형태가 변형된다). 우주에 있는 물질의 평균 밀도가 '0'이 아니며 물질이 균일하게 분포해 있다면 우주는 크기가 유한한 구의 형태를 띨 것이라고 아인슈타인은 결론지었다.

우주는 반드시 구(이거나 또는 타원) 형태를 띠어야 한다. 실제로 우주의 물질 분포는 균일하지 않기 때문에 우주의 현실적 모습은 구 형태에서 조금 빗나가 있을 것이다. 즉 준(準)구형(quasi-spherical)이 될 것이다. 그러나 유한한 것만은 확실하다. 이 상대성이론을 통해 우리는 우주 공간의 크기와 (우주에 퍼져 있는) 물질의 평균 밀도 사이에는 간단한 관계가 있음을 알 수 있다.

아인슈타인이 생각한 우주 모델은 정지 상태의 우주이다. 이 모델은 근본적인 결점을 갖고 있었다. 이 모델대로라면 우주에 있는 물체들은 중력 효과에 의해 수축할 수밖에 없는데, 이를 해소하기 위해 아인슈타인은 어떤 가상의 척력이 우주에 존재한다고 가정해야만 했다(즉 자신의 중력장에 관한 방정식에 우주항項을 새로 하나 끌어들였다). 그러나 연구가 진행됨에 따라 아인슈타인이 우주의 구조에 관해 내세운 전제들 중 몇몇은 불필요하다는 게 드러났다. 소련 과학자인 프리드만(A. A. Friedman)은 우주가 정지 상태를 유지한다는 가정과 시간이 변해도 우주의 반지름은 불변한다는 전제가 잘못된 가설에 속한다고 주장했다. 프리드만은 우주가 동적인 특성을 가지며 팽창한다는 사실을 이론적으로 증명했다. 우주는 닫힌 계가 아니라고 그는 보았다.

프리드만의 주장에 대해 아인슈타인은 당시 이렇게 썼다.

나는 원래 그 문제를 두 가지 가정에 입각해서 풀어나갔다.
첫째, 물질이 우주 공간에 균일하게 퍼져 있으며, 평균 밀도는 '0'이 아니다. 둘째, 우주의 크기(즉 반지름)는 시간에 대해 독립적이다.

　이 두 가정은 일반상대성이론과도 상치되지 않는다. 다만 장 방정식에 가상의 항을 하나 더해 주어야만 한다. 이 가상의 항은 일반상대성이론에서 필요했던 것도 아니며 이론적 관점에서 보더라도 자연스럽지는 않다.……

　그러나 이미 20세기에 러시아 수학자인 프리드만은 순수하게 이론적인 관점에서 본다면 다른 가정을 전제하는 것이 자연스럽다는 걸 발견했다. 그는 위의 두 번째 가정을 생략한다면 굳이 불필요한 우주항을 중력장 방정식에 도입하지 않고서도 첫 번째 가정을 유지할 수 있을 것이라고 정확히 지적했다. 원래의 장 방정식은 정확히 하나의 해답을 내포하고 있는데, 이 해답에 따르면 '우주의 반지름'은 시간에 의존한다는 것이다(팽창하는 우주). 이런 의미에서 우리는 프리드만에 힘입어 일반상대성이론이 우주의 팽창을 필요로 한다고 말할 수 있다.

　프리드만의 이론적 결론은 몇몇 실험을 통해 옳다는 게 증명됐다. 천체에서 발산되는 스펙트럼선의 적색 편이 현상도 그 중의 하나이다. 이 적색 편이의 정도는 허블(Hubble) 상수에 의해 관찰 지점으로부터 천체간의 거리에 비례한다고 알려져 있다(적색 편이 현상 자체는 도플러Doppler 효과로 설명된다). 편이의 정도가 균일하지 않다는 사실이 은하계가 팽창되고 있다는 증거이다(적색 편이 현상을 다르게 해석하는 시각도 있다는 걸 염두에 둬야 한다. 그 중의 하나는 아인슈타인의 예측에 근거한 것으로 중력장이 전자기파의 파장에 영향을 끼치며 그 파장은 장의 세기가 커지는 것에 비례해 늘어난다는 것이다).

　프리드만의 팽창우주설로부터 우주는 '빅뱅(big bang)'*의 결과 형성되었

---

* 우주 생성의 초기, 약 백수십억 년 전에 일어난 대폭발. 우주는 이때부터 팽창을 개시했다고 한다.

을 것이라는 가설이 제기됐다. 이 가설에 따르면 '전 우주(metagalaxy)'는 과거 어느 시기에는 초고밀도의 질점(point body)과 같은 것이었다. 이 가설로부터 또 우주 진화에 관한 몇 가지 추측들이 등장했다. 어떤 과학자들은 은하계의 분산(팽창)은 영원히 계속되는 과정이라고 주장한다. 또 다른 과학자들은 우주가 진동하고 있다고 주장했다. 이 주장에 따르면 팽창의 단계는 일정 시간이 경과하면 수축이라는 반대 단계로 접어들며, 그 결과 은하들은 하나의 물질 형태, 즉 다시 한 번 '빅뱅'에 이르게 되며 그 이후 다시 팽창 사이클을 반복하게 된다는 것이다.

우주의 진화에 관한 해답은 우주에 분포해 있는 물질의 평균 밀도를 알아냄으로써 해결될 수 있는 성질이었다. 만약 평균 밀도가 $10^{-29} g/cm^3$보다 크거나 같다면 그것은 상대론적 우주론에 의해 은하계가 일정 시간이 지나면 팽창을 멈추게 되고 반대의 운동(수축)이 시작된다. 그러나 밀도가 이 기준치보다 작다면 은하계는 영원히 팽창할 것이다. 이것을 실험적으로 확인하기 위해서는 복잡한 문제가 있는데, 우주에 존재하는 물질의 모든 실제 상태와 형태를 완벽하게 고려할 수 있느냐는 점이다. 오늘날 입자 물질은 많이 연구되고 있지만 장 물질은 거기에 미치지 못하고 있다. 그러나 물질 세계가 단지 이 두 가지 형태로만 기술될 수 있다고 규정할 수 있는 근거는 없다. 최근 잇따라 물리학자들을 놀라게 했던 물리적 진공, 즉 중성미자(neutrino : 中性微子)가 새로운 형태의 물질 저장고로 밝혀질 가능성도 배제할 수 없는 것이다.

'빅뱅' 개념(그리고 그것을 통해 본 프리드만의 개념)은 중요한 증거를 새로 확보했다. 1965년에 물리학자인 펜지어스(A. A. Penzias)와 윌슨(Wilson)은 수신 장치로부터 전파 방해를 없애는 작업을 하다가 전파 잡음을 제거하는 것이 불가능하다는 결론에 이르렀다. 이 잡음은 우주 전체를 가득 채우고 있는 어떤 배경 복사(background radiation) 때문에 생기는 것으로 (오래 전 무엇인가로부터 생긴 뒤) 잔존해 있는 것이라고 밝혀졌고, 결국 그것은 '빅뱅'의 결과물이라는 데까지 생각이 이르렀다.

1960년대에는 상대성이론이 발전할 수 있는 새로운 자극들이 가해졌다. 잇따라 여러 가지가 발견되었으며 그것은 상대성이론을 다시 주목하도록 이끌었다. 1963년 준성(準星 : 퀘이사 Quasars)*이 발견되었다. 이 천체의 특성은 현존의 개념 체계로 설명이 되지 않았다. 준성은 우리로부터 거대한 속도로 멀어지고 있으며 더구나 어마어마한 에너지를 내뿜고 있다. 현대 과학은 아직도 이 준성의 특성과 작용에 대해 적절한 해답을 내놓지 못하고 있다. 그 뒤 1967년에는 '펄사(Pulsar : 맥동성)'라고 이름이 붙여진 우주의 물질 형태가 발견되었다. 이것은 일정한 시간 간격으로 (맥박이 뛰듯이) 강도가 센 전자기파를 복사한다. 이것은 중성자별(neutron star)로 생각된다.

펄사의 발견은 별들도 전체 우주와 마찬가지로 진화하고 있다는 증거이다. 중력은 별들에 영향을 끼쳐 끊임없이 별 내부의 질적 상태를 변화시킨다. 별 내부의 초고온·고압 상태는 화학 원소가 조성될 수 있는 조건을 창출하며, 시간이 지나면서 점차 에너지를 잃고 식어 가는 과정을 겪게 된다. 그 결과 어느 시점에서 비중력적인 힘(non-gravitational force)이 중력을 저지할 수 없게 되며 이때부터 중력은 별을 점점 더 압축한다. 질량이 태양 질량의 1.5배보다 작은 천체는 (압축에 저항하는 원자 껍질의) 전자들이 압축을 저지할 때까지 수축된다. 이만한 크기의 질량을 가진 별들은 백색 왜성(white dwarfs)으로 전화하는데, 이 별은 이미 과학자들에게 그 존재가 알려져 있다. 그러나 만약 별의 질량이 이 크기보다 크다면 원자의 전자 껍질이 내는 저항력도 더 이상 중력에 의한 수축을 감당해 내지 못할 것이다. 이런 상태에서는 별은 붕괴하고 전자는

---

*성운(星雲)의 폭발로 생겼다고 생각되는 별로, 태양의 1조 배에 달하는 밝기를 가지고 있다고 한다.

압축되어 양성자와 결합해 중성자를 만들게 된다. 그 결과 중성자 물체(펄사)가 생기며 이 물체의 공간과 시간은 중력장의 영향을 받아 심하게 변형된다. 소립자들(광자를 포함해)은 중성자별의 표면을 벗어나기가 힘들다. 만약 별의 질량이 태양의 질량보다 몇 배가 크다면 원자핵까지 붕괴할 수 있는 중력의 작용을 받게 된다. 그렇게 되면 별은 우리가 '블랙 홀'이라고 불러온 일종의 '에너지 덫(energy trap)'의 상태로 바뀐다. 블랙 홀에서의 중력장은 너무나 거대하기 때문에 광자를 포함한 어떤 물질도 빠져나갈 수가 없다. 천체의 크기가 작으면 작을수록 중력 압착의 효과 때문에 그 천체에서의 시간은 느리게 된다. 시간이 완전히 멈추는 것은 천체가 중력 반경(gravitational radius)과 똑같은 크기에 도달한 때다. 태양의 중력 반경은 3km이고 지구의 중력 반경은 8mm이다. 그러나 물체가 중력 반경에 도달한다고 해서 수축(압축)이 멈추는 것은 아니다. 이 지점을 지나면 이제 중력 붕괴가 일어나기 시작해 천체가 초고밀도 상태가 되는 대이변의 압축이 발생한다.

별을 포함해 우주의 진화에 관한 연구는 천문학에 일종의 혁명을 불러일으켜 오랫동안 길들여져 있던 많은 개념들을 거부하도록 만들었다. 우주라든가 '최초의' 순간, 우주 반경, '거대 세계(megaworld)', '미시 세계(micro-world)' 등과 같은 개념들을 철학적으로 분석할 필요성이 강력히 제기됐다. 오늘날에는 거대 우주와 미시 우주의 개념을 상대적으로 보아야 한다는 결론에 이르고 있는 듯하다. 많은 물리학자들은 중성자의 구조 및 특성에 관한 지식이 천체, 즉 펄사(맥동성)의 연구에도 도움을 줄 것이라고 믿고 있으며, 나아가 펄사란 '핵물질이 거시적으로 나타난 형태'라고 간주할 수 있을 것으로 보고 있다.

제5장
상대론 물리학의 철학적 본질

물질의 객관성 · 269
물리 개념의 재분석 · 280

물질의 객관성

앞에서 얘기했듯이 상대성이론은 (다른 물리 이론과 마찬가지로) 글자 그대로 거의 모든 철학 흐름과 유파에 뜨거운 관심을 불러일으켰다. 상대성이론 전반에 걸쳐 철학적 분석이 행해졌으며, 거기서 나온 결론들은 상호간에 대단히 모순적이었다. 과연 필자가 보는 특수상대성이론과 일반상대성이론의 철학적 내용은 무엇인가?

첫째로, 자연은 물질적으로 통일돼 있다고 물리학의 방법과 내용에서 지적하고 있는 것처럼 상대론 물리학은 물리학 전체가 발생론적으로 연관돼 있다는 걸 점점 더 강조한다. 사실 상대성이론은 아무런 기초가 없는 상태에서 불쑥 나타난 것이 아니라 현존하는 물리학 이론을 아인슈타인이 비판적으로 해석해서 얻은 결과이다. 그는 모든 새로운 과학 이론이 좀더 완전한 지식을 향한 한 단계라는 사실을 알고 있었다. 그가 뉴턴 체계가 갖는 절대주의를 부정하고 각각의 전제들을 비판하면서도 고전 역학을 어떤 한계 내에서는 실재와 부합되는 과학으로 남겨둔 것은 결코 우연이 아니었다. 또 이런 접근 방법은 패러데이와 맥스웰 이론을 탐구할 때 적용됐을 뿐 아니라 상대성이론의 직계 선구자인 로렌츠와 푸앵카레에 접근할 때도 계속 지켜졌다. 이 점과 관련해 그는 다음과 같이 썼다.

특수상대성이론은 맥스웰-로렌츠의 전자기학에 물리학의 원리들을 적용시킴으로써 탄생했다. 그 원리들은 초기 물리학 시절부터 강체의 위치와 관성계에 관계된 법칙, 그리고 관성 법칙 등에는 유클리드 기하학이 유효하다고 가정해 왔다. 또 자연 법칙은 모든 관성계에서 동일하게 성립해야 한다는 가정은 전체 물리학에 대해 유효하다(특수상대성이론의 원리). 또 맥스웰-로렌츠 전자기학은 진공에서 광속이 불변한다고 가정한다(빛의 원리).

상대성이론이 물리학에서의 몇몇 흐름들을 종합·완성시켰는데도 그것은 결코 절대적인 진리라고 할 수 없으며, 단지 자연이 갖는 무한한 속성과 오묘함을 파악하는 도정에서의 한 단계에 지나지 않는다. 그것은 많은 이론적인 문제들을 해결했지만 동시에 새로운 문제도 제기했다. 이 새로운 문제를 해결하기 위해서는 바로 상대성이론이 갖는 그 한계에서 출발해야 하는 것이다. 뉴턴의 이론 체계가 몇백 년간 절대적인 진리로 인정받아 왔지만, 아인슈타인에 이르러 상대성이론이라는 작업을 통해 결국 상대적 진리에 불과하다는 것이 밝혀졌다. 아인슈타인은 상대성이론이 제기한 문제를 풀기 위해서 따라가야 할 길도 가르쳐 주었다. 그는 다음과 같은 방법으로 문제에 접근하는 사람들, 즉 특수상대성이론은 일반상대성이론에 의해 반박된다거나, 아인슈타인 자신의 이론과 이전의 물리학 이론 사이에는 아무런 연관이 없다고 주장하는 사람들에게 자주 이의를 제기했다. 예를 들어 아인슈타인은 특수상대성이론과 일반상대성이론은 지구 중력장이 미치는 범위 내에서 서로 결합돼 있다고 지적했다.

중력이 존재하지 않을 정도로 좌표를 무한히 잘게 나눌 수 있을 것이다. 그러면 이 극소 영역에 대해서는 특수상대성이론이 유효하게 적용된다고 생각할 수 있다. 이런 식으로 일반상대성이론을 특수상대성이론과 연계시킬 수 있으며 특수상대성이론의 결과들을 일반상대성이론에 적용할 수 있는 것이다.

최근 몇십 년간 물리학에서 발견된 사실을 통해 볼 때 일반상대성이론도 한계를 갖고 있으며 시비를 걸 수 없을 만큼 절대적인 진리의 위치에 있는 것은 아니라는 사실이 드러났다. 예컨대 일반상대성이론을 이용해서 특이점(singularity) 현상을 만족스럽게 설명하기가 불가능하므로 일반상대성이론을 대체할 새로운 이론이 요구된다. 만약 '사상(事象)의 지평선(the event horizon : 인과因果의 지평, 블랙 홀의 이론적 반경)' 너머 물질(적) 과정이 발생한다면 현재의 과학 언어로 볼 때 불합리하다고 말할 수밖에 없다. 그러나 이런 '역설적'이거나 '불합리한' 결과로 나타나는 상황은 물리학이 이 새로운 문제를 연구하기 시작하면 오래 가지 못한다. 과학사와 과학 철학의 역사가 보여주듯이 그러한 모순은 불가피하며 주로 축적된 과학 지식을 적절히 이용하지 못함으로써 일어나지만 대개 해결된다.

상대성이론은 과학자들의 시각에 심대한 영향을 끼쳤다. 그것은 고전 물리학이 했던 것보다 훨씬 깊이 있게 우주가 법칙성을 띠고 있다는 것을 드러내 보였다. 뉴턴 식의 세계관은 아인슈타인의 물리 이론의 영향을 받아 굉장히 변했으며 세계상도 성숙해 이전에는 물질·운동·시간·공간이 각각 별개라고 여겨졌으나 이제 이들은 하나로 통일되었다. 이 이론 덕분에 우주의 구조를 해석하는 데 질적으로 거대한 일보를 내디딜 수 있게 됐다. 뉴턴과 아인슈타인 사이의 기간에는 우주에 대한 연구가 상대적으로 거의 진전이 없었고 (심지어 아인슈타인까지도) 우주는 정지해 있으며 활동도 없고 변화하지도 않는 것으로 여겼으나, 일반상대성이론의 등장으로 우주론에 그야말로 대변혁이 일어났다. 여기에는 절정에 이른 두 개의 봉우리가 있는데 하나는 막 탄생한 일반상대성이론의 결론을 입증하는 실험(1919년 영국 천문학자 에딩턴이 개기 일식을 이용해 별에서 오는 빛이 태양을 지나는 동안 휘는 현상을 관측했던 사실을 가리킨다 — 옮긴이 주)이었고, 다른 하나는 우주의 진화 사실을 확증시켜 주는 우주를 구성하고 있는 수많은 구조상의 요소들이 1960년대에 발견됐다는 사실이다. 이 발견들은 실험 기술의 혁명적인 발전이 있었기 때문에 가능했다.

어떤 과학자들은 상대성이론이 자연의 객관적인 속성을 탐구함으로써 얻어진 것은 아니라고 주장한다. 그러나 상대성이론의 기본 원리를 잘 분석해 보면 물질 세계의 객관적인 속성을 탐구함으로서 탄생했다는 걸 알 수 있다. 이 이론의 경험적인 원천은 분명하다. 특수상대성이론의 바탕에 깔린 것은 상대성의 원리와 광속 불변의 원칙이다. 이것은 많은 실험 데이터를 일반화함으로써 얻어진 결과들이다. 반면 일반상대성이론은 중력 질량과 관성 질량이 동일하다는 등가 원리를 전제하고 있다. 상대성이론이 객관적이라는 것은 이론적인 결론들이 실험 사실과 일치한다는 데서 입증되고, 이론적 결론들을 실제로 응용해 봄으로써도 확인된다. 사실 특수상대성이론은 현대 물리학에서 단지 이론적 기초에만 머물지 않는다. 오늘날 특수상대성이론의 도움을 받지 않으면 구체적인 연구나 공학 기술적인 문제들을 해결하기가 불가능하다. 상대론적 효과는 하나의 수학적인 고안물도 아니고 관찰자의 주관적인 생각도 아니다. 물질의 시공적인 속성을 이해해야만 자연 현상의 많은 부분들을 설명하는 것이 가능해진다. 오늘날 특수상대성이론은 원자 물리학과 핵 물리학, 그리고 소립자 물리학에서 가장 성공적으로 응용되고 있다. 예를 들어 대기권 상층에서 형성된 수명이 극히 짧은 파이(π) 중간자가 어떻게 수십 킬로미터를 낙하해 지구 표면에 도달할 수 있는가를 설명할 수 있는 것은 이 이론밖에 없다. 상대론적 효과가 없다면 파이 중간자는 기껏해야 몇 미터의 거리밖에 낙하하지 못할 만큼 수명이 짧기 때문이다. 원자력 기술이나 소립자 물리학의 가속 장치 등도 상대성이론이 없이는 꿈꿀 수가 없다. 일반상대성이론의 실험적인 타당성도 의심의 여지가 없다. 이미 수많은 실험을 통해 일반상대성이론은 신뢰할 수 있다는 보증이 주어졌다. 중력에 대한 상대성이론인 일반상대성이론이 없었다면 최근 천체 물리학에서 발견되는 많은 현상들을 설명하기가 불가능했을 것이다. 간혹 상대성이론은 물리학에서 절대의 문제를 없애버렸다고 주장하는 문헌을 접하게 된다. 그러나 주의 깊게 살펴보면 이것은 틀린 말이다. 상대성이론은 절대적인 양을 무시하거나 팽개치지도 않으며 또한 모든 양을 상대적인 양으로 환원시키지도 않는다. 플랑크와 초기의 민코프스키까지도 상대성이론은 절대(적인) 양을 전혀 부인하지 않는다고 말했다. 플랑크의 얘기를 들어보자.

> 절대적인 것은 상대성이론에서 결코 뿌리뽑히지 않았다. 반대로 상대성이론에서 절대적인 것은 훨씬 더 뚜렷하게 표현되었다. 왜냐하면 물리학은 어떤 경우에도 외부 세계에 잠재해 있는 절대적인 것에 기초하기 때문이다.

사실 이전에는 과학계에 전혀 알려지지 않았던 많은 절대량(absolute quantities: 오직 새로운 절대량들)들이 상대성이론에서 절대적인 것으로 분류되곤 했던 몇몇 개념들을 상대적인 것으로 환원시켰지만 자연 법칙을 훨씬 심오하게 밝혀 주었다. 절대에 관해 인식하지 못한다면 과학은 더 앞으로 나아가지 못할 것이다. 물리학에서는 개념과 원리들을 재해석·재평가하고 그 개념과 원리들을 적용할 수 있는 한계나 일반화의 정도·정확성 등을 재조정하는 작업이 계속 있었다. 이런 작업들을 통해 변화무쌍한 실재에 대한 인식 과정의 변증법도 아울러 터득하게 되었다.

서구에서는 상대성이론의 방법론적 기초가 다양한 종류의 철학적 주관론이라는 견해가 널리 퍼져 있다. 아인슈타인을 포함해 물리학자들은 스스로 이 점에 관해 어떻게 생각하는지 알아보자.

우리는 아인슈타인의 저술 속에서 주관주의적인 접근 방법으로는 자연을 이해하는 데 결코 성공하지 못할 것이라는 문구를 발견할 수 있다.

> 과학은 탐구하는 개인(주체)과는 독립적으로 존재한다고 여겨지는 관계를 탐색한다. 여기에는 인간 자신이 탐구 대상인 경우도 포함된다. 또한 과학적 진술의 대상이 수학과 같이 인간이 창조해 내는 개념일 수도 있다. 그러나 모든 과학적 진술과 법칙은 한 가지 공통된 특성을 갖고 있다. 그 진술과 법칙

들은 '참'이거나 '거짓'이다(적절하거나 적절치 않다).

과학적 사유 방식은 그 이상의 특성을 갖고 있다. 조리 있는 체계를 세우기 위해 과학적 사유가 사용하는 개념은 결코 감정을 드러내지 않는다. 과학자들에게는 단지 '존재'가 있을 뿐 희망·가치·선·악 등은 전혀 없다.

진리를 찾는 과학자에게는 청교도적인 절제 같은 것이 있다. 그는 자의적이거나 감정적인 모든 것을 멀리한다.

마이어슨(E. Meyerson)이 상대성이론과 데카르트·헤겔 체계를 서로 비교한 것에 주목해 아인슈타인은 다음과 같이 덧붙였다.

> 인간의 정신은 관계를 설정하는 것에 만족하지 않는다. 인간의 정신은 이해하기를 원한다. 마이어슨에 따르면 앞선 두 사람의 개념들보다 상대성이론의 뛰어난 점은 수량적으로 정확도가 높다는 것과 많은 실험 사실들에 응용된다는 것이다.

그러나 보른의 대답을 들어보면 무슨 말을 하려는지 좀더 명확해진다. "그것(상대성이론)은 감각과 지각으로부터의 해방, 에고(ego)의 해방을 추구한 순수한 산물이다"라고 그는 썼다.

계속 얘기해 왔지만 상대성이론으로부터는 물질이 의식에 의존한다는 사실을 결코 끌어낼 수 없다. 특수상대성이론은 물질의 창조 불능성(uncreatability)과 파괴 불능성(indestructibility)을 반박한다는 주장이 자주 제기된다. 이 주장의 근거는 에너지와 질량 사이의 관계를 나타내는 유명한 방정식 $E = mc^2$에서 유도된다는 것이다.

그러나 필자가 보기에 그러한 주장의 진정한 근거는 전혀 없다. 이와 같은 오해는 위의 방정식을 구성하는 개념들, 즉 물질·질량·에너지에 대한 해석을 둘러싸고 일어나는 것으로 여겨진다. 이 개념들은 흔히 혼돈을 일으키는데, 즉 물질이 소멸해서 그것이 에너지로 전화한다는 결론으로 이끄는 것이다. 변증법적 유물론에서는 철학적 개념과 물리적 개념을 혼동함으로써 발생하는 오류에 주목한다. 물질은 철학적 범주로서 앞에서 얘기했듯이 형이상학적 유물론에서 내세우는 구체적인 물리적 개념과는 관계가 없다. 물질이 갖는 철학적 개념은 단지 하나의 속성, 즉 우리의 의식과 독립적으로 존재하는 성질인 객관성을 반영한다. 반면 질량과 에너지는 물리적 속성이다. 질량은 관성과 중력의 크기를 나타내고 에너지는 다양한 종류의 물질 운동의 공약수이다. 아인슈타인의 방정식에서 요점은 질량이지 물질이 아니다. 그러므로 물질이 에너지로 전환한다는 주장은 이 방정식으로부터 유도되지 않는다. 이 식은 단지 질량과 에너지 사이의 양적인 관계를 나타낼 뿐이다.

'물질의 소멸'이라는 생각은 때때로 전자기장이나 다른 장들의 물질적 본질을 개념적으로 곡해함으로써도 생긴다. 이들은 입자와 같은 실체를 가진 형태만을 물질로 본다. 그래서 이들은 장과 소립자의 상호 전화·소립자의 절멸 같은 물리 현상을 흔히 물질의 소멸과 그것의 에너지로의 전화 과정으로 설명한다. 사실 미시 세계에서는 구체적 형태를 갖춘 물질(입자)이 장으로 전화하기도 한다. 그러나 전자기장이나 다른 장들도 소립자들과 마찬가지로 물질적 실체이다(그러므로 같은 물질적 대상의 상호 전화로 보아야지 물질이 소멸해 에너지로 전화하는 것으로 보면 안 된다—옮긴이 주).

여러 철학자들이 이처럼 자연 현상을 모순되게 해석함으로써 아인슈타인을 어지럽게 만들었다. 이 때문에 아인슈타인은 물질에 대한 형이상학적 개념들을 재검토할 수밖에 없게 됐다. 그는 장이 실재한다는 것을 반복해서 지적하고, 장이 발견됨으로써 고전 역학과는 구별되는 새로운 흐름이 물리학에 도입될 수 있었다고 주장했다.

실체로서의 에너지에 관한 언급, 즉 에너지가 물질을 이어받았다는 주장에는 새로운 것이 전혀 없다. 상대성이론이 등장하기 전에도 물질의 개념과 에너지의 개념을 분리하려는 시도는 있었으나 세월의 시련을 견디지 못하고 불합리한 것으로 결론지어졌던 것이다.

흔히 철학 서적에서 주장하듯이 시간과 공간을 사유의 주관적 형태로 보는 것도 상대성이론과는 관계없다. 상대성이론은 시간과 공간의 새로운 특성을 발견했으며, 이 두 범주가 서로 깊이 연관돼 있고 물질과도 관계를 맺고 있다는 사실을 알아냈다. 따라서 시간과 공간은 물질의 존재 형태일 뿐이라는 것을 확증했다. 아인슈타인은 공간의 객관성에 대해 언급하면서 다음과 같이 썼다.

> 감각 경험이라는 관점에서 공간 개념이 발전해 온 과정을 들여다보면 다음과 같은 구성을 이루고 있는 것처럼 보인다. 즉, '고체 ; 고체들의 공간적 관계 ; 간격 ; 공간'과 같은 이런 방법으로 바라보면 공간은 고체와 마찬가지로 실재하는 어떤 것으로 드러난다.

인류가 발생하고 인류의 경험이 시작되기 훨씬 전인 수십억 년 전에도 시간으로서의 자연뿐 아니라 공간으로서의 자연이 존재했다는 사실은 시간과 공간이 인간 사유의 주관적 형태라고 주장하는 이론이 얼마나 허무맹랑한가를 입증하고 있다.

어떤 과학자들은 공간 개념을 절대화시켜 상대성이론의 공간 개념 속에서의 물리적인 내용을 용해시킬 수 있다고 결론지었다. 아인슈타인은 이런 결론에 주목했다.

(마이어슨은) 새로운 이론이 몰고 온 혁명적인 변화를 철학적인 관점에서 살펴보면서 종전의 과학에서 주목됐던 하나의 경향——그러나 여기서 더욱 주목받게 된 관점——이 명백히 드러나는 것을 보았다. 즉 '다양한 종류의 것'을 가장 단순한 표현으로 환원시키는 경향, 다시 말해 공간 속에서 해소시키는 경향이 있다는 것을 발견했다.

그러나 아인슈타인은 그것이 상대성이론에서 끌어낼 수 있는 합리적인 결론이 아니라고 보았다.

이 완전한 환원——이것은 데카르트가 꿈꾸었던 것이다——이 실제로 불가능하다는 사실은 마이어슨 자신이 이미 상대성이론에서 보인 것이다.

이것과 유사한 것으로 상대성이론에서는 시간과 공간 개념이 그들의 독립성을 잃고 하나의 단일체로 합쳐진다고 주장하는 관점이 있다. 이런 관점이 생겨나게 된 데는 민코프스키가 상대성이론에 대해 내린 해석에 책임이 있다. 그는 다음과 같은 식으로 언급하는 것이 가능하다고 생각했다.

그러므로 (독립된 것으로서의) 공간과 시간 그 자체는 단순히 그림자 속으로 사라진다고 여겨지며 단지 그 둘의 통일체만이 독립적인 실체를 유지할 것으로 보인다.

상대성이론의 창시자인 아인슈타인은 이런 결론은 상대성이론의 참 내용을 왜곡하는 것이라고 생각했다.

시간과 공간은 하나의 동일한 연속체에 근거해 있긴 하지만 그 연속체가 등방성(等方性, isotropic)을 갖지는 않는다. 공간상의 거리가 갖는 특성과 시간적인 요소가 갖는 특성은 서로 명백히 구분되며, 그렇기 때문에 밀접히 가까운 두 사건 사이의 (공간적인) 거리의 제곱이 공식에 포함돼 있는 것이다.

어떤 과학자들은 일반상대성이론을 언급하면서 본질적인 특성을 기하학에 부여했다. 즉 그들은 물리학은 물질적인 과정들을 반영하는 것이 아니며, 물리학의 명제들은 기하학으로 완전히 환원될 수 있다고 주장했다. 일반상대성이론이 기하학과 물리학을 대단히 가까운 관계로 만든 것은 사실이다. 아인슈타인은 일반상대성이론이 기하학과 중력 이론을 하나의 전체로 통일시켰다고 강조했다.

어떤 과학자들은 일반상대성이론의 수학 공식을 절대화해 그것을 물리적인 내용과 분리시킴으로써 다음과 같은 엉뚱한 결론을 끌어내기도 했다. 이 관점에 따르면 부두에 대해 배가 움직이는지 배에 대해 부두가 움직이는지 또는 태양 주위를 지구가 도는지, 지구 주위를 태양이 도는지에 대해 우리가 어떻게 생각하든 둘 사이에는 차이가 없다는 것이다. 프톨레마이오스의 천체 체계(천동설)와 코페르니쿠스의 체계(지동설)는 물리적으로 동일하다는 주장인 셈이다.

아인슈타인과 인펠트의 공저인 『물리학의 발전 *Evolution of Physics*』에서 위와 같은 주장이 나올 수 있게 한 구실을 제공했다는 점을 주목해야 한다. 그 저서에서 그들은 비관성계에서 물리 법칙을 수립할 가능성에 대해 언급하면서 이렇게 썼다.

모든 좌표계에 대해——지구에 대해 등속 운동을 하는 좌표계든, 완전히 임의로 운동을 하는 좌표계든 상관없이——성립하는 물리 법칙을 세울 수 있는가? 그것이 가능하다면 우리의 난제들은 해결될 것이다. 그렇게 되면 어떤 좌표계에 대해서도 자연 법칙을 적용시키기만 하면 되는 것이다. 과학이 발달하는 초기에 그토록 격렬했던 프톨레마이오스의 관점과 코페르니쿠스의 관점 사이의 투쟁도 그때는 완전히 의미를 상실하게 될 것이다. 두 관점 모두 똑같은 대접을 받게 되는 것이다. '태양은 정지해 있고 지구가 돈다' 또는 '태양이 운동하고 지구는 정지해 있다'는 두 주장은 서로 다른 좌표계와 관련된 단지 서로 다른 관례에 지나지 않게 된다.

그러나 같은 책에서 프톨레마이오스와 코페르니쿠스 체계 사이의 관계에 대해 다르게 해석해 놓은 것을 발견하게 된다. 둘 중 어느 하나의 체계가 다른 체계에 대해 우선권을 주장할 수 있는 근거는 전혀 없다고 강조하면서도 동시에 아인슈타인과 인펠트는 다음과 같이 썼다.

> 물리학은 우리의 상식적인 관점에 끼여들어 그것을 변화시킨다. 태양과 관계된 좌표계는 지구와 관계된 좌표계보다 훨씬 관성계와 닮았다. 따라서 물리법칙도 프톨레마이오스의 좌표계보다는 코페르니쿠스의 좌표계에 적용되어야 한다. 코페르니쿠스의 발견이 위대한 점은 (상식적인 관점이 아니라) 물리적인 관점에서만 이해될 수 있다. 그것은 행성의 운동을 설명하기 위해서는 태양과 밀접히 연관된 좌표계를 사용하는 것이 훨씬 유용하다는 사실을 입증했다.

두 인용문을 비교해 보면 저자들이 자신들의 생각을 애매하게 표현했다는 걸 알 수 있다. 그러나 그들이 상대성이론의 수학적인 형식과 그것이 갖는 물리적인 해석을 동일시하지 않았다는 것은 명백하다. 그 증거로는 나중에 인펠트가 자신은 상대성이론을 해석하면서 생기는 많은 오해들 중 하나인 '상대성이론은 코페르니쿠스와 프톨레마이오스의 이론 체계가 가진 차이점을 부인하고 그 둘이 똑같다고 본다는 점'을 씻어낼 수 있기를 바란다고 썼기 때문이다. 이러한 오해는 몰이해나 착각에서 생겼다. 사실은 자신의 생각을 엄밀하고 정확하게 표현하지 않는 통속적인 저술가들이 여기에 대한 책임을 져야 하며 상대성이론을 제대로 배운 사람이라면 위와 같은 당치 않은 결론에 이를 수가 없는 것이다. 상대성이론의 수학적인 구조와 관련해 얘기해 본다면 '불변성(invariance)은 다른 체계에 우선한 하나의 체계'라는 개념은 불필요하다는 걸 의미하며, 따라서 수학적인 관점에서 본다면 프톨레마이오스와 코페르니쿠스 체계 사이에는 아무런 구별이 없다. 그러나 물리적인 내용과 관련해서는 완전히 다른 것이다.

행성의 운동이나 두 물체 사이의 운동, 고아선의 휘어짐 같은 실재의 구체적인 단편들을 수학적으로 묘사한다는 것은 완전히 객관적인 것이며, 또 (그 묘사를 통해) 이 단편적 사실들을 태양과 연관된 체계에 묶거나 또는 질량 중심과 관계된 체계, 즉 코페르니쿠스 체계에 묶기도 하는 것이다.

물리 개념의 재분석

마지막으로 상대성이론은 자연주의자들, 특히 물리학자들에게 엄청난 충격을 가해 철학적인 문제 의식을 갖도록 했으며, 물리학에서 사용되는 개념 도구들을 방법론적·인식론적으로 재분석해 볼 필요성이 있다는 것을 보여 주었다. 아인슈타인도 상대성이론에 대해 "그것은 기본 개념들을 인식론적인 용어로 명확히 정의하도록 강요했다"고 말했다. 왜냐하면 상대성이론은 양자 물리학과 더불어 고전 물리학의 개념들이 혁명적으로 변화하는 새로운 단계였으며, 양자 물리학보다 훨씬 광범위하게 과학 개념들에 영향을 끼쳤기 때문이다.

상대성이론의 관점은 물질과 직접적으로 관계된 개념들, 즉 장·입자·에테르·질량 등과 같은 개념들을 포괄했을 뿐 아니라, 시간·공간·운동과 같은 개념들에 혁명적인 변화를 일으켰다. 일반상대성이론은 우주론적인 문제도 다루었다. 우주의 구조를 특징짓던 고전 물리학의 개념들 중 상당 부분이 일반상대성이론의 영향으로 그 내용이 변경되었다. 게다가 상대성이론은 물리학의 방법론에도 큰 변화를 가져왔다.

상대성이론이 내세우는 개념의 본질이 왜곡된 데는 인식론적인 이유가 있었다. 20세기 초에 물리학의 위기에 대한 원인을 분석하면서 레닌이 밝힌 바와 같이 그것은 우리들 지식의 수학화와 상대성으로 요약할 수 있다. 사실 상대성이론은 객관적 실재를 직접적으로 반영하지 못하는 복잡한 수학적 도구에 주의를 집중했다. 객관 세계와 상대성이론의 정리들을 묶어주는 끈은 수학 공식이라는 미궁 속에서 잃어버렸고 그 끈을 찾기 위해서는 철학적 사유의 도움을 필요로 했다. 물리 지식이 수학화함으로써 견고한 유물론의 입장을 견지하지 못한 과학자들은 상대성이론의 물리적인 결론을 형식적인 관계로 정식화하는 데 몰두했다. 그들은 기준 좌표계, 물체 운동의 궤도 등과 같은 개념들을 실재와는 독립된 개념, 즉 객관적 내용을 지니지 못하는 개념들로 간주했다.

물리 개념들이 객관적인 내용을 가진다는 사실을 부인하는 또 다른 이유는 변증법적 유물론으로 설명할 수 있을 것이다. 사실 물리학에서도 확실하게 입증된 '물질의 속성은 무한하며 그 깊이 또한 무한하다'는 전제로부터 출발한다면 우리의 지식이 (거기에 맞춰) 시시각각 변화해야만 한다는 사실도 논리적으로 유도된다. 물질 세계가 단계마다 그 구조를 바꿔 드러내는 것, 하나의 물질 과정이 발생하기 위한 조건이 시간에 따라 변화하는 것 등은 물질의 속성에 관해 우리가 갖고 있던 관념들을 새롭게 변화시킨다. 그러나 그것은 이전에 우리가 갖고 있던 (물질에 관한) 지식이 완전히 잘못되었고 실제의 자연 과정을 전혀 반영하지 못했다는 것을 의미하지는 않는다. 그것은 단지 근사적인 지식이며 물질 세계의 어떤 구조적인 단계에 관한 객관적인 정보를 내포한다. 물론 지식의 상대적인 성격과 오류나 오해는 당연히 구별되어야 한다. 지식의 상대성이 갖는 이론적인 명제는 어떤 한계 내에서 또 어떤 조건 아래에서만 참이라고 보는 데 반해, 오류나 오해는 객관적인 진리에 맞지 않는 이론 내지 명제들을 가리킨다. 상대성이론은 시간과 공간에 관한 인식의 깊이를 더해주었다. 특수상대성이론은 시간과 공간으로부터 절대적인 의미를 박탈했으며, 서로를 별개의 고립된 것으로 보는 관점에 마침표를 찍었다. 일반상대성이론은 공간과 시간이 상호 연계돼 있을 뿐 아니라 물질과도 관계를 맺고 있다는 걸 보였다. 공간·시간·물질을 각각 별개로 본다면 그들은 상대적인 위치에 있지만, 시간-공간-물질이라는 연계 개념으로 보면 절대적인 특성을 지닌다. 그러나 이것이 상대성이론에서는 이 개념들 하나하나가 객관적인 속성을 상실한다는 의미는 아니며 또 관찰자의 관점에 전적으로 의존한다는 뜻도 아니다. 아인슈타인은 다음과 같이 주장했다.

> 그러므로 (상대성이론은) 공간과 시간으로부터 그들의 실재성을 박탈하는 것이 아니라 그들의 '인과적인 절대성(causal absoluteness)' ——즉 영향을 주기만 할 뿐 무엇으로부터도 영향을 받지 않는 성질로, 이것은 뉴턴이 당시에 알려진 법칙들을 정식화하기 위해 시간과 공간에 대해 부여해야만 했던 성질이다——을 제거하는 것이다.

마치 상대성이론이 객관적인 실재를 부정하는 것처럼 보이게 만든 인식론적 근원을 따져보면 바로 상대성이론의 설명 논리에 책임이 있다는 주장은 어느 정도 설득력이 있다. 대개 물리 이론은 물질과 물질적인 관계를 분석함으로써 구축되기 시작하며, 그 다음에 그것으로부터 시공 특성과 같은 어떤 특성을 연역해 내는 과정을 거친다. 그런데 상대성이론의 경우에는 이런 논리 과정이 거의 보이지 않는다. 만약 처음부터 물질과 물질적인 관계들이 상대성이론의 본질을 설명하려던 저자들의 시야에 들어왔고 그 다음에 시공 관계 자체가 포착됐더라면 과학자들이 시공에 관한 이론을 탐구하면서 주관주의에 빠지지는 않았을 것이다.

아인슈타인 자신도 상대성이론에 관해 처음으로 쓴 책이나 이후의 저서에서 좌표의 관성계나 다양한 관성계에서 시공이 상대적으로 어떻게 나타나는가에 대해서만 초점을 맞추었지 물질과 물질 관계에 대해서는 주목하지 않았다. 더구나 그는 '겉으로 나타나는' 시공이라는 표현을 사용해 자주 관찰자에 의존했다. 그는 시공의 특성과 관계를 결정하는 요인으로써 물질과 물질적인 관계에 항상 주목했던 것은 아니었다. 말할 필요도 없이 시공과 그 관계에 의존하는 것이 아인슈타인에게는 기본적인 것이었다. 그는 실재란 객관적으로 존재하고 전자기장도 물질적인 본성을 갖고 있다는 사실을 받아들임으로써 자신의 이론의 출발점으로 삼았다. 이 사실은 잼머(M. Jammer)의 『공간의 개념 *Concepts of Space*』 서문에 아인슈타인이 썼던 글을 보면 더욱 명확하다. 이 서문에서 그는 공간에 대한 두 개의 관념 즉, 뉴턴과 라이프니츠의 관념을 분석하면서 그 두 개념이 나오게 된 근거를 살펴보면 물질의 구조에 관해 서로 다르게 이해했기 때문이라고 주장했다. 그는 또 '시간'의 개념은 '물체(material object)'의 개념에 선행해야 한다고 말했다. 그가 입자와 장의 실재성을 상대성이론의 기초 작업과 분리시켜 별도로 취급한 것은 유감이다.

상대성이론을 곡해시킨 또 다른 이유로는 용어의 부정확성을 들 수 있는데, 여기에는 대중적인 저술가뿐 아니라 아인슈타인에게도 책임이 있다. 앞에서 지적했듯이 아인슈타인도 과학적인 용어를 항상 엄밀하게 사용하진 않았다.

그의 저서 속에는 실용주의 철학에서 빌려온 표현도 가끔 발견된다. 예를 들어 '물질(matter)'이라는 용어 대신 '질량(mass)'이라는 용어를 간혹 사용했다. (구체적) 물질(substance)이 장으로 변환하는 현상을 논하면서 그는 물질(matter)이 에너지로 변환한다고 썼다. 그는 또 물질적인 관계는 자주 생략하는 대신 관찰자의 역할을 강조하면서 감각들 사이의 관계나 측정 따위만을 언급하기도 했다. 이와 같은 것들이 상대성이론에 등장하는 개념이나 명제들을 곡해시키는 구실을 제공했다.

제3부
문헌을 통해 본 상대성이론의 철학적 문제점

제1장 문헌에 나타난 상대성이론을 둘러싼 해석 · 289
제2장 상대성이론을 둘러싼 여러 논쟁 · 325

유물론 철학과 자연 과학은 각 분야가 발전하는 데 내적으로 서로 필요조건 관계에 있다. 철학과 자연 과학은 발생 초기부터 객관적 세계를 이해하는 연쇄 사슬의 뗄 수 없는 고리가 되어 왔던 것이다. 과학은 철학적인 지식의 영향을 받으며 발달했으며 또한 철학도 현실과의 연관 없이 선험적으로 발달할 수가 없었다.

지식이 발달하는 각 단계마다 이들은 상호 작용의 형태를 여러 가지로 변화시켜 왔다. 결합이 어느 정도 충실하고 깊이 있는가에 따라 자연 과학의 문제들이 얼마나 철학적으로 분석되고 있는지를 알 수 있다.

상대성이론은 자연을 설명하는 가장 근본적인 이론들 중의 하나이지만 아직까지도 철학적으로는 더 높은 수준의 실증을 요구하고 있다. 상대성이론의 수학적·물리학적인 측면은 연구자들 사이에서 더 이상 논란의 대상이 되지 않고 있다. 그것은 20세기에 이룩된 선구적인 물리 사상들 가운데서도 당연히 선두를 지키고 있다. 그것은 또 수많은 실험 계획에 광범위하게 응용돼 왔다. 그러나 상대성이론의 철학적인 의미, 특히 아인슈타인의 관점에 대해서는 세계의 여러 문헌들 속에 아직 논란의 대상으로 남아 있으며 가장 모순되고 상호 극단적인 평가로 그려져 있다. 아인슈타인의 사상은 가끔 가장 얼토당토않은 철학적인 개념과 연관되기도 했다.

상대성이론과 아인슈타인에 대해 쏟아진 끊임없는 관심을 확인해 보려면 지금까지 세계 여러 곳에서 출판된 철학적·방법론적인 문헌과 물리학 서적들을 접해 보는 것만으로 충분하다. 상대성이론이 발표됐던 20세기 초와 마찬가지로 오늘날에도 많은 철학자들은 자신들의 철학 체계를 통해 상대성이론을 해석해 내려고 최선을 다하고 있다. 상대론적 세계관과 지식의 발전 방향에 대한 아인슈타인의 관점을 해석할 때 그들은 자신의 세계관을 그 출발점으로 삼고 있는 것이다. 이에 대해서는 러셀이 적절히 지적하고 있다.

새로운 과학 이론의 경우에 흔히 그렇듯이 모든 철학자들은 자신들의 형이상학적 체계에 맞추어 아인슈타인의 저서를 해석하고, 마치 그것이 자신들이 이전부터 주장하던 견해와 일치하는 것처럼 결론을 유도하는 경향이 있다.

제1장
문헌에 나타난 상대성이론을 둘러싼 해석

서양 문헌에 나타난 상대성이론의 관념론적 해석 · 291
러시아 문헌에 나타난 상대성이론 비판론 · 303
러시아 문헌에 나타난 상대성이론 옹호론 · 315

서양 문헌에 나타난 상대성이론의 관념론적 해석

사실 러셀을 포함한 많은 철학자들은 그들 자신의 목적을 위해 상대성이론의 개념을 이용해 왔다. 예를 들어 러셀은 논리실증주의의 정합성을 상대론적 물리학의 방법론을 통해 입증하려고 시도했다. 처음으로 상대성이론의 권위에 의지하려 했던 서양 철학의 대표자 중 한 사람은 아마 알렉산더(S. Alexander)일 것이다. 그는 상대성이론과 자신의 철학적 개념 중에서 어떤 공통점을 찾으려고 시도했다.

아인슈타인이 일반상대성이론을 완성하고 난 직후 알렉산더는 그 이론에 대한 강의를 시작했는데, 그 강의는 1916년부터 1918년까지 계속됐다. 강의를 통해 그는 일반상대성이론이 객관적 관념론의 기본 교의와 통한다고 강조했다. 강의 내용은 『공간, 시간 그리고 신성 *Space, Time and Deity*』이라는 제목으로 출판되었고, 그것은 상대성이론을 해석한 철학 분야의 결론처럼 받아들여졌다. 알렉산더는 아인슈타인의 이론에 따르면 이 우주와 우주를 구성하는 모든 사물의 기초는 시간과 공간이지 물질(matter)이 아니라고 강조했다. 그는 "모든 사물은 그들의 성질이 어떻든 간에 모두 시공(space-time)의 조각에 지나지 않는다"고 썼다. 그는 시공이라는 요소를 관념적인 실체일 뿐 물리적인 실체는 아니라고 보았다.

철학자와는 별개로 저명한 과학자들도 초기에는 상대성이론의 내용을 관념적으로 해석했다. 그들 가운데 가장 권위 있는 사람은 에딩턴(A. Eddington) 경과 진스(J. H. Jeans) 경이다. 에딩턴은 상대성이론을 분석하고 난 뒤 "공간과 시간은 외부 세계에 존재하는 것이 아니다"라고 결론지었다. 그에 따르면 물리적인 양은 무엇보다 측정과 계산의 결과이다. 상대성이론의 법칙은 기본적으로 단지 아인슈타인의 정신적인 산물이지 자연의 객관적인 과정을 반영하는 것은 아니라고 본 것이다. 실재(Reality)는 단지 모든 상상 가능한 관점들을 결합시킬 때 얻을 수 있다.

진스도 에딩턴과 거의 비슷한 생각을 드러냈다. 그는 상대성이론에 대해 다음과 같이 말했다.

> 우리가 보통 알고 있는 것처럼 견고한 물체나 딱딱한 입자들은 실제로 존재하는 것이 아니다. 그것은 단지 우리가 혼돈 속에서 편견이라는 안경을 통해 비물질적인 것을 보기 때문에 마치 존재하는 것처럼 인식되는 것이다.

그는 상대성이론이 '정신적인 특성을 가졌음이 분명한' 어떤 일반적인 물질상을 반영한다고 주장했다.

상대론적 물리학을 통해 유물론을 비판한 사람 가운데 특히 미국 철학자 프랑크(P. Frank)가 눈길을 끌었다. 그는 19세기에 지배적이었던 기계적 세계관이 철학 사상의 흐름을 유물론 쪽으로 옮기는 데 상당한 자극제가 되었다는 것을 알고 있었다. 그러나 이제 그는 다음과 같이 말한다.

> 이 강력한 흐름이 20세기의 물리학, 특히 상대성이론과 양자이론에 의해 멈춰졌다는 인식이 널리 퍼졌다. 유물론을 향한 흐름이 멈춘 대신 관념론으로의 급선회가 이뤄졌다는 것은 많은 저술가들에게 분명해졌다.

그는 자기의 진술을 입증하기 위해 이 새로운 이론이 내놓은 물질·시간·공간에 대한 개념을 이용했다. 그는 "상대성이론에서 물질의 보존은 더 이상 성립하지 않는다. 물질은 비물질적인 것, 즉 에너지로 바뀔 수 있다"라고 쓰고 있다. 그는 또 "길이나 지속(시간)에 대한 모든 진술은 이제 더 이상 '객관적인 시간이나 공간'에 대한 언급이 될 수 없으며, 단지 우리의 인상을 말하는 것일 뿐이다"라고 했다. 이러한 모든 것이 물질의 역할을 최소한으로 감소시켰다고 그는 확신했다.

최근 서구에서 나온 상대성이론에 관한 출판물들을 분석해 보아도 이 이론이 얼마나 철학적으로 다양한 성격을 갖는지 잘 알 수 있다.

이런 주제로 글을 쓰는 사람들 중에 물리학을 종교적·신비적으로 해석하는 그룹이 있다. 미국 물리학자 스태프(H. P. Stapp)도 이 그룹의 한 사람으로 창조론자들의 영향을 받아 상대성이론을 우리의 직접적인 경험 사실과 조화시키려는 시도를 하고 있다. 더구나 그는 화이트헤드(A. N. Whitehead)와 하이젠베르크의 존재론에 의지하는 것도 마다하지 않는다. 스태프는 "물리적인 세계는, 정신 세계에서 나타나는 어떤 흐름의 구조다"라고 단호히 주장했다. 그는 정신은 '창조적인 활동'의 집합에 지나지 않으며, 창조적인 활동이란 '이전의 활동으로부터 생성된 모든 것을 새롭고 통일된 방식으로 이해하는 것'이라고 강조한다. 정신에 내재한 창조적인 활동이 곧 '물리학'이라는 것이다. 그러나 엄밀하게 말해서 '창조적인 활동들'은 본질적으로 일관성을 갖고 있기 때문에 상대성이론과는 모순될 수밖에 없다. 왜냐하면 상대성이론은 좌표계에 전적으로 의존하므로 일관된다고 할 수 없기 때문이다. 또 '창조적인 활동'은 광속보다 더 빠른 속도로 이동할 수 있기 때문에 상대성이론과 배치된다.

화이트헤드는 상대성이론의 명제들을 '도그마'로 변환시켜 세계의 창조 과정에 대한 철학적 존재론에 도입했다. 그러나 그는 상대성이론이 일반적으로 어떤 과정도 띠지 않는다는 사실을 몰랐다. 그것은 실재에 대한 정지된 화면을 묘사할 뿐이다. 스태프는 그의 이데올로기 선배들의 잘못을 바로잡기 위해 양자역학에 주의를 기울일 것을 요구했다. 왜냐하면 양자 역학은 현대 물리학의 정신적인 요소를 세계의 창조 과정에 대한 존재론 속으로 통합시킬 수 있을 것으로 보았기 때문이다.

현대 물리학과 고대 동양의 신비 사상 사이에서 어떤 공통점을 찾으려는 연구에는 눈에 띄는 특징이 있다. 물리 교육을 받은 미국인 저술가 탈보트(M. Talbot)는 그의 저서 『신비주의와 새로운 물리학Mysticism and the New Physics』에서 물리학이 점점 더 고대 철학에서 완벽하게 반영되어 온 신비주의와 결합되어 간다는 것을 보이려 했다. 그러한 결론을 이끌어낸 근거에 대해 그는 다음과 같이 말했다

> 우리가 전제한 기본적인 가정들이 물리학과 형이상학을 이해하는 것을 방해할 뿐 아니라 언어 그 자체 또한 방해물로 작용한다. 이제 물리학과 형이상학은 언어가 더 이상 아무런 정보도 주지 않는 그런 지점에 도달했다.

그는 상대성이론이 후에 양자역학이 했던 것처럼 현대 물리학의 의제 가운데 객관성과 인과론의 문제를 해결했다고 결론지었다. 그는 수학이 실재를 대체하고 아인슈타인의 '관찰자'는 휠러(J. A. Wheeler)의 '참여자'로 대체됨으로써 물리학에 의식이 침투하게 되었다고 보았다. 몇몇 고대 사상가들은 의식을 일종의 장(場)으로 파악했기 때문에 탈보트도 고대 신비주의와 현대 물리학의 장이론 사이에 어떤 연관이 있다고 생각했다. 그는 또 휘어진 시공의 중력장이 내는 역선은 '시바(Siva)의 머리카락'의 종교적 교의와 어떤 공통점을 가진다고 생각한다. 같은 방식으로 삭티(Sakti)에 관한 저술과 현대 물리학의 블랙 홀, 나다(Nada) 및 빈두(Bindu)와 파동과 입자에 관한 물리 개념들 사이에도 연관이 있는 것으로 보고 있다.* 그의 견해는 다음과 같다.

---

* 힌두교에서 시바는 우주의 창조와 파괴를 상징하는 신이며, 그의 배우자 삭티 여신은 우주의 창조력을 상징한다. 나다는 우주의 창조음을, 빈두는 시바신의 신비한 기호를 의미한다.

새로운 물리학은 우리에게 종교에 대한 과학적인 기초를 제공하고 있다. …… 그것은 인간 의식의 심리학에 기초를 둔 종교이다. 게다가 그것은 우주에 작용하는 의식적인 힘으로써 우주 전체의 심리학에 기초를 둔 종교이다.

미국인 과학자 캐프라(F. Capra)의 저서에도 비슷한 사상이 있다. 고대 신비주의자와 현대 물리학은 공통적으로 처음에는 '관찰자'를, 그리고 나중에는 '참여자'와 의식을 우주 이론에 도입했다는 점에서 비슷한 입장을 취하고 있다. 그러나 그는 이렇게 적고 있다.

20세기에 물리학에서는 몇 가지 개념상의 혁명이 있었다. 그것은 기계적 세계관의 한계를 명백히 보여 주는 반면 세계를 유기적이고 생태학적 관점으로 바라보도록 했다. 그것은 모든 시대와 전통을 이어져 내려온 신비론적 관점과 상당한 유사점을 보이고 있다. 우주는 이제 수많은 별개의 사물들로 이뤄진 기계가 아니라 조화를 이룬 더 이상 나눌 수 없는 전체로 파악된다. 즉 우주는 관찰자로서의 인간과 그의 의식을 본질적으로 포함하는 역동적인 관계의 그물 조직이다. 이성적인 정신이 최고로 전문화된 형태인 현대 물리학이 종교의 본질이자 직관적인 정신이 최고로 전문화된 형태인 신비주의와 접촉을 시작했다는 사실은 의식의 두 가지 양식인 이성과 직관이 완벽한 아름다움으로 통일되고 상호 보완된다는 것을 보여 준다. …… 현대 물리학은 다른 과학에 대해 과학적인 사고가 반드시 환원주의적이고 기계론적일 필요는 없다는 것을 보여 줄 뿐 아니라, 육체와 정신을 통일적으로 보는 관점과 생태학적인 관점도 과학적으로는 전혀 문제가 없다는 것을 밝혀 준다.

캐프라는 고대 신비주의 사상을 현대 물리학의 방법론적 기초라는 위치로 올려놓으려고 한다. 그는 다음과 같이 강조한다.

신비주의 사상이 현대 과학 이론과 세계에 대한 개념—그 속에서 과학적인 발견과 발견자의 정신적 목표 그리고 종교적인 믿음이 완전히 조화를 이루는 개념—에 일관되고 적절한 철학적 배경을 제공한다는 것을 아는 과학자가 점점 늘어나고 있다.

아인슈타인의 '관찰자' 개념에서 출발해 현대 물리학을 주관적 관념론으로 해석하는 것은 비단 종교적인 선입관을 가진 철학자만이 아니다. 이것과 관련해 우리는 독일의 '실재론적 철학(practical philosophy)' 파인 신칸트 학파를 주목해야 한다. 이 학파는 자연을 기술할 때 '관찰자' 라는 요소를 고려할 때만 현대 물리학이 발전할 수 있다는 생각을 그 출발점으로 삼는다. 더구나 이들은 이러한 방침이 바로 상대성이론의 저자인 아인슈타인으로부터 도출된다고 주장한다.

이 학파의 또 다른 구성원인 드리슈너(M. Drieschner)는 현대 물리학은 수학화라는 과정을 통해 객관적인 실재를 매우 추상적인 것으로 만들었다고 말한다. 왜냐하면 특수상대성이론에서 시간은 공간과 연결되고, 또한 아인슈타인의 후계자들에 의해 물질은 공간으로 환원되었기 때문이다.

인습주의(conventionalism)*자들도 자연을 이해하는 데 있어 '관찰자' 라는 주관적인 요인의 역할을 절대화하는 한편 실재로부터 시간의 개념을 따로 떼어내 선험적인 범주로 돌리고 있다. 이러한 부류 중의 한 사람인 수우(J. P. Hsu)는 특수상대성이론에서 아인슈타인이 도입한 시간의 개념이 물리적인 지

---

* 과학적 개념이나 이론 구조가 기본적으로 과학자들 사이의 합의에 의한 산물이라고 보는 철학 유파. 이들은 과학 지식의 객관성을 부정하기 때문에 주관적 관념론에 빠진다.

식과 일치하지 않는다고 주장한다. 왜냐하면 그것은 경험적이고 객관적인 사실보다는 인습에 기초하기 때문이라는 것이다. 그가 언급한 인습 가운데는 서로 반대 방향으로 퍼지는 빛의 속도가 같다는 전제와 광속(光速)의 등방성(等方性)과 불변성에 대한 진술이 포함되어 있다. 그는 물리 이론은 반드시 시간과 공간이라는 범주를 분석의 출발점으로 삼아야 한다고 보았다. 그는 뉴턴 역학의 절대 시간과 아인슈타인의 상대론적 개념 그 어느 것과도 다른 우주 시간의 개념을 도입할 것을 제안한다. 그러한 개념을 도입하게 되면 광속은 모든 시스템에서 동일하다는 인습이 불가피하게 폐기되어야 한다. 수우는 광속은 단지 실험자가 선택하는 좌표계에서만 일정하다고 주장한다. 그러나 그의 접근 방식은 상대성이론과 모순되고 객관적인 실재로부터 시간의 범주를 고립시키게 된다는 것을 알 수 있다.

인습주의자들은 다른 철학 유파의 구성원들과 마찬가지로 그들 철학의 독자적인 성격을 드러내려고 노력한다. 이런 목적으로 그들은 푸앵카레가 물리학에서 거둔 업적을 끌어들인다. 인습주의자 지디민(J. Giedymin)은 "푸앵카레가 그의 철학적 견해를 피력할 때 인습주의의 사상을 공유했으므로(물론 그는 상대성이론의 발달에 실마리를 제공한 사람이다), 과학자들이 일반적으로 받아들이는 견해와는 대조적으로 오직 인습주의자들의 사상만을 현대 물리학의 방법론적 기초로 간주해야 한다"고 말한다.

많은 저술가들이 아인슈타인의 철학적 견해를 분석하는 책을 써 왔다. 그러나 그들은 아인슈타인의 일관된 관점을 잘못 해석하고 있으며 대개 자신의 철학적 신념에 기초해 그것을 해석하고 있다. 아인슈타인은 실재에 대한 우리의 지식은 감각 기관이 받아들인 정보를 수동적으로 지각함으로써 가능한 것이 아니라 인간의 정신이 그 정보를 능동적으로 재구성함으로써 가능하다고 주장했다. 과학방법론 분야에서 비합리주의자인 페이어라벤트(P. Feyerabend)는 이를 근거로 아인슈타인을 실증주의자로 분류한다.

또 아인슈타인이 '우주 종교'의 존재에 대해 얘기한 적이 있었다. 그것은 과학적 환상주의의 일종으로 아인슈타인이 과학적인 창조 활동을 하는 데 도움을 주었다. 그러나 독일 물리학자 프리취(H. Fritzsch)는 "우주 종교는 일상 생활과는 독립된 불변의 자연 법칙의 존재에 대한 아인슈타인의 믿음을 뜻한다"고 주장한다.

아인슈타인의 철학적 견해에 대한 미국 철학자 매키논(E. M. Mackinnon)의 고찰은 주의해서 들을 만하다. 그는 아인슈타인이 자신의 관점을 형성하는 데 있어 과학적인 연구에서 주로 영향을 받았다는 것을 알고 있다.

> 객관적인 타당성을 지닌 일반 법칙에 기초해 조리 있는 세계관을 세우는 것이 과학의 목표이다. 과학 법칙의 참과 거짓은 궁극적으로 실험과 관찰의 문제이다. 이 두 입장—아인슈타인은 둘 모두에 의존했다—사이에는 논리적인 차이가 존재한다. 실험과 관찰은 법칙에 도입된 가정의 특별한 결과를 검증하지만 존재론적인 관점에서 그 가정들의 객관적인 타당성을 검증하지는 못한다.

그는 아인슈타인이 이 차이를 메우려고 시도했을 뿐 아니라 다른 과학자들도 이러한 불균형을 극복하려고 시도한다는 것을 아인슈타인이 파악하고 있었다는 것을 강조한다. 마흐와 피어슨은 사유의 절제라는 원리를 통해 푸앵카레는 인습주의 사상으로, 뒤엠(P. Duhem)은 하나의 설명 체계는 여러 보조 가설들로 지탱되는 이론으로(가설 연역적인 모델로서) 이뤄진다는 전제를 도입함으로써 이 불균형을 극복하려 했다. 그러나 그 어느 것도 아인슈타인을 만족시킬 수 없었다. 매키논은 "아인슈타인은 인과율을 단순히 자연에 대한 인간 이성의 원리로 보는 것이 아니라 자연 자체의 원리로 받아들였다"고 쓰고 있다. 아인슈타인은 다음과 같이 생각했다.

도구를 통해 관찰되는 현상은 그 배후에 숨어 있는 실재에 의해 설명되어야 한다. 그러한 숨어 있는 실재를 성공적으로 드러내는 유일한 방법은 단순하면서도 자연적이고 미학적으로도 아름다운 수학의 형태를 통하는 것이다.

매키논은 또 보어와 아인슈타인 사이의 이론적이고 인식론적인 입장의 차이를 비교하고 있다.

아인슈타인은 이론을 인식의 기초 단위로써 진지하게 취급했다. 보어는 어떤 (법칙의) 의미를 분석할 때 그 열쇠가 되는 용어에 초점을 맞춰 그것들이 어떻게 제한되고 확장되는지에 주의를 기울인다. 아인슈타인은 과학의 일반 법칙들을 실재에서 얻어지는 관계들의 표현이자 그것들에 대한 접근이라고 해석했다. 보어는 에너지 보존 법칙과 같은 일반 법칙이라도 (필요하다면) 기꺼이 희생할 수 있다고 말했다. 아인슈타인이 과학의 역사를 일련의 개념 혁명이라고 해석한 데 비해 보어는 과학의 도약이란 이전 단계에서 이뤄진 발전을 이성이 일반화함으로써 이뤄진다고 해석했다.

상대론적 물리학에 관한 연구들은 대부분 아인슈타인이 성취한 과학적 업적의 내용과 그 연구 과정을 분석한다. 미국 과학사학자인 홀튼(G. Holton)이 쓴 책에 이런 점이 특징적으로 나타나 있다. 그는 아인슈타인이 지녔던 방법론과 관점은 서로 다른 정반대의 것으로 형성되어 있다고 결론지었다. 아인슈타인의 인상은 노인의 지혜와 어린애 같은 솔직함을 겸하고 있고 개인적인 과묵함과 사회 활동에 대한 정열을 아울러 지니고 있으며, 이성적인 논리 정연함과 비이성적인 직관을 동시에 지니고 있다고 그는 강조한다. 아인슈타인이 세운 과학적 업적의 중심에는 그러한 정반대의 성격이 한편으로는 장 개념의 발달 과정에서 나타나는 연속성으로, 또 다른 한편으론 양자론에서 보는 것처럼 원자론적인 불연속성으로 나타났던 것이다. 아인슈타인은 서로 모순되는 개념을 가지고 작업했을 뿐 아니라 또한,

> 명백하게 모순되거나 반대되는 성격의 것을 취급하고, 사용하고, 조명하고, 변형하기도 한다. …… 역학과 전자기학, 에너지와 질량, 공간 좌표와 시간 좌표, 관성 질량과 중력 질량 등을 서로 연결시킨 것을 생각해 보면 된다.

서양 철학에서는 헤겔 철학과 아인슈타인의 업적 사이에서 어떤 공통점을 찾으려고 시도해 왔다. 예를 들어 샘부르스키(S. Sambursky)는 헤겔이 상대성 이론을 예견한 최초의 철학자라고 주장한다.

> 이중 부정을 통해 점(point)은 시공(時空)적인 실재로 간주되고, 따라서 헤겔은 점을 장소로, 공간과 시간이 위치한 동일성으로, 한 곳에 위치한 모순성으로 정의한다. 헤겔이 위치(place)를 '공간적인 현재(spatial now)'로 정의한 것은 단순히 현명하게 형식화했다는 것 이상을 뜻한다. 그것은 4차원적인 상대론적 우주에서 점이 갖는 의미를 예견한 것이다.

샘부르스키에 따르면 헤겔은 운동을 시간 속에 있는 공간의 소멸과 재탄생, 공간 속에서의 시간의 소멸과 재탄생으로 보았을 뿐 아니라 또 다른 위치에 의해 한 위치가 부정되는 것이 운동이라고 생각했다는 것이다. 헤겔에게 물질은

추상적인 공간과 시간으로부터 구체적인 존재로의 변환을 뜻하며, 이상으로부터 현실로의 전이를 의미했다. 헤겔은 물질이 지닌 공간적·시간적 특성의 통일성이 중력에서 명백히 드러난다고 보았다. 중력은 다음과 같은 성격을 갖는 것으로 묘사되었다.

한편으로는 한 물체가 차지하고 있는 공간을 다른 물체가 침범하지 못하도록 하는 물질 고유의 실재성이며, 다른 한편으로는 외부의 한 점을 향해 나아가려는 자체 외향적인 물질의 경향성이다.

샘부르스키는 헤겔이 운동과 힘에 대한 뉴턴 식의 해석을 비판해 놓은 것과 중력 문제를 논의하는 데 끼친 기여를 분석하며 다음과 같이 주장한다.

헤겔과 아인슈타인은 공통된 생각을 갖고 있는데, 그것은 다름아닌 관성과 중력으로 분리하는 뉴턴적인 이원론은 반드시 폐기돼야 하고 행성의 운동은 반드시 '자유로운' 운동에 의해 설명되어야 한다는 것이다. 이 점 때문에 우리는 헤겔이 일반상대성이론의 문턱에 있었다고 주장하는 것이다.

서양 철학 문헌에 대한 이 간략한 개괄적 관찰에 결론을 맺기 위해 필자는 상대성이론을 분석해 얻은 좀더 일반적인 결론을 인용하겠다. 그것은 1979년에 아인슈타인 탄생 100주년을 기념해 내놓은 「아인슈타인 : 그 첫 100년 *Einstein : The First Hundred Years*」이라는 논문집에서 얻은 것이다. 거기에는 다음과 같은 결론이 내려져 있다. 즉 아인슈타인의 특수상대성이론은 고전적인 물질 개념을 폐기하도록 했다. 또한 아인슈타인의 이론은 운동과 움직인다는 것 사이에 놓인 자연스러운 구별을 근본부터 파헤친다. 그리고 '창조적인 우주'라는 사상이 아인슈타인의 관점을 지배한다는 것이다. 논문의 저자들은 시간에 대한 상대론적 모델과 신학적 모델 사이의 공통점을 찾으려 노력하고 있다.

시간은…… 시공의 한 측면으로 자연을 구성하는 필수적이고도 기본적인 요소이다. 따라서 성 어거스틴(St. Augustine)이 설파했듯이 어떤 유신론적인 관점에서 보더라도 시간은 이 세계의 다른 모든 존재들처럼 신에 의해서 창조된 것이다.

그들의 견해 가운데 과학적 우주론이 신학에 끼친 새로운 관점은 세계가 '무(無)'로부터 창조된다는 생각이었다.

신에 의해서 지탱되는 줄 알았던 우주가 사실은 이전부터 항상 새로운 형태의 물질을 만들고 있는 우주라는 것을 새삼스럽게 깨닫게 된다. 세계는 지금도 만들어지고 있다.

그런데 몇몇 논문은 상대성이론과 아인슈타인의 관점을 철학적으로 해석해 놓았지만 그 해석들이 서로 꼭 일치하는 것은 아니다. 결론들 중 상당수는 서로 모순되고 그것들 모두가 현실과 부합되지는 않는다. 특히 과학에 끼친 영향이 지대해 권위가 있다는 과학자들의 해석은 자칫 다른 관점을 지닌 동료 과학자들 사이에 거북한 상황을 초래하기도 한다. 왜냐하면 그러한 해석상의 차이가 물리학의 방법론상의 차이 때문에 생기는 것으로 생각될 수도 있기 때문이다. 상대성이론의 철학적 해석을 가장 잘 이해해 온 사람은 관념론과 유물론을 각각 대표하는 사람들이었다.

러시아 문헌에 나타난 상대성이론 비판론

변증법적 유물론은 상대성이론의 방법론적 중요성과 그 기초자의 이데올로기적인 편향성 모두를 탐구하는 올바른 전통을 갖고 있다. 그러나 러시아의 과학자와 철학자들이 상대성이론의 문제점을 논의하는 과정에서 수많은 연구결과를 남겼으나 각각의 측면, 특히 철학적인 측면은 여전히 모순으로 가득 차 있었다.

20세기 초기에 벌써 상대성이론의 철학적 해석을 둘러싸고 서로 정반대 되는 흐름이 눈에 띄었다. 러시아 과학자들과 철학자들은 대부분 상대성이론이 객관적인 세계의 참된 과정을 반영하고 있다고 생각했다. 또 변증법적 유물론에 대해서도 반대하지 않았을 뿐 아니라 오히려 확신을 가졌다. 이러한 흐름의 선두에 섰던 사람들은 물리학자인 바빌로프, 조페(A. F. Joffe), 프렌켈(Y. I. Frenkel), 탐(I.Y. Tamm), 포크(V. A. Fok), 프레데릭(V. K. Fredericks), 프리드만 등이고, 철학자로는 셈코프스키(S. Y. Semkovsky), 헤센(B. M. Hessen) 등이다.

똑같은 시기에 과학자들로 구성된 작은 그룹이 생겨나 오랫동안 활동을 했는데*, 이들의 상대성이론에 대한 평가는 일관성이 없고 혼란스러웠을 뿐 아니라 결국에는 상대성이론의 물리학적인 내용과 철학적인 가치를 부정하기에 이르렀다. 그들은 상대성이론은 변증법적 유물론의 기본 원리와는 양립할 수 없다고 주장했다.

이들은 비록 용어상으로는 마르크스주의 철학 용어를 사용했다 하더라도 실제로는 형이상학적 유물론의 관점에서 물리학의 자료를 분석했다. 그들은 수많은 서양 철학자들의 결론, 즉 상대성이론은 자연 법칙의 객관적 성격을 반박

---

* 활동한 물리학자로는 카스테린(N. P. Kasterin), 미트케비치(V. F. Mitkevich), 티미랴제프(A. K. Timiryazev), 철학자로는 막시모프(A. A. Maximov) 등이 있다.

하는 것이 목적이라는 결론에 그대로 동의할 뿐 아니라 그 기초 위에서 상대성 이론을 비판하고 있다.

예를 들어 물리학자인 티미랴제프는 1921년에 출판된 아인슈타인의 『특수 상대성이론과 일반상대성이론에 대하여 On the Special and General Theory of Relativity』를 분석하면서 상대성이론만큼 그토록 광범위한 지식인 집단 사이에서 인기를 누렸던 과학 이론은 일찍이 없었다는 것을 인정했다. 그가 보기에 상대성이론이 흥미를 끈 것은 주로 다음과 같은 사실 때문이었다.

> 상대성이론을 평가할 때 전후(戰後) 시기에 투쟁하고 있는 노동자 계급을 공공연히 편들어온 한 신념 있는 혁명가가 새롭고 신선한 과학적인 사상을 과학에 도입한 결과 나타난 찬란한 위업이라고 본다. 그러나 다른 한편에서는 상대성이론을 과학에서의 위대한 혁명으로 보고 환영하면서도 그것의 주요한 업적은 유물론에 대해 '치명타'를 날린 데 있다고 보는 것이다.

그는 아인슈타인이 이전의 지식에 의존하는 다른 방법에 의해서도 상대성이론의 결과들이 얻어질 수 있다고 인정한 것에 감명을 받았다. 그는 또한 다음과 같이 강조했다.

> 아인슈타인 자신은, 비록 가끔 그가 유물론적 철학의 관점에서 벗어나는 생각을 표현했을지라도, 유물론의 기초에 반대하는 어떤 움직임도 보이지 않았다.

그는 다음과 같은 사실도 언급했다.

아인슈타인의 이론에는 상대성원리와 상관없으면서도 큰 가치를 지닌 것들이 많다. 보편적인 중력 이론을 입증하려는 그의 시도는 대단한 관심사인데, 그러나 그것은 상대성원리와는 직접적인 관계가 없다.

그러나 티미랴제프는 상대성이론의 허점을 찾으려고 노력한다. 그는 그런 허점 중의 하나를 '상대성이론은 실험적 검증에서 아주 안전하다'는 사실에서 발견한다. 상대성이론은 거의 광속에 가까운 속도에서만 명백히 드러나기 때문에, 그것을 증명하기 위한 시간을 측정하는 실험상의 기술이 충분히 발전하지 못했던 것이다. 이 사실 때문에 그는 상대성이론에 대해 미심쩍은 태도를 취했던 것이다. 그러나 사실은 아인슈타인이 간파했듯이 다른 방법에 의해서도 이 실험 결과가 얻어질 수 있었다.

게다가 티미랴제프는 상대성이론이 객관적인 과정을 반영한다고 생각하지 않았다. 그래서 그는 시간과 공간에 대한 상대론적인 효과와 새로운 성질은 객관적인 현실과는 동떨어진 것이라고 결론지었다. 아인슈타인은 상대성이론을 지키기 위해 그것들을 가정했을 따름이라고 생각했다.

> 우리는 아인슈타인의 주요 전제들을 자연에 부과하기 위해, 또한 기본 사실들과 모순에 빠지지 않기 위해, 우리가 어떻게 조사할 수 없는 시계의 변화율을 만들어내야만 했다.

티미랴제프는 상대성이론의 또 다른 약점은 아인슈타인이 유클리드 기하학을 거부한 것이라고 지적했다. 유클리드 기하학은 가장 복잡한 기술적인 도형을 포함해 일상 생활의 간단한 계산이나 작도를 하는 데 응용되고 있는데도 그것을 거부했다는 것이다. 그러나 그는 아인슈타인이 일반적인 유클리드 기하학을 거부한 것이 아니라 유클리드 기하학을 절대화하는 것을 반대했다는 사실을 모르고 있었다. 아인슈타인은 그의 이론을 통해 유클리드 기하학이 한정된 이론이라는 것을 보였던 것이다.

티미랴제프는 또 아인슈타인이 의존했던 비유클리드 기하학이 사실은 자연현상을 더 잘 반영한다는 사실을 몰랐다. 그는 비유클리드 기하학을 현실과 동떨어진 단순한 상상력의 산물로 보았다.

아인슈타인은 관측자의 운동 상태에 관계없이 자연 법칙은 불변이라는 그의 전제를 떠받치기 위해 가상적인 구조물을 만들어야 했다. 그것은 로바체프스키 등 최근의 기하학자들이 구축한 것으로, 우리가 알고 있는 유클리드 기하학보다 이론적으로 더 큰 흥밋거리를 제공한다. 아인슈타인은 가상적인 구조물에 현실적인 의미를 부여했다.

상대성이론에 대한 이러한 기계적인 접근 때문에 티미랴제프는 상대성이론의 물리학적 내용과 그것의 철학적인 중요성을 잘못 평가했고 나아가 아인슈타인의 관점을 왜곡하기까지 했다. 그는 후에 다음과 같이 썼다.

아인슈타인의 이론에 깊이 빠져들수록, 특히 그것의 철학적 중요성에 깊이 빠질수록 우리는 자신이 관념론적 철학의 영역에 완전히 들어와 있음을 즉각적으로 느끼게 된다. 아인슈타인의 철학적 관점은 마르크스주의의 유물론적 철학과는 거의 정반대라고 보면 된다.

철학자 막시모프(A. A. Maximov)도 티미랴제프와 같이 상대성이론과 그 창시자인 아인슈타인에 대해 출발점에서부터 애매모호하고 절충적인 태도를 취한다. 막시모프 역시 과학자들 사이에서 상대성이론이 누리는 인기를 숨길 수는 없었다. 그는 "상대성이론은 과학의 쓰라린 부분을 감싸 따뜻하게 했고 과학으로부터 황폐하고 '절대적인' 누더기를 벗겨 과학의 약점을 드러내 보였다"고 썼다. 또 다른 논문에서 그는 다음과 같이 썼다.

> 러시아에서도 상대성이론은 과학의 새로운 조류로써 광범위한 계층에 걸쳐 유행할 운명을 타고났다. …… 상대성이론은 종전의 과학 내용으로부터 성장하여 이제는 그것을 벗어 던지려 하고 있다. 즉 그것은 일종의 과학 혁명이다.

막시모프는 상대성이론이 물리학의 진전에 오랫동안 방해가 됐던 문제들을 취급한다는 것을 부인할 수 없었다. 그는 아인슈타인을 20세기의 위대한 과학자라고 인정했다.

> 상대성이론이 다루는 문제들은 과학에서 핵심적인 문제들이고, 많은 과학자들이 오랜 기간에 걸쳐 그 문제들을 해결하는 데 근접해 오고 있다. 아인슈타인의 해결 방식은 일련의 과학이 발전하는 과정에서 하나의 에피소드이다. 상대성이론이 그토록 많은 사람의 주의를 끄는 것은 아인슈타인이 심오하고 진지한 사상가이고 뛰어난 수학자일 뿐만 아니라 우리가 사는 이 시대보다 한 발 앞서서 여러 사실들을 언급했기 때문이기도 하다.

막시모프는 상대성이론이 수학을 가장 완벽하게 현실적인 내용으로 변화시킨 사실에 주의를 기울였다.

> 상대성이론을 옹호하는 과학자들의 논문들을 읽어 보면 기하학을 포함한

수학 일반이 자연 과학, 특히 물리학의 한 분야로 간주될 수 있다는 것을 알게 된다. 지금까지는 수학 일반, 특히 기하학은 자체의 논리에 따라 발달해 왔다. 즉 기하학이 물질의 물리적·공간적 성질을 연구하는 것과 근본적으로 똑같다는 사실을 몰랐던 것이다.

막시모프는 몇몇 과학자들과 철학자들이 일반적인 지식의 상대성을 단언하거나 그것의 상대성 자체를 절대적인 수준으로 끌어올리는 것에 경고를 했다. 또한 과학의 객관적인 사실을 거부하고 상대성이론의 본질을 왜곡시키는 경향에 대해서도 주의를 주었다. 그는 아인슈타인에게 시간과 공간에 관한 이론을 발전시킨 공로를 돌리는 한편 뉴턴이 시간과 공간을 절대화한 것은 잘못이라고 비판했다. 그는 "절대 시간과 절대 공간 개념을 거부한 것은 아인슈타인의 뛰어난 업적"이라고 추켜세웠다. 또 서로 다른 분야들의 새로운 관계(기하학과 물리학, 이것들과 천문학의 관계 등), 중력의 본질에 관한 새로운 이해, 관성 질량과 중력 질량, 시간과 공간의 상대성을 수학적으로 밝혀낸 점 등 아인슈타인의 뛰어난 착상들이 얼마나 중요한가를 강조했다.

그러나 이처럼 상대성이론을 올바르게 평가했는데도 막시모프는 그것을 분석하면서 많은 오류를 저질렀다. 무엇보다 그는 아인슈타인이 오랫동안 물리학에서 잠재되어 있던 것을 새로운 가능성으로 구체화시키고, 그것이 앞으로 활발하게 발전해 나갈 수 있도록 한 것은 인정하지만, 아인슈타인의 연구 방법이 마르크스주의자에게는 받아들일 수 없는 것이라고 선언했다. 그는 과학의 연구에서 실험과 사유의 관계가 문제될 때 아인슈타인은 사유 쪽에 더 우선권을 준다고 비난했다. "아인슈타인에 따르면 실재하는 현실이 아니라 정신의 자유로운 산물이 절대적인 확실성을 갖는다"고 썼다. 그는 이런 결론을 아인슈타인의 『기하학과 경험 *Geometry and Experience*』에 나오는 단편적 사실로부터 끌어냈다. 여기에는 공리 및 점·원·직선 등 기하학에 등장하는 기본 개념들의 원천, 그리고 이들과 실재와의 관계 등의 문제를 다루고 있다.

막시모프는 사유의 산물과 실재와의 관계에 대한 아인슈타인의 관점을 이렇게 해석하면서 그것을 상대성이론을 만들어낸 방법론에까지 적용시켰다. 막시모프는 아인슈타인의 잘못은 그가 로렌츠나 피츠제럴드가 취했던 방식을 따르지 않은 데 있다고 보았다. 그의 견해에 따르면 아인슈타인은 먼저 빛의 메커니즘부터 설명했어야 했다. 즉 광속의 불변성을 가정하고 에테르의 본질을 탐구했어야 했다. 그럼에도 아인슈타인은 전자기적인 과정의 물질적인 매개물이라는 개념을 던져버렸다. 즉 에테르라는 개념을 버린 것이다. 막시모프는 아인슈타인이 상대성이라는 원리와 광속의 불변성이라는 원리를 불합리하게도 도입했다고 비난했다. 이토록 취약한 기초 위에(막시모프의 표현대로 쓰자면) 특수상대성이론의 수학적인 뼈대가 세워졌고, 그것은 로렌츠 변환 방정식으로 이어졌다. 로렌츠 변환 방정식은 등속 직선 운동이 수학적으로 시간과 공간에 의존한다는 것을 보여 주었다. 막시모프는 다음과 같이 주장했다.

> 시간과 공간의 상대성은 물질의 성질에 대한 실험 결과에서 얻어진 것이 아니라 정신 활동의 산물이다. 그런데 그것은 반박의 여지가 있을 뿐 아니라 그 자체가 설명을 필요로 하는 가정에 입각해 있다. 광속은 왜 일정한가? 일반적으로 빛의 진행은 어떻게 가능한가? 그것은 어떤 물질적인 매개물이 필요한가? 특수상대성이론은 거기에 아무런 답도 제시해 주지 못했을 뿐 아니라 어떤 답도 배제하고 허락하지 않았다.

막시모프의 논리대로 하면 뉴턴에게도 똑같은 비난이 가해질 수 있다. 그는 만유인력의 법칙을 발견했지만 중력이 어떤 과정을 통해 작용하는지 그 본질은 밝히지 못했기 때문이다. 마찬가지로 전자의 구조나 전자기파의 작동 메커니즘 등에 대해서는 아무것도 밝히지 못했지만 라디오와 텔레비전 등을 만들어 전기를 인간 생활에 응용한 과학자들도 비난의 대상이 될 수 있다.

막시모프는 아인슈타인이 일반상대성이론을 발견했을 때도 이론적 방법론에 대해 비슷한 불만을 터뜨렸다. 그는 특수상대성이론과 같이 일반상대성이론도 실험적인 데이터에는 전혀 의존하지 않고 사색을 통해 이론적으로 구성된 것이라고 주장했다. 그는 아인슈타인의 과학 연구에는 '정신적인 실험이 풍성했다'고 강조했다.

우리가 일상적으로 접근할 수 있는 것과는 너무나 동떨어진 속도를 관찰하게 하는 정신적인 가정, 시계로 동시성을 측정하는 정신적인 속임수, 관성 질량과 중력 질량의 동일성을 정신적으로 증명하는 것 등을 강조했다.

막시모프가 보기에는 특수상대성이론과 일반상대성이론은 둘 다 실재와 부합하지 않고 다만 아인슈타인의 정신적인 활동의 결과일 뿐이었다.

우주의 상대성은 아인슈타인이 정신적으로 요구했고 자연에 부과한 성질이었으나 그가 제대로 이것을 입증하지는 못했다.

막시모프는 광속 불변성의 원리와 우주의 상대성의 원리가 비과학적인 면을 갖고 있다고 생각했다. 왜냐하면 이러한 우주의 성격을 받아들인다는 것은 우주 그 자체에 절대적인 불변성이 있다는 것을 반영하는 것이므로 그것은 자연법칙에 위배된다는 것이다.

하나의 공리로 광속의 불변성을 주장함으로써 아인슈타인은 물리학에 절대적인 불변성이라는 형이상학적인 개념을 도입했다. 그것은 우리가 자연에 대해 알고 있는 것과는 모순되는 것이다.

아인슈타인이 일반상대성이론에서 관성 질량과 중력 질량을 동일하다고 가정한 것도 막시모프가 보기에는 물리학적으로 올바르지 못한 것이었다. 그것이 애매모호하기 때문이라는 것이다. 여기에 대해 그는 다음과 같이 썼다.

아인슈타인은 이들 힘(관성의 힘)도 중력이라고 부르자고 제안한다. 왜냐하면 이 힘이 질량에 비례해서 작용하고 그들에 의해 똑같은 현상이 설명되기 때문이라는 것이다. 이런 불명확한 것으로부터 무엇을 얻을 수 있겠는가? 관성 질량과 중력 질량을 같다고 가정하는 것 외에는 아무것도 얻을 수 없다. 동시에 우리는 자연 현상을 명료하게 설명할 수 없게 된다. 우리는 아인슈타인이 중력에 대해 했던 가정을 하나의 가정으로 받아들여 적당한 기회에 실험을 통해 검증해 볼 수는 있다. 그러나 전체적인 이론을 받아들일 수는 없다. 더구나 물리학에서 애매모호한 것을 승인하게 될 이러한 (자연 현상) 설명 방식의 철학은 용인될 수 없다. 왜냐하면 그 가정은 누구에 의해서도 아직 증명되지 않은 불명확한 설명들 중의 하나이기 때문이다.

아인슈타인의 이론은 시간과 공간의 관계, 시간과 공간의 특성이 운동과 질량의 분포에 의존한다는 성질 등을 포함했다. 그는 이를 통해 중력장에서 빛이 굽어지는 현상과 수성(水星)의 근일점(近日點)이 이동하는 현상을 설명할 수 있었다. 막시모프는 이런 모든 이론적인 결론들을 믿을 수가 없었다. 왜냐하면,

공간·시간·운동 그리고 물질이라는 서로 다른 형태들 사이에 의존성이 존재한다는 것은 단지 아인슈타인의 머리에서 탄생했다. 중력장에서 빛이 굽어지는 것이나 수성의 근일점이 이동하는 것, 이것들은 아인슈타인의 이론을 입증한 것으로 받아들여지고 있지만 아인슈타인의 공리가 실험에 기초해 있고 실험 결과와 부합한다는 것이 밝혀지지 않는 이상 확실한 증거로 채택될 수 없다. 더구나 이러한 사실들은 아인슈타인의 이론이 아닌 다른 방법으로 설명되어야 좀더 확실해질 것이다.

그는 상대성이론에서 아인슈타인이 잘못을 저지른 이유를 상대성이론의 철학적 입장 때문이라고 보았다. 막시모프는 아인슈타인의 상대성이론을 관념론 철학의 한 유파로 분류했다. "아인슈타인이 그의 과학적·철학적 근원을 마흐에 두고 있을지라도, 그의 관념론적 이원론은 신칸트주의와 직접적으로 맞닿아 있다"고 그는 썼다.

위에 언급한 과학자들과 몇몇 사람들이 아인슈타인의 상대성이론과 그의 관점을 평가하는 데는 그들의 책이 러시아에서 출판된 서양 철학자 및 과학자들의 영향이 컸다. 아우어바흐(F. Auerbach)의 『공간과 시간 Space and Time』, 베르그송(H. L. Bergson)의 『지속성과 동시성 Durée et Simultanéité』, 카시러(E. Cassirer)의 『아인슈타인의 상대성이론 Zur Einsteinschen Relativitäts-theorie』, 에딩턴 경의 『공간, 시간 그리고 중력 Space, Time and Gravitation』, 이 밖에 러시아어로 번역된 관련 서적들에 따르면 상대성이론은 주관주의로 분류됐고 그 이론의 창안자는 마흐주의자·칸트주의자·전통주의자 등으로 간주됐다.

마흐의 철학을 따르는 러시아인들, 즉 유쉬케비치(P. S. Yushkevich), 바자로프(V. A. Bazarov), 보그다노프(A. A. Bogdanov) 등도 다소 혼돈에 빠졌다.

유쉬케비치는 다음과 같이 썼다.

> 상대성이론은 전반적으로 인습주의의 정신과 전통에 지배되고 있다. 그러므로 상대성이론은 실재에 대해 유일하고도 가장 적절한 표현이 되기를 고집하지 않는다. 외부 세계를 묘사하는 데는 다른 방식도 가능하고 그들간에는 지위상으로 아무런 차이가 없으며 다만 그것들이 상대성이론보다는 덜 간단하고, 덜 구체적이고 덜 명료할 뿐이라고 보는 것이다.

그는 상대성이론을 마흐와 그 추종자들이 표현했던 사상과 같은 것으로 보았다. 상대성이론의 명제들은 자연의 실제 진행 과정을 제대로 반영하지는 않지만 자연을 묘사하는 데 가장 편리하고 유일한 상징이라고 주장했다. 그는 다음과 같이 썼다.

> 물리 이론은 본질적으로 상징 체계를 사용해 실험 물리학의 구조적인 관계를 가능한 한 완벽하게 해석한 것이다. 마흐와 푸앵카레, 피어슨, 뒤엠 등과 같은 과학 철학자들이 이미 일반화시켜 놓은 이 사실을 새삼스럽게 증명할 필요가 있을까? 물리 이론은 다른 이론과 마찬가지로 형식적이고 연역적인 체계이다. 따라서 연역적인 체계가 공통적으로 요구하듯 그것의 가정과 공리는 명확하고 간결해야 한다. 또한 그것의 구성과 추론은 정확하고 일관성이 있어야 한다.

유쉬케비치는 시종일관 상대성이론의 방법론적 기초는 마흐주의 철학에 있다는 생각을 견지했다. 그는 불변성의 원리를 예로 들면서 그 주장을 뒷받침했다. "그것은 철학적으로 특별히 중요한데, 왜냐하면 그것은 단지 이론적이고 인식론적인 상대주의 관점을 달리 표현한 것에 지나지 않기 때문이다"라고 썼다.

보그다노프도 상대성이론을 같은 관점에서 취급했다. 그는 말로는 상대성이론이 자연의 객관적 과정을 반영한다는 사실을 받아들였다. 그러나 그것이 객관적인 이유는 단지 많은 사람들이 진리로 받아들여 일반적으로 중요할 뿐 아니라 개인의 의식(마흐에게서 보듯이)보다는 집단 인식에 의존하기 때문이라고 강조했다. 그는 상대성이론이 자연 법칙의 객관성, 즉 일반적인 중요성을 인식했다고 주장하면서 이 이론이 직교 좌표계의 임의적인 이동으로부터 좌표계 변환의 일반 법칙도 발견했다고 강조했다. 보그다노프는 마흐식의 인식 방법으로 실험을 다루었다. 즉 그에게 의식과 직접적인 심리 경험은 동일한 개념이었다. 그는 상대성이론의 명제를 포함한 실험과 현존하는 모든 과학적인 명제들은 하나의 편법에 지나지 않는다고 그 의미를 축소시켰다. 따라서 상대성이론에 의해 해결이 가능했던 문제는 다른 전제들에 기초한 실험을 통해서도 해결이 가능하다고 생각했다. 어떤 한 경우에는 단지 어떤 방법으로만, 또 다른 경우에는 또 거기에 맞는 방법 등으로 해결이 가능하다는 것이다. 상대성이론의 과학적인 장점은 아주 적은 수의 똑같은 전제들로부터 모든 문제에 해답을 제공한다는 점이라고 보았다.

상대성이론을 비판하는 또 다른 러시아 과학자들은 독일 과학자 레나르트(P. E. A. Lenard)가 주도한 반(反)상대주의 운동으로부터 많은 영향을 받았다. 그 운동은 아인슈타인의 고향에서 일어났는데, 아인슈타인은 이 반대 그룹에 대해 다음과 같이 응수했다.

'독일 과학자 협회'라는 우쭐대는 이름을 내건 이 잡다한 집단이 직접적인 목표로 삼는 것은 상대성이론의 정체를 폭로하자는 것이다. 얼마 전에 바이란트(H. Weyland)와 게흐르케(Gehrcke)는 필하모니 홀에서 이런 목적으로 강연을 했는데 나도 그 자리에 있었다. 내가 보기엔 어떤 사람도 내가 일일이 답을 해야 할 만큼 가치 있는 얘기를 하지 못했다. 왜냐하면 그들의 의도가 바로 진리와 싸우겠다는 것이라는 점이 내 눈에 빤히 보였기 때문이다. ……내가 아는 한 오늘날 이론 물리학에서 어느 정도의 업적을 남기는 과학자치고 상대성이론이 논리적으로 하나의 완전한 체계이고 모든 실험적인 사실과도 일치한다는 것을 인정하지 않는 사람은 없다고 본다. 가장 뛰어난 이론 물리학자들, 즉 로렌츠, 플랑크, 소머펠트(A. Sommerfeld), 라우에(M. Laue), 보른, 라모르(J. Larmor), 에딩턴, 디바이(P. J. W. Debye), 랑주뱅, 레비치비타 등은 상대성이론에 동의할 뿐 아니라 거기에 기초해서 작업을 하고 있다. 물리학자로 세계적인 명성을 얻고 있는 사람 중에 레나르트만이 공공연하게 상대성이론을 반대하는 것으로 여겨진다. 나는 레나르트를 뛰어난 실험 물리학자로서는 추켜세우지만, 이론 물리학 분야에서는 그가 기여한 바가 아무것도 없다고 본다. 더구나 그가 일반상대성이론에 대해 반대하는 것이 너무 피상적이고 천박하기까지 해 그것들에 일일이 답할 필요를 느끼지 못하고 있다.

이러한 반아인슈타인적인 흐름이 러시아 과학자들에게 흘러들어 오게 된 것은 주로 정기 간행물의 번역 논문을 통해서였다.

러시아 문헌에 나타난 상대성이론 옹호론

러시아 과학자들의 건설적인 사고는 상대성이론 반대자들의 회의론을 극복했다. 셈코프스키는 상대성이론을 진지하게 분석했다. 그는 이 이론의 물리학적·철학적인 내용은 연구해 보지도 않고 무턱대고 상대성이론과 그것의 창시자에게서 허점만 찾으려는 반대자들에 대항했다. 이들 반대자들은 아직껏 풀리지 않은 문제들을 물고 늘어지거나 아인슈타인, 뉴턴, 그리고 로렌츠 이론의 차이점을 혼동해 상대성이론의 역할을 격하시키는 데 모든 힘을 기울였던 것이다.

아인슈타인이 로렌츠의 변환 방정식을 채용했기 때문에 많은 사람들은 아인슈타인의 상대성이론과 로렌츠의 관점 사이에 놓인 차이점을 명확하게 구별하지 못한다. 로렌츠의 관점은 본질적으로 상대성이론과는 정반대이다. 왜냐하면 로렌츠는 절대적으로 움직임이 없는 에테르, 즉 물체의 절대적인(상대적이 아닌) 운동만이 존재하는 그런 에테르를 가정했기 때문이다. 내가 보기에는 이러한 차이점을 더 깊이 탐색해 볼 필요가 있다. 상대성이론의 옹호자들이 보통 하는 것보다 더 치밀하게 말이다. 그렇게 되면 상대성이론이 가진 모순점의 상당수는 제거될 것이다.

뉴턴 이론과 상대성이론 사이의 관계에 대해서도 많은 혼돈이 있었다. 왜냐하면 절대성과 상대성이라는 범주의 본질을 잘못 이해하는 과학자들이 많았기 때문이다. 그들은 '상대적'이라는 것을 주관적인 것과 동일시하고, '절대적'인 것을 객관적인 것과 같은 선상에 놓았다. 예를 들면 뉴턴 물리학에서 다루는 절대 운동, 절대 시간, 절대 공간을 객관적인 현상이라고 간주한 반면, 아인슈타인의 상대 운동, 상대 시간, 상대 공간은 전적으로 주관에 의존한다고 생각했다. 그래서 아인슈타인과 뉴턴 이론 사이의 논쟁은 시간·공간·운동의 객관성을 인정하는지 않는지 문제로 귀착되었다. 따라서 상대성이론이 승리한다면 그것은 불가피하게 시간·공간·운동이 우리의 의식에 의존한다는 것을 받아들이는 것과 같은 결과라고 생각됐다. 상대성이론을 그런 식으로 해석하다 보니 철학 유파에 따라 상대성이론에 대한 태도가 서로 다를 수밖에 없었다.

두 관점 사이의 차이는 대단히 본질적인 것이다. 그것은 공간과 운동의 객관성에 관한 것이 아니라 본질에 관련된 것이어서 뉴턴과 아인슈타인 사이의 논쟁은 모든 것에 대한 논쟁이라고 할 수 있다. 절대적인 운동은 절대적으로 특권이 부여된, 즉 정지된 좌표계를 전제로 한다. 거기에서는 모든 운동이 '진짜(true)' 운동이다. 움직이는 좌표계는 원칙적으로 정지 좌표계와 다르다. 이것이 바로 뉴턴의 관점이다. 아인슈타인이 채택한 상대적인 운동에서는 절대적으로 특권을 부여받은, 즉 정지 좌표계는 배제된다. 모든 좌표계와 물체는 운동 상태에 있고 그런 의미에서 그것들은 원칙적으로 동일하다('원칙'이란 의미는 그들 사이의 차이에도 불구하고 어떠한 물체도 따로 떨어져 나와 절대 정지 상태에 놓일 수 없기 때문이다).

셈코프스키는 수많은 물리학자와 철학자들이 상대성이론을 불완전하게 그리고 일방적으로 오해하고 있다는 사실에 주의를 기울였다.

그들은 주로 상대성이라고 얘기되는 부분만 받아들이고 나머지 절반, 즉 관찰 지점의 상대성으로부터 초상대적인 세계, 즉 물질-시간-공간이라고 하는 객관적 세계로 나아가는 것을 보지 못했다.

상대성이론의 가장 중요한 특징은 객관적인 세계를 파악하고 그것의 물리적인 본질을 심도 있게 연구하는 차원을 한 단계 더 높이는 역할을 한 것이라고 그는 말했다.

몇몇 상대론자들은 우리가 상대성이론을 통해 세계가 시공이라는 '관계'를 가진다는 것은 알 수 있지만 물질의 세계에 대해서는 아무것도 알 수 없다는 것을 증명해 보이려고 시도했다. 그러나 비유물론자인 버클리조차도 관계가 있는 곳에는 그 관계를 구성하는 인자가 반드시 있어야 한다고 생각했다. 어쨌든 아인슈타인이 도달한 '초상대적인·항상적인' 세계는 심오한 유물론의 기초 위에서 구성된다. '상대성의 원리'로부터 출발하고서도 아인슈타인은 초상대적인 객관적인 세계에 도달했던 것이다. 그 '항상성(불변성)'은 관찰자의 상대적인 관점에는 전혀 의존하지 않는 자체의 상에 놓여 있다. 이 상은 유물론적으로 따지면 종전의 것, 즉 추상적인 유물론의 세계인 뉴턴 물리학의 상에 비해 훨씬 견고한 기반 위에 있다.

셈코프스키는 뉴턴 물리학과는 대조적으로 상대성이론으로부터 시간과 공간의 주관적인 성격을 도출해 내려는 시도를 반대하면서 다음과 같이 썼다.

뉴턴은 공간, 시간 그리고 물질을 각각 분리된 세 개의 독자적인 실재로 파악했다. 공간과 시간은 움직이는 물체에 의존하는 것이 아니라 한 번 주어진 상태에서 영원히 그들 자신의 독자성과 일관성을 유지했던 것이다. 그러나 상대성이론에서는 공간의 구조와 시간의 흐름이 변화가 없는 일관성을 전혀 유지하지 않는다. 오히려 중력장에 따라 바뀌게 된다. 그래서 상대성이론은 공간과 시간을 물질과 완전히 연결시켜 유물론의 진실을 다시 한 번 확인시켜 준다. 왜냐하면 공간과 시간은 운동하는 물질의 존재 형태로 환원되기 때문이다.

티미랴제프는 아인슈타인의 공간과 시간에 관한 이론이 칸트의 이론과 같다고 보았다. 그러나 셈코프스키가 보기에는 그 둘은 근본적으로 서로 같을 수가 없었다.

칸트는 공간과 시간에 대해 등방성(等方性)이라는 불변성, 즉 뉴턴 물리학과 유클리드 기하학의 절대적인 일관성을 부여했다. 반면 아인슈타인은 공간과 시간의 구조는 등방성이 없어서 뉴턴 물리학과 유클리드 기하학이 내세우는 일관성을 갖지 않는다고 생각했다. …… 칸트는 공간과 시간이 표상의 양식에 의존한다고 여겼고, 아인슈타인은 물질의 질량에 의존한다고 간주했다. 이것을 '사소한 차이'라고 그냥 지나칠지 모르나 그 차이가 바로 유물론과 관념론을 결정적으로 구분하는 것이다.

셈코프스키는 티미랴제프나 다른 과학자들이 아인슈타인을 마흐주의자로 간주하고 상대성이론이 마흐의 철학 사상을 강화시켰다는 주장에 찬성하지 않았다. 그들은 상대성이론에 마흐주의 철학이 반영되어 있다는 것을 보이기 위해 아인슈타인과 마흐가 사용한 표현과 용어 중에서 겉으로 보기에 비슷하게 사용된 것을 찾아보려고 시도했다. 어떤 과학자는 정확한 내용을 파악해 보지도 않고 아인슈타인의 '관찰자' 개념이 마흐주의의 반영이라고 주장하면서 이것에 주의를 기울일 것을 강조했다. 다른 사람들은 '경험', '감각' 등의 개념에서 어떤 공통점을 발견하려고 시도했다. 셈코프스키는 이 점에 대해 다음과 같이 지적했다.

아인슈타인은 설명을 명확히 하기 위해 다양한 '관찰자'의 예를 들었다. 그런데 이것이 오히려 완전한 몰이해와 고의적인 왜곡을 초래했다. 즉 '관찰자'의 정신이 공간의 곡률(曲率)을 만들어낸다고 보는 것이다. 그러나 상대성이론에서는 빛이 태양 근처에서 굽어지는 것은 객관적으로 존재하는 공간의 곡률 때문이다. 즉 어떤 '관찰자'의 정신과도 무관한 태양의 질량이 곡률을 결정한다. …… 상대성이론에서는 모든 것이 물질로 귀결되지 '감각적인(정신적인) 요소'로 귀결되지 않는다.

셈코프스키는 상대성이론이 마흐주의와는 다르다고 확신했으나 아인슈타인의 철학적 관점에 대해서는 다음과 같이 썼다.

아인슈타인은 위대한 불확정성의 원리 때문에 자신의 철학적 입장에 손상을 입은 것처럼 보인다. 아마 그는 자신의 이론을 철학적으로 해석하기에는 가장 부적합한 사람일 것이다.

헤센의 『상대성이론의 기본 개념들 Basic Ideas of the Theory of Relativity』은 주의를 기울여볼 만한 가치가 있다. 그도 셈코프스키와 마찬가지로 아인슈타인의 이론에서 과학뿐 아니라 철학 분야에도 거대한 영향력을 끼칠 혁명적인 폭발성을 보았다.

그는 상대성이론의 내용을 분석하는 데 그치지 않고 아인슈타인의 이론을 이런저런 방법으로 잘못 해석하고 있는 통속적인 이론가들에 대해서도 비판을 서슴지 않았다. 상대성이론의 추종자와 반대자들이 가장 신랄하게 맞서는 부분은 아인슈타인의 상대성원리이다. 상대성의 원리가 상대성이론에서 가장 중요한 요소이고 자연의 고유한 성질로부터 유래한다고 보는 입장이 있는 반면, 그것은 아인슈타인의 이론에서 불필요한 부속물에 지나지 않으며 따라서 자연의 참된 진행 과정을 보여 주지 못한다는 반대 주장도 있었다. 헤센은 그런 반대 의견에 동조하지 않았다. 그는 특수상대성이론과 일반상대성이론은 '자체 속에 공간과 시간에 관한 우리의 통상적 개념을 깨뜨릴 혁명성을 숨기고 있다'는 갈릴레이의 원리를 한층 더 일반화한 결과라고 보았다. 그는 상대성의 원리는 아인슈타인의 머리에서 나온 것이 아니라 실재 자체에 근원을 두고 있으며, 튼

튼한 실험적 기초에 의해 입증되는 것이라고 주장했다.

공간과 시간에 대한 뉴턴의 개념과는 대조적으로 상대성이론은 이 두 범주가 지닌 물질적인 내용을 강조했다. 그러나 시간과 공간에 대한 이러한 새로운 이해는 많은 저술에서 간과되었고, 그것을 물질적인 과정과는 별개인 것처럼 취급했다. 헤센은 이런 점에 주의를 하고 다음과 같이 말했다.

우리는 상대성이론에서 공간의 축약 대신에 물체들의 축약을 얘기하고, 시간의 지연 대신에 과정의 지연을 논한다. 왜냐하면 고전 물리학에서의 뉴턴적인 개념과는 반대로, 우리는 공간과 시간이라는 것은 그 자체로는 텅 빈 추상에 지나지 않고 단지 물질과의 관계에서만 실체를 획득한다고 보기 때문이다. 물질적인 과정을 떠난 시간이나, 물질을 떠난 공간을 생각할 수가 없다.

많은 과학자들이 상대성이론에 반대하는 이유 중의 하나는 이 이론이 담고 있는 시간과 공간에 대한 새로운 문제 의식 때문이다. 그것은 뉴턴의 이론과는 모순되는 것으로 보였기 때문이다. 변증법적 유물론을 인용하면서 헤센은 뉴턴의 이론이 철학적인 측면에서 볼 때 비판받을 점이 많다는 것을 보이려고 노력했다.

뉴턴 물리학의 개념들이 불만족스럽고 비변증법적인 성질을 갖는 이유는 그것이 독립적이고 분리된 실재하는 존재들을 공간과 시간이라는 추상적인 개념으로 객관화시키려고 하기 때문이다. 공간과 시간은 물질의 존재 형태를 띠고 있다. 또한 우리는 시공의 형태가 아니고서는 물질을 감지할 수 없다. 우리의 지각 기능에서는 공간과 시간을 분리해서 인지하지만 그것은 우리가 실제로(정신적으로가 아니라) 공간과 시간을 물질로부터 분리시킬 수 있다는 것을 의미하지는 않는다. 공간과 시간은 단지 물질 속에서 객관적인 실재를 획득한다. 또 시간은 단지 과정 속에서, 즉 물질의 실제 운동 과정에서 실체를 띠게 된다.

헤센은 시간과 공간을 각각 독립적인 존재로 인식하는 점이 뉴턴의 개념이 지닌 약점이라고 생각했다. 또한 몇몇 해설자들이 상대성이론을 절대화해 그것의 물리적인 결론을 화학과 생물학 그리고 사회적인 현실에까지 적용시키려 한다는 점을 중시했다. 그들은 불합리하게도 상대성이론을 보편적인 방법론으로 격상시키려 했다. 예를 들어 시간과 공간에 대한 상대성이 특수상대성이론에서 기본적인 역할을 한다는 사실로부터 상대성이론의 물리적인 내용과 철학의 상대주의 사이에 어떤 밀접한 관계가 있다는 결론을 유도하기도 했다. 그러나 철학에서의 상대주의가 상대성이론의 방법론적 기초가 아니라는 것을 우리는 알고 있다.

상대성이론의 본질은 시간적인 간격과 공간적인 거리의 상대적인 성격을 확립하는 데 있다. 전자와 후자는 본질적으로 관찰자의 상태에 의존한다. 만약 우리가 이 진술에서 멈추고, 이런 상대성을 넘어설 수 있는 가능성을 거부하면서 철학의 상대주의로 이 진술을 구체화시키려 한다면, 원칙적으로 상대성이론은 상대주의로 변환될 수 있다. 그러나 어떤 경우에도 상대성이론으로부터 그런 결론이 유도되지는 않는다. 반대로 우리는 아인슈타인의 4차원 세계라는 개념에서 공간과 시간 측정의 상대성을 극복하고 외부 세계와 운동 중인 물체를 절대적으로 이해하려는 시도를 읽을 수 있다.

헤센은 또한 그의 저서에서 일부 상대성이론의 옹호자들이 인식론적인 실수를 저지르고 있다고 지적했다. 그들은 아인슈타인의 이론으로부터 지식의 상대성이란 개념을 설정하고는 그것을 지식의 일반 원리로 삼는다. 그리하여 절대지(智)를 향한 끊임없는 접근의 가능성을 부인하게 된다.

상대성이론은 철학 체계가 아니며 또한 세계관에 대한 총체적인 체계로 다뤄져서도 안 된다. 그것은 다른 무엇이기에 앞서 일차적으로 공간과 시간에 대한 어떤 개념이며 그것은 또한 일반적으로 인식론적 기초에 바탕을 두고 있다.

제2장
상대성이론을 둘러싼 여러 논쟁

상대성이론에 대한 러시아 과학자들의 제2단계 논쟁 · 327
《철학의 여러 문제》에 실린 논쟁 · 331
1958년 총동맹회의 논쟁 · 345
1964년 키에프 심포지엄 논쟁 · 357
아인슈타인 탄생 100주년 기념 논문집에 나타난 논쟁 · 369

상대성이론에 대한 러시아 과학자들의 제2단계 논쟁

상대성이론에 대한 러시아 과학자들의 태도는 1929년 마르크스-레닌주의 과학자협회의 제2차 총동맹회의에서 논의됐다. 그 회의에서 슈미트(O. Schmidt)는 상대성이론에 접근하는 다양한 방법을 분석한 논문을 발표했다. 그는 관념론적 철학자들이 상대성이론을 받아들일 때 주로 관찰자의 개념에 주목해 시간과 공간이 객관적인 내용물이 아니라 우리의 관찰에 의존하는 것으로 결론짓는다고 주장했다. 또 몇몇 기계론자들은 아인슈타인의 이론뿐 아니라 이 이론이 의존하고 있는 모순에 대해서도 부정한다고 지적했다.

그들은 이 이론의 실험적인 측면을 반박하는 데 승부를 걸었지만 결코 성공하지 못했다. 그들은 그 이론에서 표명된 물리학의 모순들과 발전, 그 어느 것도 보지 못했다. 또한 당연한 것이지만 공간과 시간의 통일과 같은 연관을 파악하는 데도 실패했다. …… 우리는 서양의 관념론자들이 상대성이론으로부터 이끌어낸 최면술에 걸려 있었다. 그것이 세계의 속물들 사이에서 믿기지 않을 정도의 인기를 끌 수 있었던 이유는 그 관념적인 결론 때문이었다. 그러나 그것은 아인슈타인의 잘못이 아니다. 비록 그가 다소 혼돈 상태에 있긴 했지만 그는 유물론적인 확신과 마흐주의에 대한 신념을 함께 갖고 있었다. 그는 일관성이 부족했다.

슈미트는 상대성이론에 대한 태도가 상당히 바뀌고 있다고 주장했다. 그것이 지닌 변증법적 유물론의 본질이 점점 더 명확해지고 있다는 것이다.

아인슈타인의 이론에 관해 지금 우리가 할 일은 무엇인가? 그것은 이 이론을 계속 탐구해 내용을 깊게 하고, 이 이론으로부터 아인슈타인이나 그의 추종자들이 지닌 관념론적인 찌꺼기를 제거하는 것이다. 그리하여 이 이론이 지닌 변증법적인 진수를 드러내 보여야 한다. 이런 풍부하고 발전된 형태를 통해 새로운 사실을 얻게 되고 나아가 자연 현상을 지배하게 될 것이다. 그것은 비록 물리학이라는 좁은 측면에서이긴 하지만 하나의 진보임에 틀림없다.

미트케비치(V. F. Mitkevich)의 『물리학에 대한 기본적인 견해 Basic Physical Opinions』가 출판되면서 새로운 논쟁의 파도가 일었다. 그 책은 주로 상대성이론을 반박하기 위해 쓰여졌다. 미트케비치는 아인슈타인이 거부했던 에테르 개념으로 물리학자들을 되돌리려고 했다. 현대 물리학이 발전할 수 있는 유일한 방법은 에테르를 재검토해 보는 것이라고 그는 주장했다. 그는 에테르라고 불리는 어떤 우주의 매개물을 받아들이는 것이 물리학적 사고의 발전에 꼭 필요하며, 그렇지 않을 경우 수많은 근본적인 모순들이 발생할 것이라고 썼다.

그는 에테르를 인정하는 데 그치지 않고 한 단계 더 나아갔다. 상대성이론이 출현하기 전에 이미 제기됐듯이 전자기파는 실제 존재하는 것은 아니며, 단지 에테르가 겉으로 표현된 것이라고 주장했다. "전자기장이 아무런 물질적인 벡터량(Vector)*을 포함하지 않으면서 그 자체로 존재할 수 있다고 가정하는 것이 과연 그럴듯한 얘기인가?"라고 그는 묻는다.

미트케비치는 상대성이론이 가진 약점의 하나를 그것의 언어, 즉 지나치게 많은 수학 용어를 사용해 이해하기 힘든 점에서 찾았다. 그는 창조적인 탐구의 한 예로 패러데이를 거론했는데, 왜냐하면 패러데이는 전적으로 물리적인 데이터에만 의존해 그의 이론 체계를 세웠기 때문이다. 패러데이의 연구에서 수

---

* 한 점에서 다른 한 점을 향하는 방향을 가진 선분으로 표시되는 양으로 크기와 방향에 따라 정해지는 양을 말한다.

학적인 도구가 사용되지 않았다는 사실이 물리학의 발달에 굉장히 중요한 요인이었다고 생각했다. 그는 젊은 물리학자들에게 수학의 영향을 받지 않은 자유로운 물리적 사고를 기르라고 당부했다.

미트케비치는 시간과 공간에 대한 상대성이론의 결론을 완전히 이해하진 못했다. 아직까지는 뉴턴적인 관점이 그의 주목을 끌었다. 그는 패러데이나 맥스웰이 제시했던 명제의 세계로 물리학자들을 되돌리려고 애썼다.

프렌켈·탐 등 대부분의 러시아 과학자들은 그의 주장에 명백히 반대 의사를 표명했다. 예컨대 바빌로프나 조페의 다음과 같은 발언을 생각해 보자.

바빌로프에 따르면 미트케비치 저서의 가장 큰 특징은 '원격 작용(action at a distance)'에 반대하거나 에테르를 옹호하는 단 한 줄의 새로운 주장도 없다는 것이다. 그런 책이라면 17세기 후반에 나왔으면 적합할지 모르지만 우리 시대에 출현했다는 것 자체가 놀라운 일이 아닐 수 없다. 그 책은 마치 뉴턴의 저서, 코테스(R. Cotes)의 머리말, 라이프니츠, 오일러, 로모노소프의 논쟁, 그리고 프레넬, 아라고(Arago), 마이컬슨 등의 여러 사람들이 에테르를 발견하려고 시도했던 끊임없는 노력들이 전혀 존재하지 않았던 것처럼 쓰고 있다. 또한 로렌츠와 아인슈타인의 연구에 대한 언급이 없다. 17세기 말이나 18세기 초에 데카르트 학파와 뉴턴 학파 사이의 논쟁에서나 있을 법한 질문을 던지고 있다. 새로운 물리학의 결과들을 호의적으로 인용하긴 하지만 그것들은 미트케비치의 논제를 뒷받침하기 위해서는 단 한 줄도 사용되지 않는다. 그가 품고 있는 의문에 대해 물리학은 이미 오래 전에 광범한 이론과 실험을 통해 해답을 내놓고 있는 상태이다.

현대 물리학에서의 수학적 방법에 대한 미트케비치의 태도, 특히 특수상대성이론과 일반상대성이론에서 아인슈타인이 수학적 방법을 사용한 것을 두고 미트케비치가 보인 태도에 대해 바빌로프는 다음과 같이 썼다.

> 새로운 물리학에서 사용하고 있는 수학적인 추상화는 이미 잘 알려져 있으며, 논란의 여지가 없다. 그러나 그것은 대개의 물리학자들과 이론가들, 특히 그 중에서도 실험전공자들과는 거의 관련이 없다는 것도 사실이다. 사람들은 이러한 추상화가 어느 정도 필요하며 불가피한지에 대해 묻고 있으며 이들은 물리학자들이 패러데이처럼 명확하고도 단순한 방법으로 돌아가기를 원한다.
>
> 물리학과 같은 정밀 과학에서는 당연히 수학이 필수적이고 불가피하게 된다. 패러데이가 수학을 사용하지 않은 것은 약점은 될지언정 장점은 될 수 없다. 물리학 연구에서 수학은 보조적인 기술과 자발적인 발견법이라는 두 가지 역할을 한다는 것을 명심해야 한다.
>
> 물리학자가 공간·물체·운동·힘 등의 명백하면서도 관례적인 개념을 구사할 때 대부분의 결론은 수학적인 계산을 거치지 않고 '직관적'으로 도출된다. 그런 물리학의 이론들은 심지어 시적(詩的)인 설명 방식을 따르는 것처럼 보인다(시적인 설명의 고전적인 예로는 루크레티우스의 시가 있다). 이 경우 수학적인 계산은 단지 이론을 세련되게 하고 질서를 잡으며 나아가 수량적인 결론에 더 쉽고 편리하게 접근하도록 도와주는 역할을 할 뿐이다. 고전 물리학에서 수학의 역할은 대개 이런 식이었다. 또한 이것은 지나친 추상화, 특수하고 굉장히 추상적인 수학, 그리고 불필요한 보조적인 기호 등을 사용하는 것을 반대하는 정당한 근거가 되기도 했다.

조페 또한 바빌로프와 마찬가지로 상대성이론을 꾸준히 공격하는 미트케비치 같은 물리학자들을 비난한다.

1905년으로 돌아가 볼 때, 아인슈타인은 당시 물리학 전반에서 혁명을 선도하고 있었다. 그는 상대성이론과 광양자론(光量子論)을 제기했고, 브라운(Brown) 운동(액체 중에 부유하는 고체 미립자가 행하는 복잡하고 불규칙한 운동)의 이론을 내놓았다. 상대성이론은 특히 강한 반대를 불러일으켰다. 많은 물리학자들은 상대성이론에 의해 필연적으로 파생되는 개념의 파괴에 적응할 수가 없었다. 실험을 해보거나 원자 물리학의 여러 현상에 적용해 보았을 때 상대성이론은 에너지 보존 법칙만큼이나 현대 물리학의 확실한 기본 원리라는 것이 명확해졌다. 고속 입자를 다뤄야 하는 모든 과학자들은 예외 없이 상대성이론에서 출발한다. 그러나 고집스럽게 상대성이론을 받아들이지 않던 물리학자들도 있었다. 즉 독일의 레나르트, 스타크(Stark), 영국의 톰슨(J. J. Thomson), 러시아의 티미랴제프와 카스테린(N. P. Kasterin) 등이 여기에 속한다.

《철학의 여러 문제》에 실린 논쟁

잡지 《철학의 여러 문제 *Voprosy Filosofii*》(1950~1955)에 실렸던 논쟁은 상대성이론의 철학적 본질 및 발전에 관한 연구를 한 단계 높였다.

토론의 목적은 물리학자들과 철학자들의 건설적인 의견 교환을 통해 상대성이론에 대한 다양한 철학적 평가들을 주제별로 구분해 보자는 것이었다. 또한 물리학과 철학 두 분야에서 더 높은 수준의 연구를 위해 요구되는 문제와 아직 해결되지 않은 문제들을 명확히 하는 것도 포함하고 있다.

그 토론에 참가했던 대다수 사람들은 상대성이론이 물리학의 발달에서 큰 역할을 하고 있다는 것을 지적했다. 상대성이론이 수학적 · 이론적 · 실제적 ·

이데올로기적으로 의심할 나위 없이 중요하다는 점에 주목했던 것이다. 물리학자 털레츠키(J. P. Terletsky)는 다음과 같이 썼다.

> 상대성이론은 공간과 시간, 즉 물질의 존재 형태에 관해 새로운 물리적 개념을 도입함으로써 혁신적인 내용을 밝혔다. 그것은 고속 및 고에너지 영역에서의 물질 운동에 관해 일반 법칙을 유도해 냈다. 이른바 상대론적 법칙은 실험을 통해, 또한 몇몇 첨단 기술 분야에서의 물리학적 기초를 통해 광범위하게 입증됐다. 장과 입자의 운동에 관한 상대론적 법칙은 현대의 '입자 가속기'*를 설계하는 데 기초가 됐으며 핵 반응을 분석하는 데도 이용되었다.

참가자 중 몇몇 과학자들은 그 이론의 명칭에 대해 이의를 제기했다. 즉 이론의 명칭과 내용이 부합하지 않는다는 것이다. 알렉산드로프(A. D. Alexandrov)의 말을 예로 들어보자.

> 상대성이론은 물체 및 현상들의 성질과 관계를 다루는 일반 법칙이라기보다는 공간과 시간에 관한 물리적 이론이다. 그것은 공간과 시간이 물질의 존재 형태이며 나아가 공간과 시간의 관계는 그 자체의 순수한 형태로 존재하는 것이 아니라 물체와 현상의 물질적인 연관으로 결정된다는 사실로부터 출발한다. 그러므로 공간과 시간의 관계를 일반 법칙으로 공식화할 때, 상대성이론은 물질의 구체적인 운동 형태에 관한 철저한 탐구에 의존한다. 동시에 상대성이론은 구체적인 것을 통해 추상을 하며 물체와 현상의 구체적인 관계에서 객관적으로 일반적인 것을 이끌어낸다.

---

* 사이클로트론(cyclotrons : 원자 파괴를 위한 이온 가속 장치), 신크로트론(synchrotrons : 사이클로트론을 개량한 전자 가속 장치), 베타트론(betatrons : 자기 유도 전자 가속기) 등이 있다.

알렉산드로프는 상대성이론이 나오기 전에는 시간과 공간을 다루는 물리 이론이 강체(剛體)의 운동 법칙에서 나온 데이터에 전적으로 의지했다는 사실을 출발점으로 삼았다. 강체의 운동 법칙은 수학적으로는 유클리드 기하학, 물리학적으로는 '고전적인' 운동학의 형태를 띠었다. 그런데 전자기학이 등장하면서 전자기파가 전파되는 비율이 일정하다는 사실이 밝혀졌는데, 이것은 고전 역학이 내세우는 절대 시간 개념과는 모순되는 것이었다. 그러나 이러한 전자기적 작용의 기본 성질은 상대성이론의 밑바탕이 되었고 또한 속도는 시간에 대한 거리의 비율이기 때문에 보편적인 속도가 존재한다는 것은 공간과 시간 사이의 보편적인 관계가 존재한다는 것을 의미했다. 이런 사실로부터 그는 "상대성이론의 본질이자 가장 중요한 특징은 그것이 공간과 시간 사이의 관계를 명백히 세웠다는 것이다"라는 결론을 내렸다.

털레츠키는 특수상대성이론의 명칭에 대해 다소 다른 입장을 보였다. 그는 '상대성의 원리'라는 말은 기준 좌표계를 어떻게 선택하느냐의 문제이기 때문에 이 명칭으로는 특수상대성이론의 내용을 제대로 반영하지 못한다고 주장했다. 그는 다음과 같은 주장을 덧붙였다.

> '기준 좌표계를 선택하는 것은 상대적이다'라는 사실은 별로 중요하지 않다. 문제의 요점은 공간과 시간에 관한 개념, 그리고 운동의 법칙인데, 거기에는 기준 좌표계의 선택과는 독립적으로 존재하는 절대적인 어떤 것이 포함되어 있다. '기준 좌표계의 선택이 갖는 상대성'이란 개념을 너무 절대화해서는 안 되는데, 왜냐하면 상대성이란 것이 시간과 공간의 실재적인 특성에 의해 제한을 받기 때문이다.

그리하여 그는 상대성을 강조하는 것은 실재와 부합하는 것이 아니라고 결론을 내렸다. 그는 '상대성의 원리'라는 용어를 '공변(共變)의 정리(postulate of covariance)', 즉 조금 길게 설명하자면 '어떤 기준 좌표계를 선택하더라도 물리 법칙은 독립성을 유지한다는 정리'로 바꾸자고 제안했다.

상대성이론의 내용과 일치시키려면 그것을 '상대성이론'이라고 부를 것이 아니라('공변의 원리'도 아직은 그 이론의 본질을 제대로 반영하지 못하므로) 차라리 간단하게 '4차원 이론'이라고 부르는 것이 옳을지도 모른다. 이것은 민코프스키가 이미 내놓은 개념과도 직접적으로 연결될 테니까 말이다. 어쨌든 우리는 아직도 용어에 관해 논쟁을 벌여야 할 판이다.

일반상대성이론이라는 용어에 반대하는 목소리 또한 높았다. 블로킨체프(D. I. Blokhintsev)는 "실제로 일반상대성이론은 중력에 관한 이론이지 모든 운동의 상대성에 관한 공리가 아니다"라면서 모든 운동의 상대성을 얘기할 수는 없다고 주장했다.

포크(V. A. Fok)도 일반상대성이론에 대해 독특한 관점을 취했다.

'일반적인 상대성', '일반상대성이론' 또는 '일반상대성원리'라는 용어를 사용하는 것은 허용될 수 없다. 그것은 오해를 일으킬 뿐 아니라 그 이론 자체에 대해 정확한 반영을 하지 못하고 있기 때문이다.

포크는 특수상대성이론에서 사용된 상대성이란 개념은 공간의 균일성이란 개념과 연결될 수 있다고 말했다. 상대성이론은 '갈릴레이 공간의 이론'이라고도 불렸는데 그 공간이 균일하다는 것은 로렌츠 방정식에 반영되어 있다. 포크는 이 명칭이 올바르다는 것을 인정했다. 왜냐하면 갈릴레이의 상대성이론을 일반화한 것이 그 이론에서 큰 역할을 했기 때문이다. 그러나 일반상대성이론에서는 '일반 공변의 개념(물리 방정식들은 모든 시공간 좌표에서 동등하게 취급되어야 한다는 원리)'이 '일반적인 상대성'이란 용어로 표현되기 시작했다. 그렇지만 포크는 다음과 같이 썼다.

> 그러한 공변성은 공간의 균일성과는 아무런 공통점이 없다. 이 말은 곧 '일반 상대성'은 '단순한 상대성'과는 전혀 공통점이 없다는 것을 의미한다. …… '일반 상대성' 또는 '일반상대성이론'은 중력의 이론이라는 의미로 아인슈타인에 의해 사용된다. …… 중력 이론에서는 공간이 균일하지 않은 것으로 가정되는 대신 상대성이란 것은 공간의 균일성과 연관되기 때문에 일반상대성이론에는 상대성이란 전혀 없다고 보아야 할 것이다.

한편 막시모프의 관점은 몇몇 논문에서 비판을 받았다. 그는 상대성이론을 수학적 형태로는 올바르다고 인정하면서도 그것의 물리적인 중요성은 받아들이지 않았기 때문이다. 토론을 정리하면서 잡지 편집인은 이 문제에 대해 다음과 같이 말했다.

> 막시모프의 주장처럼 상대성이론의 수학적인 접근은 받아들이면서도 동시에 그것의 물리적인 결론을 전적으로 부인하는 것은 어떻게 보더라도 납득이 가지 않고 일관성이 없다. 공간적으로 고립된 사건들이 동시 발생할 때의 상대성, 속도에 의존하는 시공 사이의 관계 등과 같은 상대성이론의 기본적인 결론들은 물리학 이론 그 자체에서 불가피하게 유도되는 것으로 아인슈타인의 관념론에서 나온 것처럼 취급해서는 안 된다.

막시모프의 관점은 철학과 과학의 관계에 대한 가장 중요한 문제를 다루면서 그가 얼마나 속물적인 접근을 하고 있는지를 보여 준다. 이것은 본질적으로 변증법적 유물론을 주관주의로 대체한 것과 같다. 이런 접근 방식 때문에 그는 결국 현대 물리학에서 가장 중요한 이론 중의 하나를 회의론이라는 잘못된 관점으로 대할 수밖에 없었다.

기준 좌표계의 개념적 내용은 무엇인가 하는 문제도 토론에서 제기됐는데, 이것은 크게 두 가지 관점으로 나뉘어졌다. 예컨대 알렉산드로프는 기준 좌표계라는 것은 준거가 되는 어떤 물체와 같거나 불가피하게 그것과 연관되어 있다고 보았다.

기준 좌표계는 기준이 되는 어떤 물체와 관련지어 객체와 현상들에 객관적인 위치(좌표)를 부여하는 것이다. 좌표계라는 것은 이러한 현실적인 관계의 추상화이며 그런 의미에서 객관적인 내용물이다. 기준 좌표계에서 단지 표현의 양식만을 본다거나 가상적인 좌표/시간 격자만을 보는 것은 잘못이다. 나아가 인식하는 주체가 빠져버린 기준 좌표계는 불합리하다고 주장하는 것도 잘못된 것이다. 어떤 과학적인 '표현 양식'도 객관적으로 존재하는 어떤 것을 반영하게 마련이며 물리학에서의 주관-물체의 관계는 바로 이 객관적으로 존재하는 어떤 것을 의미한다.

털레츠키는 기준 좌표계를 공간적인 위치와 시간의 진행을 나타내는 가상적인 좌표 격자로 이해했다.

기준 좌표계는 우리의 의식과는 독립적으로 존재하는 현실의 공간과 시간을 표상하는 양식이다.

4차원이라는 기하학적 각도에서 볼 때, 기준 좌표계는 시공이 4차원적으로 변화하는 것을 좌표화한 일반 개념이다. 분석기하학에서의 좌표계와 마찬가지로 상대성이론의 기준 좌표계는 어느 정도 임의로 선택할 수 있다.

절대 궤도와 상대 궤도의 문제도 논쟁의 대상이었다. 이것 역시 기준 좌표계의 문제와 마찬가지로 공통적인 결론에 도달하는 데 실패했다. 이 논쟁은 막시모프의 논문으로 촉발됐는데, 그는 아인슈타인의 의견에 동조하지 않았다. 그는 어떤 본질적이며 그 자체가 절대적으로 존재하는 궤도란 있을 수 없으며, 어떤 궤도든지 반드시 기준 좌표계, 즉 기준이 되는 확실한 물체와 관련해서만 생각할 수 있다고 주장했다. 그러나 막시모프는 다음과 같이 썼다.

하나 또는 둘 이상의 좌표계를 설정하지 않고는 어떠한 객관적인 궤도도 생각할 수 없다는 주장이 철학적 결론으로 제시되고 있지만 그것은 완전히 비과학적인 것이다.

나안(G. I. Naan)은 막시모프의 견해에 동의하지 않았다. 그는 이 경우에는 아인슈타인이 옳다고 주장하면서, 아인슈타인은 궤도의 물리적인 상대성에 대해 언급한 유일한 사람인데, 그렇다고 그가 궤도가 객관적으로 존재한다는 '궤도의 객관성'을 부인한 것은 아니었다고 강조했다.

어떤 주어진 매개물에 대한 물체의 궤도는 확실히 기준 좌표계 안에서의 궤도이다. 이 기준 좌표계에서 준거가 되는 것은 바로 주어진 매개물이다. 독립적으로 존재하는 기준 좌표계라는 것은 존재하지 않는다. 더구나 주어진 궤도는 결코 유일한 것도 아니다. 그것 외에 똑같은 물체에 대한 다른 궤도,

즉 다른 매개물을 기준으로 한 똑같은 물체의 궤도가 있을 수 있는 것이다. 일반적으로 궤도는 상대적인 것이지만 제일 처음의 궤도와 마찬가지로 그것들은 또한 객관적인 것이기도 하다.

한 물체가 운동할 때 궤도가 다수일 수 있다는 나안의 언급은 또 다른 반론을 불러일으켰다. 쿠르사노프(G. A. Kursanov)는 이 문제에 대해 물체가 객관적으로 운동한다는 사실과 운동 중인 모든 물체들은 서로 관계를 맺는다는 사실을 혼동한 것이 아니냐고 썼다.

모든 물체는 시간과 공간 속에서 운동할 때, 다섯 개도 아니고 열두 개도 아닌 단 하나의 실재적인 궤도를 갖는다. 동시에 각 물체는 다른 물체와의 상호 작용 속에서 운동한다. 그러므로 객관적으로 실재적인 물체의 성질인 궤도는 단지 다른 물체의 운동이라는 관점을 통해서만, 즉 어떤 기준 좌표계와 연관해서만 파악할 수 있다. 물체의 궤도가 직선이나 포물선 등의 어떤 기하학적인 형태를 띤다고 할 때 그것은 단지 그 물체의 운동과 어떤 기준 좌표계와 연관해서만 그렇게 얘기할 수 있다. 그리고 단지 그런 의미에서만 한 물체에 많은 궤도가 있다고 말할 수 있다.

참석한 과학자들은 서양 과학자들 중 많은 사람들이 일반상대성이론에 의거해 프톨레마이오스의 천동설과 코페르니쿠스의 지동설은 똑같은 입장이며 코페르니쿠스의 발견도 과학적으로는 전혀 중요한 게 아니라고 주장하는 데 대해 격렬하게 비난했다. 그들이 보기에 그러한 주장은 실재와는 전혀 부합되지 않았던 것이다. 카린(N. N. Kharin)은 그런 주장의 인식론적인 근거를 다음과 같이 보았다.

과학 이론을 관념론과 형이상학적 관점에서 바라보는 상대론자들은 구체적인 것으로부터 추상적인 것을 분리시켜 추상적인 것을 과대 평가하며 또한 그 추상성을 절대화시키는 한편 구체적인 것은 방기한다. 반대로 형이상학적으로 접근하면서도 구체적인 측면을 과대 평가하고 추상적인 것을 거부하며 객관적인 내용을 무시하는 경우도 있다. 수학의 추상성을 과대 평가하는 상대론자들은 인식의 과정을 형식적이고 수학적인 측면으로 제한하여 잘못된 결론을 이끌어낸다.

쉬로코프(M. F. Shirokov)는 특별히 이 문제에 관한 논문을 썼는데, 이 논문에서 그는 다음과 같이 지적했다.

> 제한된 공간에 집중되어 있는 물질에 대해 뉴턴 역학이 다루었던 기준 좌표계라는 개념은 잇따른 과학의 새로운 발견에도 불구하고 크게 변하지 않았다. 그것은 단지 더 정교해지고 일반화됐으며 새로운 물질의 발견과 전자기장, 중력장, 나아가 새로운 운동 법칙이 작용하는 다른 장으로 더욱 확대되기까지 했다. 코페르니쿠스의 위대한 발견이 갖는 중요성은 결코 감소되지 않았을 뿐 아니라 오히려 더욱 커졌으며 순수한 천문학적 문제의 틀을 벗어나 더 광범위하게 적용되었다.

물론 상대성이론이 상대론적 효과에 대해 성과를 거둘 수 있었던 것은 물질의 운동학적인 변화들을 탐구한 결과였지 운동하는 물체의 물리적인 본성을 발견했기 때문은 아니었다. 이런 이유 때문에 운동하는 물체의 실재적인 물리적 과정에 관해 어떤 결론적인 얘기를 하는 것은 불가능할 뿐더러 특수상대성이론은 이에 대해 한 마디 대답도 해주지 못한다. 쿠르사노프는 이 점에 주의를 기울였다.

일반상대성이론은 예컨대 공간의 미터법, 또는 시간 흐름의 '속도' 등을 통해 변화의 물리적인 원인을 규명하는 데 크나큰 진보를 이루었다. 물리학은 이 방향으로 상대성이론의 개념들을 더 발전시키고 깊게 해야 한다.

상대성이론의 몇몇 개념을 발전시키는 데 공헌한 로바체프스키도 주의를 끈 인물이었다. 그가 기하학 방면에서는 상당히 유명하지만 역학에서는 그만큼 널리 알려지지 않았다는 사실이 흥미를 끌었다. 빌니츠키(M. B. Vilnitsky)는 그 점에 대해 다음과 같이 말했다.

로바체프스키는 운동의 실재성에 입각해 있었다. 그는 객관적인 공간이 갖는 3차원적인 특성을 인정하는 데서 출발했다. 공간은 유한하고 제한적이라는 주장을 부인하는 한편 공간과 물체는 분리할 수 없는 성질을 갖고 있다는 것을 확신했다. 그는 또 공간은 객관적으로 존재하며, 공간의 불연속성과 연속성은 변증법적으로 통일을 이루고 있다는 입장을 받아들였다. 그는 시간과 그 측정 사이에, 또 시간과 물체의 일정한 운동 사이에 건널 수 없는 깊은 간격을 두지 않았다. 시간을 측정한다는 것은 운동의 물리적인 조건에 의존한다는 점을 명백히 했다. 그러나 동시에 시간과 시간의 측정을 동일시하진 않았다. …… 그는 시간과 공간 사이에 존재하는 끊을 수 없는 끈을 확실히 인식하는 동시에 시간과 공간 그리고 공간적인 요소 사이의 차이점도 명백히 보았다. 그는 미래에는 상대성이론이 실제로 구체화될 수 있도록 역학 그 자체가 변화되어야 할 것이라고 생각했다.

상대성이론을 다룬 서적 중에 간혹 상대론적 물리학에서 취급하는 상대적인 물리량은 물리학적으로는 아무런 객관적인 의미가 없고 단지 수학을 통해서만 완벽하게 표현될 수 있다고 주장하는 경우가 있다. 알렉산드로프는 상대성이론을 기하학화하거나 완전히 수학화하는 것을 추종하는 사람들에 대해 다음과 같이 응수했다.

이 이론은 사실 물리적인 이론이지 4차원적인 기하학으로 환원할 수 있는 성질은 아니다. 이 이론에서 중요한 것은 정확히 말해 개념과 법칙, 방법들의 물리적 본질이다. 이것의 물리적 본질을 묻는 것이 이 이론을 이해하는 핵심이다. ……기하학적으로 해석할 수 있는 가능성은 상대성이론에만 해당되는 건 아니다. ……더구나 상대성이론의 동역학적 문제들은 시공 관계에 대한 기하학적인 개념들만으로 완전히 해소될 수 있는 것도 아니다.

많은 논문들이 시간·공간·운동을 연결시키는 이론은 상대성이론이 나오기 오래 전에 변증법적 유물론에서 이미 발전해 왔으며, 상대성이론은 이것을 단지 물리학 용어로 확실히 했을 뿐이라고 강조했다.

에딩턴·진스·프랑크를 비롯해 상대성이론을 다루었던 서구의 물리학자와 철학자들의 결론을 철학적으로 분석한 것이 토론에서 주류를 이루었다. 물리학의 많은 개념들이 상대성을 지니고 있으므로 그것들의 객관성을 인정할 수 없다고 주장하는 논증에 대해 그 주장을 반박하는 지적이 있었다. 나안은 다음과 같이 강조했다.

예를 들어 공간의 궤도에 대해 물리적인 상대성을 인정하는 것을 궤도가 객관적으로 존재한다는 사실을 부정하는 것으로 받아들이는 것은 궤변에 지나지 않는다. 그것은 기준 좌표계를 관찰자와 그의 관점으로 대체한 결과 얻어진 오류이다. 즉 객체 대신에 주체(주관)를 끌어들였기 때문이다.

시간과 공간의 객관성을 부인하는 몇몇 저자들은 물체의 시공적 특성은 측정과 관찰의 과정에서, 즉 그 물체를 측정하고 관찰하는 순간에만 생성된다고 결론짓는다. 바자로프는 다음과 같이 썼다.

> 어떤 물체의 현상과 성질을 파악하기 위해서는 다른 물체와의 관계를 검토하지 않으면 안 된다. 한 물체의 성질은 관계들, 즉 상호 작용을 통한 운동학적(kinemaic)·동역학적(dynamic)인 관계들을 통해서만 알 수 있다. 그러나 이것은 물체의 성질이 관계들에 의해 만들어진다는 말은 아니다. 단지 관계들을 통해 본래 있던 물체의 속성이 드러날 뿐이다. 이런 관계들에 의해 드러나는 물체의 특성은 양적으로는 운동학에서 다루는 특성과 다르며 질적으로는 상호 작용을 통한 관계에서 얻어지는 특성과 구별된 것이다.

주관적인 요소를 절대화하고 그것들을 객관적인 것들과 분리시키는 불합리한 점에 대해서도 카린은 적절하게 지적하고 있다.

> 특수상대성이론에서 객관적인 요소들은 결정적이고 중요한 역할을 맡고 있다. 반면 주관적인 요소들은 중요하지 않은 부차적인 역할을 띠고 있을 뿐이다.

그는 물체들이 상대적인 성질도 많이 가지고 있지만 절대적인 것도 동시에 갖고 있다는 사실을 지적했다. 외부 세계의 물체는 절대적인 것과 상대적인 것이 통일을 이루고 있다는 것이다.

특수상대성이론에 나오는 개념과 공식들은 운동과 공간, 그리고 시간—이것들은 그 자체 속에 절대적인 것과 상대적인 것이 유기적인 통일을 이루고 있다—이 지닌 성질들을 반영한다. 예를 들어 상대성이론에서 동시성 개념은 단지 상대적일 뿐이지 절대적인 성질은 없다고 말할 근거는 없다. 오히려 이 개념은 절대적이기도 한데, 왜냐하면 물체와 과정이 객관적이면서 또한 동시적으로 존재하는 것을 상대성이론에서는 인정하기 때문이다.

많은 논문들은 상대성이론의 철학적 해석과 물리적 내용이 항상 일치했던 것은 아니라고 지적하고, 어떤 철학적 해석은 참된 내용을 왜곡함으로써 상대성이론이 발전하는 데 커다란 해악을 끼쳤다고 주장했다. 일부 과학자들은 상대성이론의 서술 논리를 비판했는데 아인슈타인이 고전 물리학의 전통적인 서술 논리를 이탈했다는 것이다.

어떤 발언자들은 일부 러시아 과학자와 철학자들이 서구 철학자들을 좇아 상대성이론을 관념론이라고 믿는 것은 유감이라고 말했다. 이들 일부 러시아 과학자들은 관념론에 근거해서 상대성이론의 몇 가지 물리적 명제를 비판하기도 했다는 것이다. 포크는 다음과 같이 썼다.

최근 서구 철학자들과 물리학자들은 상대성이론과 양자 역학을 관념론의 관점에서 해석하려고 노력했다. 그들은 상대성이론과 양자 역학이라는 물리학의 새로운 이론들이 '불가피하게' 우리를 둘러싼 세계의 객관성을 부정하며 또한 그러한 실재의 존재에 대해 의문을 제기한다는 점을 보이고자 노력했다. 불행하게도 그들의 활동은 우리 주변에서 어느 정도의 성과를 올렸다.

그러나 그것은 광범위하게 퍼지진 않았다. 러시아 철학자들 중 몇몇은 현대 물리학이 관념론의 바탕 위에 서 있다고 믿고 있다.

토론 참가자들은 아인슈타인의 철학적 견해를 비판했다. 막시모프 외에도 몇몇은 《철학의 여러 문제》에 아인슈타인이 마흐주의, 신칸트주의, 그리고 관념론적인 철학 유파의 영향을 받아 외부 세계와 인간 의식 사이의 관계인 철학의 근본 문제에 대해 관념론적으로 답했다고 주장했다. 이를 뒷받침하기 위해 아인슈타인이 과학적인 개념, 수학의 공리, 일반 이론, 수학, 과학, 그리고 물리학에서의 주체와 대상 등등에 대해 여기저기에 언급했던 것을 인용했다. 아인슈타인의 저서 속에서 경험적인 것과 이성적인 것과의 관계, 종교적인 문제에 대해 취했던 입장 등을 참고하기도 했다. 또한 아인슈타인이 관념론 철학에 집착했다는 것을 보이기 위해 마흐·버클리·흄과 그 외 다른 철학자들의 사상에 관해 그가 언급했던 것을 끌어들이기도 했다. 카르포프(M. M. Karpov)는 다음과 같이 썼다.

아인슈타인이 유물론자라는 잘못된 생각이 많은 물리학자들과 철학자들 사이에 굳어져 있다. 심지어 몇몇 저자들은 아인슈타인을 거의 변증법적 유물론자로 기술하고 있는데 이것은 더더구나 터무니없는 것이다.······아인슈타인은 자신이 스피노자를 추종하며 자신은 결코 스스로를 관념론자라고 생각하지 않는다고 자주 천명해 왔다. 그러나 그의 철학적인 언급이나 그가 다루었던 이론적이고 인식론적인 문제들을 분석해 보면 그는 스피노자의 문하생이 아닐 뿐더러 유물론자도 아니다.

아인슈타인의 관점과 견해는 흄·마흐·쇼펜하우어(A. Schopenhauer) 같은 관념론적 철학자들의 영향을 받아 형성됐다. 그들은 그의 철학적 관점에 영향을 끼쳤다. 아인슈타인은 철학의 근본 문제에 관념론적으로 답하고 있다.

아인슈타인의 과학적인 업적과 관련해서는 대부분 자연의 실재적인 진행 과정을 가장 적절히 표현했다고 인정했다. 그 점에 대해 편집자가 요약한 것을 보자.

공간적으로 고립된 사건이 동시에 발생하는 것의 상대성과 시공의 관계가 속도에 의존하는 것에 관한 결론은 상대성이론의 주요한 결론이다. 그것은 물리 이론 그 자체에서 필연적으로 유도되는 것이지 아인슈타인의 관념론에서 얻어지는 것으로 볼 수는 없다.

1958년 총동맹회의 논쟁

《철학의 여러 문제》에서 토론 이후에 상대성이론의 문제를 다룬 가장 대표적인 공개 토론회는 1958년 과학의 철학적 문제를 다루는 총동맹회의(All-Union Conference on Philosophical Problems of Science)였다. 알렉산드로프가 상대성이론의 철학적 내용과 중요성에 관해 발표한 논문이 특히 관심을 불러일으켰다.

알렉산드로프는 상대성이론이 시간과 공간에 대한 물리 이론이므로 그것은 철학과 밀접히 연관될 수밖에 없다는 사실을 출발점으로 삼았다. 왜냐하면 시간과 공간을 제외하고 상대성이론의 철학적 기초를 이해하는 것은 불가능하기 때문이다. 그러나 시공은 물질과의 연관 없이 독자적으로 존재하지 않으며 더구나 물질의 존재 형태이기 때문에 시공 관계를 이해하는 것은 물질의 성질을 연구하는 것과 직접적인 연관이 있었다.

상대성이론의 참된 본질은 그것이 시공의 상대성을 확립한 데 있는 것이 아니라 자연 현상을 어떤 기준 좌표계와의 관련 속에서 파악하고 현상들 사이에 어떤 차이점이 생기는지 알아내는 데 있다. 그 이론의 핵심은 이러한 상대성 자체가 곧 절대성의 한 측면이라는 것을 밝히는 것이다. 즉 시간과 공간의 상대성이 중요한 것이 아니라 그러한 상대성은 물질의 유일하고도 절대적인 존재 형태, 즉 시공이 겉으로 드러난 현상이라는 데 핵심이 있다.

알렉산드로프는 그의 논문에서 서로 다른 철학 유파에 속한 사람들이 각기 독자적인 방법으로 상대성이론을 해석하려 했고, 그 결과 상대성이론의 철학적·물리적인 내용들이 상당히 왜곡되어 왔다는 점을 지적했다. 그들은 기본적으로 상대성의 개념에 관심을 기울였는데, 이 개념은 상대성이론에서 너무 과장되었으며 나아가 종종 주관적으로 해석되기도 했다.

알렉산드로프는 상대성이론의 구성 논리에서 이 이론이 실증주의적으로 왜곡될 수 있는 소지를 보았다. 특수상대성이론은 상대성의 원리와 광속 불변이라는 두 가지 원칙에 입각해 있기 때문에 상대성이론의 주요 개념은 기준 좌표계와 시공간 좌표계라는 것을 알 수 있다고 그는 주장한다. 왜냐하면 두 좌표계가 없으면 그런 원칙들을 발전시켜 나갈 수가 없기 때문이다.

이 이론의 형성 과정에서 최초의 출발점이 상대성의 관점이라는 것은 명백하다. 상대성의 관점은 무엇보다도 현상들 그 자체에 관해 의문을 던지는 것이 아니라 어떤 기준 좌표계에 대한 관계에 중점을 둔다. 상대성의 관점은 이 이론이 발전해 가는 도상에서 상대 시간, 로렌츠의 축약, 상대 질량 등이 고려될 때마다 거의 지배적인 관점이 되었다. 여기서의 출발점은 물체와 과정 등을 기준 좌표계와 관련해 명백히 드러내 보이는 것이다.

그러한 접근법은 중요한 발견을 하는 데 일조를 했기 때문에 타당한 것이라고 그는 생각했다. 그것은 가끔 주장하듯이 관계 속에서 물체를 소멸시키는 것과는 상관없다. 그러나 어느 정도의 어려움이 존재했던 것도 사실인데 왜냐하면 그런 방식은 과학에서 용인되는 주관-객체로 이어지는 논리와 일치하지 않았기 때문이다. 과학에서 용인되는 논리는 절대적인 것에서 상대적인 것으로 나아가며, 물체에서 시작해 그것의 성질을 연구하는 것으로 진행하기 때문이다.

상대성에서 출발해 하나의 이론을 구축하는 것은 주관-객체로 이어지는 논리와는 부합하지 않을지라도 관찰과 측정, 물체에 대한 탐구의 논리와는 일치한다. 관찰자는 물체를 인식하고 발견하고 측정할 때 무엇보다도 그 대상물체가 관찰자 자신을 포함해 관찰·측정 도구와의 연관 아래 작용하고 있다는 사실을 깨닫게 된다. 그러므로 물리학자가 자신의 기준 좌표계에서 측정하고 관찰한다는 사실로부터 이론에 접근하는 것은 어떤 의미에서 그에게 훨씬 단순할 뿐 아니라 그만큼 더 친근하게 여겨진다.

그의 주장에 따르면 실증주의자들은 그런 식의 접근 방법을 지나치게 물고 늘어져 이로부터 상대성이라는 것이 결코 객관적인 성격이 아니라 오히려 주관적인 성격이라고 결론을 내리게 되었다는 것이다. 그도 그럴 것이 그들의 설명 방식대로라면 상대성은 관찰자의 관점과 측정 방법에 전적으로 의존하기 때문이다. 알렉산드로프는 상대성이론에 대한 이런 식의 잘못된 해석이 몇몇 러시아 과학자들에게도 영향을 끼쳐 엉뚱한 결론을 맺도록 오도했다고 생각했다.

그들은 관념론을 상대성이론의 결론으로 삼았다.······ 이런 오류가 생기게 된 원인은 상대성이론의 구조에 대해 그들이 본말이 전도된 뒤죽박죽의 논리를 적용시켰기 때문이다. 그들은 상대성이론의 구조를 올바로 바라볼 수 없었던 것이다.

알렉산드로프는 상대성이론의 구조를 이해하기 위해 외부 세계는 전자기 복사로 가득 차 있다는 점을 일반 원리로 삼고 출발했다. 전자기 복사는 우주에서 움직이는 물체들 사이에 물질적인 관계를 형성해 주기 때문이다. 상대성이론과 전자기 복사의 관계에 대해 그는 다음과 같이 생각했다.

(1) 시공에 대해 합리적인 이론을 얻기 위해서는 겉으로 나타나는 현상들 속에 감춰진 물질적인 상호 관계를 탐구의 출발점으로 삼아야 한다. 시공에 관한 개념과 법칙도 물질적인 연관에서 발견되는 일반 법칙에서 유도할 수 있다. 더구나 시공 그 자체가 우주적인 특성을 갖고 있으므로 이에 관한 이론도 현상들간의 보편적이고 우주적인 관계로부터 출발해야 한다.

그는 이 첫 번째 조건을 완벽하게 만족시킨 사람이 아인슈타인이라고 생각했다. 왜냐하면 아인슈타인은 전자기 법칙을 기초로 삼아 상대성이론을 수립했기 때문이다.

(2) 이 이론은 또 구체적인 특성으로부터 추출되어야 할 뿐 아니라 어느 정도는 현상들 사이의 관계에서 얻어지는 물질적 내용을 추상화시켜야 한다. 그렇지 않으면 물질의 존재 형태에 관한 완전한 이론이 될 수 없을 것이다. 그러므로 필요한 정도의 추상화는 시공 이론에 있어 당연한 것이라고 할 수 있다.

알렉산드로프의 의견대로 아인슈타인의 상대성이론이 시공에 관한 이론이라는 전제에서 출발한다면,

    (3) 그것은 세계의 시공 구조를 밝히기 위해 전체로써의 현상들 사이의 총체적 관계로부터 시작해야 한다. 또한 상대적인 것이 아닌 시공의 절대적인 다양성을 밝혀야 한다.

시공에 관한 이론은 하나의 물리 이론으로서 일반적으로 갖춰야 하는 논리가 있기 때문에,

    (4) 우선 절대적인 것을 먼저 세우고 다음에 상대적인 것, 즉 절대적인 것의 한 부분이나 측면으로 나아가야 한다.

아인슈타인이 상대성이론의 구조 속에서 충족시키지 못했던 조건은 바로 이 마지막 조건이라고 알렉산드로프는 강조했다. 이런 원리들을 바탕에 깔고 알렉산드로프는 상대성이론의 물리적 기초를 해석했다. 여기서 그가 쓴 논문에 대해 자세히 다루지는 않겠다.

  그의 관점을 놓고 비판적인 분석들이 나왔다. 쉬로코프도 상대성이론의 특성이 기본적으로 시간과 공간에 대한 새로운 이해라는 데는 공감했다. 시간과 공간에 대한 종전의 이론들이 실험적이고 물리적인 자료에 기초하지 않았던 데 비해 상대성이론에서는 시간과 공간이 "오직 물리적인 측면에서만 다뤄졌다"고 강조했다. 그는 상대성이론을 좀더 좁혀서 정의하면 "물체의 운동과 (공간상의) 물질의 분포에 의존하는 시간과 공간의 한 특성을 다룬 이론이라고 할 수 있다"고 보았다.

그러나 쉬로코프는 알렉산드로프가 상대성의 일반 원리를 하나의 물리 법칙으로써 객관적인 실재로 받아들이지 않는 데는 동의하지 않았다. 그는 다음과 같은 사실에 주목했다.

만약 우리가 객관성을 부인하면서 계속해서 일관되고 논리적으로 또 고집스럽게 주장한다면, 예컨대 다음과 같은 결론도 펴게 된다. 즉 지구상에서 지구의 자전으로 발생하는 광학적이고 역학적인 현상, 즉 잘 알려진 위도에 따른 중력 가속도의 차이라든지 무역풍 등이 객관적으로 실재하는 것이 아니라고 주장할 수도 있다. 왜냐하면 이것들은 회전하는 기준 좌표축이 이동한 결과 얻어진 것이며, 회전하는 기준 좌표축이란 것이 사실 형식적이고 수학적인 의미만 띠고 있을 뿐이기 때문에 물리적인 의미는 없다고 보는 것이다.

쉬로코프는 알렉산드로프가 일반상대성이론에서 내세우는 중력의 보편 법칙을 인정한 것은 스스로가 모순에 빠진 셈이라고 지적했다. 왜냐하면 그것은 상대성의 일반 원리가 객관적인 성격을 갖지 않는다는 자신의 주장을 뒤집는 것이기 때문이다.

스비더스키(V. I. Svidersky)는 물리학자들에게 상대성이론은 시간과 공간을 다룬 물리학 이론에 불과하므로 마치 이 이론을 시간과 공간이라는 두 범주에 대한 절대적인 이론인 것으로 간주해서는 안 된다고 경고했다. 만약 그런 태도로 접근하게 되면 시간과 공간이 지닌 물리학적인 측면과 철학적인 측면을 동일시하게 된다는 것이었다. 그는 객관성·절대성·상대성·물질·모순·연속성·간헐성·무한성·통일성·차이·상호 의존성 등을 시간과 공간에 관련된 문제로 제시했다. 그는 상대성이론을 잘못 해석하는 저자들을 비판했다.

(상대성이론을) 기준 좌표계와 일반 좌표 체계, 주관성으로써의 도구에 의존해 해석하려는 경향이 있어 왔다. …… 대부분의 사람들은 객관적인 것이면 뭐든지 절대적인 것으로 간주하고 반대로 절대적인 것만을 객관적이라고 보기 때문에 상대적인 것은 모두 주관적인 것이라고 확신한다.

오프친니코프(N. F. Ovchinnikov)는 상대성이론은 물질적인 관계들, 즉 절대적인 것에서부터 출발해 절대적인 것의 한 부분이나 측면인 상대적인 것으로 도달하는 수순을 밟아 구성되어야 한다는 알렉산드로프의 생각에 동조했다. 그러나 그는 또 다음과 같이 강조했다.

알렉산드로프가 상대성이론의 출발점을 명백히 밝힌 것은 사실이다. 그러나 출발점이 되어야 할 절대적인 것을 물질들간의 관계에서 찾았던 것이 아니라 시공 관계에서 찾았다. 그렇기 때문에 상대성이론의 형성과 관련된 논리는 이전처럼 여전히 뒤죽박죽인 상태이다.

헝가리 출신 물리학자인 자노시(L. Janosy)가 상대성이론을 철학적으로 분석해 《철학의 여러 문제》 발표한 논문은 격렬한 반론을 불러일으켰다. 그는 이 글에서 상대론 물리학에 끼친 영향을 놓고 볼 때 아인슈타인의 특수상대성이론보다는 로렌츠 이론이 훨씬 탁월하다는 것을 보이려고 했다.

나는 대부분 특수상대성이론으로 해석되고 있는 현상들이 다른 방법, 즉 로렌츠나 피츠제럴드가 제기한 방법으로도 해석이 가능하다는 것을 보이려고 했다. 나아가 물리학적인 관점에서 볼 때도 오히려 그들의 사상에 의존하는 것이 훨씬 더 유익하다는 것을 보이기 위해 노력해 왔다.

그러한 유익한 점 중의 하나는 로렌츠의 이론이 특수상대성이론보다 더 넓은 영역에서 자연 현상을 설명할 수 있기 때문이라고 그는 주장했다.

아인슈타인의 개념은 기본적으로 로렌츠의 변환을 만족시키지 않는 자연 현상을 배제시키고 있다. 그러나 만약 그런 자연 현상이 존재한다면 그것을 아인슈타인의 이론에 포함시키기보다는 로렌츠의 이론에 편입시키는 것이 훨씬 쉬울 것이다.

자노시는 아인슈타인의 상대성원리를 "자연 법칙은 서로 다른 관찰자들에 대해서도 동일한 형태를 취한다"라고 설명하면서, 이론의 필요 조건을 완전히 충족시키지 못한다는 점을 입증하려고 했다.

자연 법칙과 관련해 상대성이론에서 얘기하는 것은 관념적인 용어로 치장되어 있기 때문에 애매모호하다. 그것은 관찰자가 있든 없든 관찰자와 독립적으로 발생하는 사건에 주목할 것을 요구하는 것이 아니라 관찰자가 무엇을 보고 있느냐에 주의하라고 주장하고 있다. 그러나 자연 법칙은 한 관찰자에게만 특수한 좌표계를 포함하지 않도록 구성되어야 한다.

자노시는 아인슈타인의 상대성원리는 로렌츠의 원리로 대체되어야 한다고 주장했다. 로렌츠의 원리에 대해 그는 "자연 법칙은 로렌츠 공변이다. 로렌츠 공변이란 좌표축의 이동에 따라 자연 법칙이 변하는 것이 아니라 이동에도 불구하고 자연 법칙이 갖는 고유한 수학적인 특성을 그대로 유지한다는 것을 뜻한다"라고 설명했다.

로렌츠의 원리는 관찰자와는 무관한 자연 법칙의 일반적인 특성을 나타내며 아인슈타인의 원리와 수학적으로 동일하다. 그러므로 상대성이론에서 얻어지는 모든 결과들은 로렌츠 원리를 이용해 훨씬 쉽게 획득할 수 있다. 로렌츠 원리의 이점은 관찰자가 무엇을 하거나 보든지간에 전혀 관념적으로 언급할 필요가 없다는 것이다.

그는 또 물리학적으로 로렌츠의 원리와 아인슈타인의 상대성원리는 동일한 것이라고 강조하고, 아인슈타인의 상대성원리도 따지고 보면 로렌츠의 개념에 바탕을 두고 그것을 조금 다른 형태로 공리화했을 뿐이라고 강조했다.

로렌츠의 원리를 받아들임에 따라 자노시는 뉴턴의 절대 시간과 절대 공간 개념도 인정했다. 자노시는 뉴턴의 절대 시간 및 절대 공간을 객관적인 시간과 객관적인 공간과 동일시했다. 그는 다른 여러 가지 결론들도 이끌어냈다.

카르드(P. G. Kard)는 자노시의 주장에 대해 충분히 근거 있는 반론을 제기했다. 카르드는 상대성이론이 수학적인 형태에서는 로렌츠 이론과 비슷하지만 물리적인 내용에서는 현저한 차이가 있다고 보았다.

한 이론이 가진 수학적인 형태로부터 또 다른 이론의 수학적 형태를 연역할 수 있다는 것은 별 의미가 없다. 왜냐하면 두 이론이 수학적인 형태에서는 똑같을지 모르지만 물리적인 내용에서는 엄청난 차이가 있을 수 있기 때문이다. 하나의 이론이 가진 물리적인 내용은 수학적인 형태로 인해 고갈되거나 영향을 받지 않는다는 사실은 이미 잘 알려진 명제이다.

카르드는 자노시가 이들 두 이론의 물리적인 내용이 동일하다고 주장한 데 대해 동의하지 않았다. 그는 로렌츠의 원리로부터 상대성이론을 연역해 내는 것은 절대로 불가능하다고 주장했다. 왜냐하면 로렌츠 원리는 본질적으로 상대성의 원리를 부정하고 있기 때문이다.

게다가 카르드는 자노시를 포함한 많은 저자들이 상대성의 원리를 아인슈타인과는 다르게 해석했다는 사실에 주목했다. 아인슈타인에게 상대성의 원리란 자연 법칙이 모든 기준 좌표계에서 동일하다는 의미였다. 아인슈타인의 이런 해석은 주체(관찰자)와는 아무런 관계가 없다. 그런데도 앞에서 보았듯이 자노시는 상대성의 원리를 해석하면서 관찰자를 끌어들였던 것이다. 또 자노시는 상대성의 원리에 관념론적 용어가 끼어들어 그 내용이 애매모호하게 되었다는 것을 중요한 결점으로 지적했다. 즉 관찰자가 있든 없든 관찰자와 독립적으로 발생하는 사건에 주의를 돌리도록 하는 대신에 오히려 서로 다른 많은 관찰자들에게 초점을 맞추도록 유도했다는 것이다.

그러나 카르드는 다음과 같이 주장했다.

그런 비난은 전적으로 옳지 못하다. 왜냐하면 아인슈타인의 상대성원리에는 관찰자에 대한 언급이 전혀 없기 때문이다. 만약 그래도 누군가 상대성 원리를 그런 식으로 표현하고, 그 '관념론적 용어' 때문에 상대성원리를 거부하고 로렌츠의 원리에 기댄다면 그것이 부당하다는 것을 명백히 보여 줄 수 있다. 왜냐하면 상대성의 원리에서 '관념론적 용어'를 제거하는 것은 지극히 간단한 일이기 때문이다.

카르드는 각 저자들이 자연 법칙이라는 막연한 개념으로 상대성원리 속에 관찰자 개념을 도입하는 이유를 알아냈다. 그에 따르면 관찰자 개념의 도입은 엄밀한 의미에서 자연 법칙이 아니라 자연 법칙을 관성계로 투영하는 것에 지나지 않는다는 것이다.

상대성원리에 관찰자를 도입하는 것은 단지 한 단계에 지나지 않는다. 그러나 이 경우 주관적 관념론이라고 볼 만한 것은 어디에도 없다. 왜냐하면 관찰자의 감각 또는 관찰은 이 공식 속에서 기본적인 것이 아니기 때문이다. 그러한 혐의(주관적 관념론)는 관찰자는 단지 자신이 정지해 있는 관성계를 통해서만 관찰한다고 주장할 때 성립할 수 있는데 사실은 그렇지 않다. ……'관찰자' 개념을 내포하고 있는 표준적인 공식에 결점이 있다면 공식 속에 관념적인 요소가 있기 때문이 아니라 관찰자라는 불가피한 언급을 통해 상대성원리의 본질이 차단되는 데 있다.

결국 카르드는 아인슈타인의 상대성원리는 그 물리적 내용에서 로렌츠의 이론과 양립할 수 없다고 결론지었다. 로렌츠의 원리를 받아들인다는 것은 당연히 절대 시간과 절대 공간의 개념을 인정한다는 것을 의미한다. 그러나 아인슈타인의 상대성원리는 뉴턴의 시간·공간에 대한 개념과는 양립하지 않으며, 결국 로렌츠 원리와도 상반되는 것이다. 두 이론 중에서 어느 것이 물리학의 발전과 일치하는가라는 물음은 결국 실험에 의해 승자가 가려졌다. 절대 시간이 존재하는가에 대한 문제를 놓고 자노시와 논쟁을 벌이면서 카르드는 다음과 같이 얘기했다.

상대성이론은 절대 시간의 존재 유무에 대한 문제에 매우 단호하게 부정적으로 대답하고 있다. 그 동안 절대 시간을 발견하려는 수많은 시도들이 결국 무위로 돌아갔으며 이 문제의 해답을 구하는 것은 물리학이 발전하기 위해서도 강력히 요구되고 있었다. 오직 상대성이론만이 그때까지 해결되지 않은 문제들을 설명할 수 있는 거대한 돌파구를 마련할 수 있었다는 것이 중요한 점이다. 그리고 더욱 중요한 것은 상대성이론이 이전에는 꿈조차 꿀 수 없었던 새로운 많은 현상들을 한치의 오차도 없이 정확히 예측한다는 점이다. 이러한 모든 것이 상대성이론의 정확성을 입증한다.

불가리아의 물리학자인 폴리카로프(A. Polikarov)도 이와 비슷한 주장으로 자노시의 관점을 논박했다. 자노시의 견해는 과학적인 사실에 근거한 것이 아니라 주로 철학적인 고찰, 그것도 결코 진지하다고 할 수 없는 논거에 의존했다고 폴리카로프는 지적했다.

(그는 자노시의 주장을 반박하면서 다음과 같이 얘기했다.) 관찰자를 끌어들였다고 해서 자동적으로 관념론을 받아들인 것으로 해석해선 안 된다. 그런데도 자노시에게는 '관찰자'라는 개념이 특별한 의미를 갖는 것 같다. 물론 그는 상대성이론이 주체라는 의미에서의 관찰자라는 개념이 없더라도 아무 탈이 없다는 것을 이해하고 있다. 그러나 그는 이것을 좀 다른 각도에서 이해하고 있다. 즉 '관찰자'라는 것을 기준 좌표계라는 의미로, 더구나 기준 좌표계 자체의 시간과 더불어 이해하고 있다. 그래서 관찰자 개념에 대한 비난은 곧 본질적으로 상대성이론의 새로운 시간 개념에 대한 공격으로 방향을 맞추게 된다. 상대성이론에서 시간 개념은 관념론과는 아무런 관련이 없는데도 말이다. 따라서 관념론의 관점에서 상대성이론을 위협하는 것은 결코 적절한 태도라고 할 수 없다.

폴리카로프는 자노시가 상대성이론에 등장하는 시간과 공간의 상대론적 변화는 일종의 신비한 현상이라고 단정하는 것에 대해 전혀 동의하지 않았다. 그런 결론은 '자노시가 잘못된 개념을 갖고 있기 때문에 생기는 것이며, 그 잘못된 개념은 시간과 공간을 일종의 관계로써가 아니라 사물과 속성으로 간주하기 때문에 발생하는 것'이라고 폴리카로프는 생각했다.

자노시가 상대성이론은 아인슈타인이 지나치게 단순화를 추구한 데서 유래되었다고 주장하는 데 대해 폴리카로프는 다음과 같은 반론을 제기했다.

> 문제는 단순화가 아니라 설명의 진실성이다. 비록 상대성이론의 단순화에 동의한다 할지라도 그것은 마흐의 사유의 경제적 원리와는 전혀 무관하다. 유물론적인 입장은 얽히고 설킨 설명 방식을 선호하도록 조금도 강요하지 않는다.

폴리카로프는 또 로렌츠의 원리와 아인슈타인의 상대성원리가 물리적으로 동일한 의미를 갖는다는 자노시의 논증에 반대했다.

> 로렌츠의 원리에 따르면 이 체계들에서는 자연 법칙이 항상 변함이 없는 채 모든 일이 일어난다. 이 원리에서는 에테르의 개념 속에 운동의 상대성을 종속시킴으로써 두 개념이 서로 양립하는 것이 가능하다. 이 말은 결국 사물의 본질을 고전적인 세계상(에테르 개념)으로 표현하더라도 상대성이 명백한 사실로 등장한다는 것을 의미한다. 반면 상대성이론은 특별한(특권이 부여된) 기준 좌표계가 존재한다는 것을 전적으로 부정해 물리적인 상대성이 갖는 심오한 특성을 유도해 낸다. 그것은 새로운 세계상을 우리에게 제시한다.

1964년 키에프 심포지엄 논쟁

1960년대에는 일반상대성이론의 철학적 문제를 논의하는 데 새로운 전기가 마련되었다. 이런 징후는 아인슈타인의 중력이론 및 상대론적 우주론을 주제로 러시아에서 물리학자들과 철학자들이 참석한 가운데 열린 몇몇 심포지엄에서 드러났다. 당시 과학자들이 다루었던 문제들이 어떤 것이었는지를 알아보기 위해 그 심포지엄 중에서 1964년 키에프에서 열린 심포지엄을 골라 회의록을 분석해 보자. 여기서는 일반상대성이론의 철학적인 측면에 관해서만 간단히 언급하겠다.

도입부에서 디쉴레비(P. S. Dyshlevy)는 특수상대성이론과 일반상대성이론이 시간과 공간의 본질에 대한 물리학적 연구에 토대를 두고 있으며, 이 이론이 출현한 이후 시간과 공간의 개념이 엄청나게 변화했다고 주장했다. 기하학적 시공과 물리학적 시공으로 범주상의 분화가 이뤄졌을 뿐 아니라 그들 각각의 구체적인 속성에도 구분이 지어졌다는 것이다.

새삼스럽게 시간과 공간의 본질을 분석하는 데 관심을 갖게 된 것은 다음과 같은 상황 때문이었다고 디쉴레비는 주장했다. 이론 물리학의 대상을 그때까지 알려져 있던 시간과 공간의 개념을 사용해서 연구하는 동안 열역학과 같은 경우에는 시간과 공간의 본질이 그다지 중요한 역할을 하지 못하는 반면, 다른 경우에는 상당히 중요한 역할을 하고 있다는 사실을 알게 되었다. 그래서 공간의 개념뿐 아니라 물리학 이론에서 공간이 차지하는 또 다른 역할을 연구할 필요성이 생겼다.

공간의 본질을 평가하는 것과 관련해서 몇 가지 경향이 있었다. 어떤 과학자들은 물리적인 공간을 다른 부류의 공간들과 분리시켜 생각하려고 했다. 그들은 실재하는 시공이 여러 가지 있다고 주장하는 사람을 비난했다. 또 다른 과학자들은 시간과 공간은 거시적인 특성을 가져 눈으로 관찰하는 것이 가능하다고 주장했다. 유물론 철학은 시간과 공간의 어떤 구체적인 개념과도 연결되지 않고 있었다. 그러므로 유물론 철학은 시간과 공간의 개념을 재고할 수 있는 상대적인 여유를 가지게 되었다.

그렇다고 시공이 물질 세계의 변화무쌍한 관계들 중 오직 한 측면에 불과하리라는 가능성을 배제하는 것은 아니다. 그런 의미에서 시공은 독립적인 어떤 것 (사건이 발생하는 '무대' 같은 것)도 아닐 뿐더러 물질의 속성도 아니라는 것을 의미한다(단지 훨씬 더 복잡한 속성들 중 한 측면일 뿐이다). 미래의 세계상에서 보는 시공 개념의 역할은 여태까지 시공 개념이 했던 것만큼 필수적이지 않을 가능성은 충분히 있다.

디쉴레비는 과학자들이 일반상대성이론이 다루는 대상에 대해 일치된 견해를 보이지 않았다고 지적했다. 어떤 과학자들은 중력장을 중심 대상에 놓은 반면 다른 과학자들은 물리적인(기하학적인) 시공을 일반상대성이론의 중심 과제로 보았다. 또 어떤 이는 상대성 자체의 연구에 주목했다. 이처럼 상대성을 서로 다른 측면에서 접근하는 것 자체가 하나의 철학적인 분석 대상이 될 수 있다고 그는 생각했다. 예를 들어 물리학에서 이론적·인식론적인 과정은 다루는 사물과 주체의 본질을 탐구하는 것과 아울러 탐구자 자신의 인식 조건들도 탐구 대상에 포함시켜야 한다. 이를 통해 탐구자는 자신이 어떤 물질적 근거와 관념적 전제를 기초로 현실을 실제적이고 이론적으로 파악하고 있는지 깨닫게 되는 것이다. 이러한 인식론적 접근은,

상대성이론이 갖는 절대적인 성격과 상대적인 성격을 이 이론이 기초하고 있는 측정 자료나 물리학 이론의 '객관성'으로 나타나는 탐구의 고정된 조건에 의존하거나 또는 그것들과는 상관없이 파악할 수 있게 해준다. 예컨대 '절대적인' 물리량(불변량)은 인식 조건에 상관없이 사물의 '적절한' 물리적 성질을 반영하는 반면 '상대적인' 물리량은 사물의 관계와 인식의 조건(관찰, 측정)을 반영한다. 후자의 선택은 주로 주관에 의존한다(물론 물질이 기본적

인 것이며 관념은 2차적이거나 사물 · 주체 · 인식 조건들의 관계로부터 유래하는 부차적인 것이라고 구별할 필요는 있다. 또한 객체(사물) · 주체 · 인식의 조건들로 분할된 것들끼리의 상대성을 고려할 필요도 있다).

빌니츠키는 가설 · 원리와 함께 물리학에 공리적 방법(axiomatic method)을 새로 도입할 것을 고려했다. 그러나 몇몇 물리학자들은 이에 대해 회의적인 태도를 보였다.

그는 물리 이론을 공리화한다는 것은 이미 얻어진 지식이나 공식으로 정해진 지식을 단순히 조직화하고 논리적으로 정돈하는 것에 국한되지 않는다고 주장했다. 공리적 방법은 조직화하는 기능뿐 아니라 스스로 발견해 내는 기능을 동시에 가지고 있는데, 이것은 새로운 지식을 획득하는 데 상당히 중요한 역할을 한다.

공리적인 방법은 이론적인 지식과 경험적인 지식의 경계 부분에서 일어나는 의문들을 해결할 수 있는 새로운 접근 방법을 제공하고 일반상대성이론이 실험 분야에서 발달하는 데 도움을 줄 뿐 아니라 나란히 경합을 벌이고 있는 중력 이론을 서로 비교하는 데도 일조할 수 있을 것이라고 주장했다. 물론 그는 다음과 같이 덧붙이는 것을 잊지 않았다.

경쟁하고 있는 중력 이론을 비교하기 위해 여기에 도입된 공리적인 판단이 실험적인 판단과 동일하다고는 결코 주장할 수 없으며 일종의 보조적인 척도 정도로만 이해해야 한다. 사실 단지 후자(실험적인 판단)만이, 좀더 넓게 얘기해, 실천만이 한 이론의 참 · 거짓을 판별할 수 있는 유일한 기준이다.

로첸코(N. M. Rozhenko)는 고전 역학과 일반상대성이론이 제기한 목적과 과제가 무엇인지를 분명히 밝히려고 노력했다. 고전 역학의 목적은 자연 대상의 본질을 밝히고 설명하기 위해 대상의 운동을 가장 완벽하고 단순하게 묘사하는 데 있다. 즉 물체의 운동 방정식은 수학적으로 표현되었다. 따라서 운동 법칙은 운동 방정식과는 별개로 물리 현상을 이론적으로 묘사하고 과학적으로 설명하고 있다고 로첸코는 주장했다.

우리는 법칙을 통해 현상을 설명하고 또 현상을 통해 법칙을 설명하는 순환 논법에 빠진다. 이론이 순환 논법에 기초하고 있는 한 법칙은 설명되는 것이 아니라 표현되는, 즉 수학적인 표현 양식으로 묘사되는 것에 불과하다. 이것은 설명하는 것과는 거리가 먼 경험적인 의사 표명일 따름이다.

그의 주장에 따르면 과학적으로 설명하고 묘사하는 데 일반상대성이론과 고전 역학에는 차이점이 있는데, 첫째 아인슈타인의 이론에는 이론적인 묘사 방법으로 기하 함수가 등장한다는 점이다. 또 다른 차이점으로는,

상대성이론에서는 운동 방정식이 장에 의해 귀납적으로 유도된다. 따라서 장방정식으로부터 운동 방정식을 얻을 수 있다. 고전적인 장 이론에서는 장 방정식으로부터 운동 방정식을 연역할 수가 없었다. 이것을 철학적으로 해석하자면 고전 물리학에서 얘기하는 '운동의 묘사'가 어떤 이론적·인식론적 과정을 담고 있는지 설명하기 위해서는 결국 상대성이론에서 그 해답을 찾아야 한다는 것을 의미한다.

오멜리야노프스키(M. E. Omelyanovsky)는 현대 물리학의 절대성과 상대

성을 다룬 논문을 통해 철학 문헌에서는 '절대적'이라는 개념과 '상대적'이라는 개념을 여러 가지로 정의하고 있다는 점을 지적했다. 그는 절대적이라는 것을 다음과 같이 해석해야 한다고 제안했다.

> 절대적인 것은 그 자체에 의해 홀로 존재한다(물질적인 실재가 아닌 개념일 경우에는 그 자체가 스스로 의미를 갖고 있다). 그러나 상대적인 것은 자신 이외의 다른 것들에 의해 존재한다(그들을 통해서만 의미를 갖는다).

상대론 물리학에서는 절대적인 것이 불변량의 역할을 했다. 오멜리야노프스키는 하나의 완결된 이론은 그 자체에 고유한 불변량과 상대성을 갖고 있다고 강조했다. 똑같은 수와 양을 놓고서도 한 이론에서는 불변량인 것이 다른 이론에서는 상대적인 것으로 취급될 수 있으며, 그 반대 경우 또한 있을 수 있다. 따라서 그는 어떤 과학자들이 "물리학의 개념이 객관적이냐 아니냐를 판단하는 근거는 불변량에서 찾아야 한다"고 내린 결론에 대해 잘못된 생각이라고 일축했다.

우에모프(A. I. Uemov)는 '주관적'이라는 개념은 인식 주체에 의존하는 개념이고, '상대적'이라는 개념은 물리학에서 객관적인 속성을 가진 것으로 간주되기 때문에 이 둘을 구별해야 한다고 강조했다. 어떤 과학자들은 흔히 절대성과 상대성에 대해 희미하게 뭉뚱그려 얘기하지만, 사물·속성·관계 등과 같은 것들이 개입되어 있으면 이들 용어를 명확히 구분해서 사용해야 한다고 그는 보았다. 여태까지 절대성과 상대성에 대해서는 다양한 개념 규정이 있었다. 우에모프는 고전 물리학에서는 먼저 사물들의 속성을 절대화한 다음 그들 사이의 관계가 가진 상대성으로 나아갔으나 상대성이론에서는 그와 반대로 사물들 사이의 관계를 절대화하는 데서 사고의 출발점을 삼았다고 강조했다. 그는 앞으로 물리 이론이 다음과 같이 발달해 갈 것이라고 예상했다.

> 앞으로의 물리 이론은 사물을 상대화하는 길을 밟아갈 것이다. 상대성이론이 일으켰던 것과 비슷한 혁명이 또 한 번 우리의 사고에 혁명적인 바람을 일으킬 가능성은 충분히 있다. …… 그렇다고 이 말이 모든 관계는 절대화되는 반면 모든 사물과 그들의 속성들이 상대화된다는 의미는 아니다. 그런 주장을 일관되게 내세운다는 것은 보편적인 절대성의 개념을 확립하는 것만큼이나 어려울 것이다. 단지 몇몇 관계를 절대화하면 몇 가지 사물의 속성과 몇몇 사물들을 상대화할 수 있다는 것을 뜻할 뿐이다.

알렉시프(I. S. Alexeev)는 고전 물리학과 상대론적 물리학이 종전까지 알려지지 않은 미지의 대상을 어떻게 입증해 나갔는가 하는 문제를 곰곰이 생각해 보았다. 고전 물리학에서는 그런 발견이 두 가지 방법으로 이뤄졌다. 첫 번째 방법은 그때까지 축적된 실험 자료를 면밀히 검토·연구하는 것이며, 두 번째 방법은 이론을 묘사해 놓은 수학적인 공식들을 분석하는 것이다.

상대론적 우주론에서는 물체를 가지고 지적으로 실험하는 것이 불가능하지만 분명히 그런 것이 존재한다고 주장할 수 있는 상황이 있다. 그런 역설의 한 보기가 이른바 '준폐쇄적인 세계(semi-closed worlds)'의 존재이다.

파르뉴크(M. A. Parnyuk)는 절대성 및 상대성의 개념을 변증법적 유물론의 시각으로 해석해 둘 사이의 관계와 상호 의존성을 보여 주었다. 그는 절대성을 무한성과 동일하다고 주장하는 과학자들을 논박했다.

무한성이란 절대성과는 대조적으로 시작과 끝이 없는 모든 종류의 사물들과 그들의 관계·양상·요소들을 뜻한다. 여기서는 한 대상의 끝이 다른 대상의 시작이며 그 역도 마찬가지이다. 한편 상대성과는 별개의 오직 '순수한 형태'의 절대성은 영속적이고 무한하며 나아가 형이상학적으로는 그 자체이자 불변성과 같은 것이기도 하다.

절대성을 보편적인 어떤 것에 의해 결정되는 의무적이거나 필수적인 것으로 정의하는 경우도 있다. 그러나 이 정의도 올바른 게 아니다. 왜냐하면 어떤 면에서 볼 때 굳이 보편적인 관계가 아니라 할지라도 개별적이거나 특정한 관계도 절대적인 것으로 규정지을 수 있기 때문이다.

심포지엄에서는 중력장의 본질에 관한 문제도 폭넓게 논의됐다. 과학자들은 중력장이 순전히 기하학적인 실체인지 아니면 물리적인 실재인지를 명백히 밝히려고 노력했다. 여기에 대한 관점은 두 패로 나뉘어졌다. 쉬로코프는 다음과 같이 강조했다.

만약 관성 및 중력에 관한 이론이 물리적인 시공의 기하학이라고 확정된다면 (일반상대성이론은 과학 발달 단계로 볼 때 현재 이 단계에 속해 있다), 또 앞으로도 이런 방향으로만 이론이 진전되어 간다면……제기된 문제에 관한 유일한 해답은 관성과 중력은 물질이 아니라 단지 물질이 존재하는 형태라는 점이 될 것이다.

디쉴레비는 '장'과 '시공'의 개념이 어떻게 변화해 왔는가를 연구한 후에야 이 문제에 대한 해답이 주어질 것이라고 했다. 개념 발달에 관한 연구는 '사물', '속성', '관계' 등과 같은 범주들을 어떻게 응용하느냐에 달려 있었다. 그러나 당시의 일반상대성이론의 발달 수준으로 볼 때 "중력장의 본질에 관한 문제에는 명확한 해답이 주어질 수 없다"고 그는 생각했다.

미트케비치는 좀더 낙관적인 입장을 취했다. 그는 중력장을 물체, 즉 물리적인 대상과 연결시켰다. "중력은 여러 물리적인 장들 중의 하나이며 그들과 똑같이 취급해야 한다"고 주장했다. 모든 과학적인 자료가 이를 입증하고 있다는 것이었다. 미트케비치는 중력이 다른 장들이나 물질에 의해 영향을 받으며 반대로 모든 물질에 영향력을 끼치고 있다는 사실을 논증의 기초로 삼았다. 중력의 이러한 물질적인 특성은 오직 장의 이론으로 설명되며 그것은 전자기장과도 연결되었다. 결국 중력장은 그 자체와 상호 작용할 뿐만 아니라 에너지와 충격량 등을 갖고 있다고 미트케비치는 주장했다.

페트루센코(A. N. Petrusenko)는 중력장을 물질의 한 형태로 봄으로써 좀더 확실한 해답에 접근했다. 그는 물체에 내재해 있는 본질적인 특성들을 지적했는데, 거기에는 물질이 질적 변화를 일으키는 능력을 가리키는 내적 전환이라든지 물질의 내부 모순——이를 통해 물질의 보편적인 상호 작용과 구조화의 정도, 물질의 이질성, 그리고 객관성 등이 표현된다——이 물질의 고유 속성으로 포함되어 있었다.

중력장을 평가할 때 물질성(materiality)이라는 철학적 규준을 적용시켜 보면 중력장이 하나의 질적으로 특수한 물질 형태라는 것을 이해하기가 쉬울 것이다. 그것은 다른 형태로 변화할 가능성이 있기 때문에 (우주 창조의 순간에) 강한 중력장 속에서 고에너지 광자들과의 충돌을 통해 어떻게 입자와 반(反)입자가 탄생할 수 있었는지를 설명하는 유력한 근거를 제공한다.

유한과 무한의 문제에 대해서도 논의가 있었다. 스비더스키는 흔히 우주 전체에 관한 모델이 존재할 만하다는 주장을 터무니없다고 생각했다.

어떠한 우주론도 원칙적으로는 단지 물질 세계의 한정된 일부분에만 적용된다. 예컨대 운동하는 물질의 특정한 운동 형태나 또는 거기에 고유한 시공 특성의 범위를 벗어나지 못하는 것이다. 그러므로 '전체로서의 세계'에 관해 이야기한다는 것은 과학적인 의미가 전혀 없는 공허한 말에 지나지 않는다.

무한의 문제가 오로지 과학을 통해서만 풀릴 수 있겠느냐는 점에 대해서도 논쟁이 붙었다. 여기에 대해서는 철학자들과 과학자들의 관점이 서로 달랐다. 예를 들어 스비더스키는 무한의 문제는 최종적으로 철학을 통해서만 해결될 수 있다고 믿었다.

그것을 증명하기 위해서는 운동하는 물질의 어떤 구체적인 형태를 절대화하는 것이 필수적이다. 특히 전체 우주 가운데 지구라는 영역에서 운동하고 있는 물질들이 공통적으로 보유하고 있는 물리적 특성인 중력장에서 절대화를 해내는 것이 중요하다. 그러한 질적인 절대화 과정이 없이 일반적으로 어떤 양적인 무한을 이야기하는 것은 불가능하다. 그 둘(질적인 절대화와 양적인 무한성)은 오직 통일 속에서만 존재할 수 있다. 하지만 그것은 변증법과는 모순된다.

이런 까닭으로 그는 우주론·물리학·수학은 무한의 문제를 껴안을 수 없다고 결론지었다. 비록 언급한 과학들이 그들에게 열려진 우주의 부분 부분들을 연구함으로써 우주의 무한성을 증명하는 데 기여하긴 하지만 기본적으로 무한의 문제는 철학의 영역에 속한다고 주장했다.

나안은 이런 관점에 반대 입장을 취하면서 무한의 문제는 철학적 과학(philosophical science)에 의해서만 최종적으로 해결될 수 있다고 생각했다. 그는 무한이라는 개념이 그 동안 수많은 변화를 겪었다는 사실을 강조했다. 처음에는 무한이 실제로 수나 양이 끝없이 많은, 즉 무한량 정도로 이해되었고 나중에는 공간적으로 한없이 뻗어 있다는 의미로 무한을 이해했다고 보았다. 상대론적 우주 과학은 우주가 거리상으로 무한하다는 개념에 기초해 있었던 것이다.

오랫동안 무한을 이해하는 데 철학이 정밀 과학보다는 훨씬 더 많은 역할을 해왔다(고 그는 강조했다). 그러나 지금은 위치가 완전히 뒤바뀌었다. 하지만 우리가 수학이나 과학적인 사실과 배치되지 않으면서 철학 개념을 왜곡되게 이용하지 않는다면, 무한의 문제를 푸는 데 철학이 할 수 있는 공헌은 여전히 상당할 것이다. 결국 그 문제는 구체적인 물리적 상황 속에서 구체적인 분석을 통해 해결되어야 한다.

바센코(V. A. Basenko)는 유한에 관한 지식을 통해서 무한의 이해라는 복잡한 문제에 접근할 수 있다고 보았다. 유한의 개념을 이끌어내는 데 사용되었던 도구들의 집합은 유한한 대상에 관한 관념으로부터 얻어진 것이었다. 자연에서 유한한 대상(물체)과 나란히 존재하는 무한이란 없다. 그러나 무한은 유한과 분리해서는 생각할 수 없으며, 유한을 통해 인지된다고 바센코는 주장했다.

공간과 시간은 3차원적인 거리와 시각을 총체적으로 인식하지 못하면 이해할 수 없다. 그렇다고 공간과 시간을 3차원의 거리와 시각의 총체(총합)로 환원할 수 있는 것은 아니다. 마찬가지로 무한은 유한한 물체를 전제하지 않으면 존재할 수 없지만 무한을 유한한 물체들의 총합이라고 간주할 순 없다. 무한은 유한의 총합과는 또 다른 기능을 하기 때문이다. (그렇다고) 무한 그 자체를 유한한 것의 총합이라는 방법 말고 다른 어떤 감각적인 방법으로 보거나 경험할 수 있는 길은 없다. 우리가 유한하고 구체적인 사물을 인식하듯이 무한도 그런 식으로 인식되는 것이다.

멜륜킨(S. T. Melyunkhin)은 자신의 논문에서 물질의 무한성을 세 가지 주요한 측면으로 구분할 수 있다고 주장했다. 즉 시간·공간·물질의 구조이다. 그는 시간의 무한성이 갖는 공통된 특징을 "물질이 창조되지도 않고 소멸되지도 않으면서 한없이 존재하는 것"이라고 정의했으며, 공간의 무한성에 대해서는 다음과 같이 말했다.

> 공간의 무한성이란 세계에 한없이 많은 물체가 존재한다는 것으로, 즉 물질의 구조를 이루는 조직 수준이나 물질의 구체적이고 질적인 존재 경계를 의미하는 측정 단위가 한없이 많다는 것을 뜻한다.

어떤 자연 과학자들은 무한의 문제가 우주 과학의 주제라고 정의한다. 따라서 그들은 우주의 무한성과 유한성의 문제는 유한한 우주 모델이나 무한한 우주 모델을 구성해 해답을 얻을 수 있을 것이라고 주장했다. 여기서는 무한의 문제를 해결하는 우선권이 자연 과학자들에게 주어진 셈이다. 그러나 카르민(A. S. Karmin)은 논문에서 이런 관점을 비판했다.

> 우주론적 모델은 천체 문제에 국한될 뿐 물질 일반의 문제를 다루지 않는다. 그것은 초은하계(metagalaxy)의 모델이지 전 우주의 모델은 아니다. 물

질 세계에 관한 무한의 문제, 즉 우주의 무한에 관한 문제는 이러저러한 모델을 구성해 해결될 수 있는 것이 아니다. 그것은 인류가 축적한 모든 과학적인 자료들을 철학적으로 일반화함으로써 가능해지는 것이다.

추디노프(E. M. Chudinov)는 우주가 무한하다는 주장은 하나의 공리적인 성질일 뿐이지 물리학적 원리나 수학적 정의로부터 얻어지는 것은 아니라는 것을 보이려고 했다.

아인슈타인 탄생 100주년 기념 논문집에 나타난 논쟁

아인슈타인 탄생 100주년을 기념해 나온 출판물들이 상대성이론의 철학적 문제를 해결하는 데 일정한 공헌을 했다. 실제로 철학과 물리학에 관련된 모든 간행물들은 이런저런 방법으로 상대성이론을 철학적으로 분석한 글을 실었다. 예컨대 상대성이론을 철학적으로 분석하는 데 기여한 저명한 러시아 학자들이 기념일에 맞춰 보급판을 출판했다. 이 책에는 이전에 정기 간행물에서 발표됐던 가장 흥미 있는 논문들 몇 편이 다시 수록되었다.

필자는 아인슈타인 탄생 기념일에 바쳐진 모든 문헌들을 일일이 분석하는 대신 앞에서 얘기했던 보급판에 수록된 몇몇 논문들만을 간단히 언급하겠다. 여기에는 광범한 영역에 걸친 철학적 문제들이 실려 있는데, 특수상대성이론과 일반상대성이론에서부터 상대론적 우주론, 양자 역학, 그리고 통일장 이론 등이 포함되어 있다. 이 책은 「아인슈타인의 철학적 세계관 *Einstein's Philosophical World View*」이라는 논문으로 시작하는데, 그 주제는 본서에서 더 광범위하게 다루어졌기 때문에 취급하지 않겠다.

그 다음 논문은 오멜리야노프스키가 쓴 것으로 상대론적 물리학과 변증법적 유물론의 관계를 다룬 것이다. 저자는 물리학의 목적은 존재하는 그 자체로서의 자연을 반영하는 것이기 때문에, 탁월한 과학자들이 물리학을 연구하면서 능동적으로 변증법을 의식하지는 못하지만 무의식중에 변증법의 원리를 응용하는 것은 당연하다고 주장했다. 오멜리야노프스키는 현대 물리학이 변증법적 유물론의 특성을 갖는 것은 (변증법적 유물론이) 일상적으로 받아들이는 감각적 경험만이 과학적·철학적 가치를 이루는 유일한 기초라는 사상을 전적으로 거부했기 때문이라고 주장했다.

　　물리학은 실험 과학이 되어 가고 있다. 감각 인식은 이론적인 사유와 결합된다. 추상적인 방법과 그것과 밀접히 연관된 과학의 수학화가 일반화되어 가고 있다. 실험 데이터는 이제 더 이상 상식적인 개념으로 인정받지 못하며 감각적으로 주어지는 것과는 거리가 먼 개념들을 다루는 과학적인 이론에 의해 재해석되어야 한다.

현대 물리학의 현저한 특징은 진화의 개념이 철학으로부터 나와 물리학의 모든 분야에까지 침투해 들어가 있다는 점이다. 오멜리야노프스키는 현대 물리학에 대해 다음과 같이 얘기했다.

　　새로운 물리학은 원칙적으로 근본적인 이론들(이들의 발생 근원은 서로 연관되어 있다)로 이뤄진 통합 과학이다. 또 이것은 인간의 문화·기술·산업 그리고 사회 전체의 발달과 함께 성장하는 계층적인 나선 구조를 갖고 있다. 현대 물리학에서는 실험 자료는 고전 물리학의 용어로 묘사되는 반면 해석은 비고전적인 이론을 통해서 이뤄진다.

변증법의 정신은 이미 전자기학의 발달 과정에서 감지할 수 있었다. 비록 당시에는 형이상학적인(반변증법적인) 관점이 과학자들 사이에 만연해 있을 때였지만, 맥스웰의 이론에는 '전기와 자기라는 서로 상반되는 성질'이 하나로 통합되어 있었던 것이다.

아인슈타인은 변증법적 개념을 무의식적으로 적용함으로써 특수상대성이론을 창안했다고 오멜리야노프스키는 강조했다. 고전 물리학의 주요한 원리와 개념들은 영원히 불변한다는 독단이 특수상대성이론에서는 무너져 버렸다. 고전 역학과 전자기학의 경계 지점에서 생긴 모순을 해결하려는 노력에 의해 상대론적 물리학이 탄생할 수 있었다.

> 아인슈타인은 그 모순을 순전히 변증법적인 양식으로 해결했다. 그는 광속 불변의 원리와 갈릴레이의 상대성원리——이 둘은 고전 물리학에서는 상호 배타적이다——를 결합해 하나의 통합된 체계를 이루었으며, 이것이 새로운 물리학 이론을 탄생시킨 것이다. 즉 상대론적 역학(특수상대성이론)이 그것인데, 상대론적 역학에서는 위의 두 원리가 새로운 형태를 띠고 있으며 필연적으로 상호 관련되어 있다.

아인슈타인의 변증법적 접근 방식은 일반상대성이론을 창안하는 데도 적용되었다. 고전 역학에서는 '절대적으로 분리되고 독립적이라고 간주됐던' 정지 질량(rest mass)과 중력 질량(gravitational mass)이 아인슈타인 이론에서는 '상호 연관 관계를 맺으며 변증법적으로 분리할 수 없는' 것으로 밝혀졌다. 상대론적 물리학의 변증법적인 특성은 특수상대성이론에서도 나타났는데 특수상대성이론은 아인슈타인의 중력 이론(일반상대성이론)에서 하나의 한정된(특수한) 경우에 지나지 않았다.

쿠즈네초프(B. G. Kuznetsov)는 과거로 거슬러 올라가 오늘날의 세계상을 형성하는 데 고전 물리학이 했던 역할과 임무는 무엇이었는가를 상대론적 물리학의 입장에서 되돌아보고자 했다. 또 상대성이론이 발달하게 된 계기가 되는 과학 혁명 시기를 상세히 묘사하려고 했다. 그 첫 시기는 르네상스 시대라고 그는 주장했다. 그 시기에는 새로운 사상의 맹아가 이미 싹트긴 했으나 아직 아리스토텔레스적인 우주관을 뒤바꿔 놓지는 못하고 있었다. 그는 16세기의 과학 혁명에 대해 다음과 같이 얘기했다.

르네상스 시기에는 세계에 대한 인과적인 개념 체계가 논리적 분석과 실험에 바탕을 두고 있긴 했으나 아직 도덕적·미학적 개념으로부터 완전히 분리되지 못하고 있었다. 그래서 자연 철학적인 용어를 그대로 사용했다. 그러나 이 체계들(미학·윤리학·자연 철학)은 당시에 코페르니쿠스와 콜럼버스가 발견했던 과학적 사실들로부터 큰 영향을 받았다. 과학이 하나의 자율적인 문화 요소로 인정받게 된 것은 이처럼 세계관과 세계에 대한 인식이 혁명적으로 변했기 때문이다. 외부로부터 독립된 하나의 체계로서 근대 과학이 성립할 수 있었던 것은 16세기의 업적에서 유래하고 있는 것이다.

쿠즈네초프는 과학혁명의 두 번째 시기를 16세기 말과 17세기 초, 즉 브루노(G. Bruno)가 활약했던 때로 잡는다. 이 시기에는 과거의 사상(쿠자누스 N. Cusanus)의 신플라톤주의적 사상)과 당대의 선진적인 과학이 혼재하고 있었다. 세 번째 시기는 데카르트 식의 물리학이 지배하던 때로서 우주를 하나의 전체(체계)로 이해하려는 시도가 행해졌다. 과학 혁명의 네 번째 시기는 뉴턴 역학 시대이다. 쿠즈네초프는 각각의 과학적 시기가 갖는 패러다임과 상대성이론으로부터 각 시기를 규정짓는 불변적인 요소를 찾으려 했다. 쿠즈네초프는 그것을 세계의 단일성과 비단일성, 즉 등질성과 비등질성의 문제로 파악했으며 이에 따라 상대론적 물리학에서는 이것들이 어떻게 변화했는지 추적하게 되었다.

특수상대성이론에서의 시간을 둘러싼 논쟁과 또 그것과 밀접히 연관된 것으로서 아인슈타인이 제기한 동시성에 대한 논의는 오랫동안 계속되었다. 몰차노프(Y. B. Molchanov)가 이 문제에 대해 많은 논문을 썼는데, 특히 상대론적 물리학이 등장하기 전에 존재했던 동시성의 개념에 관한 다양한 접근 방법들에 관심을 기울였다. 즉 아리스토텔레스의 접근법(그는 동시성을 두 사건들 사이에 순간적으로 아무런 관계가 존재하지 않는 것이라고 보았다), 뉴턴의 접근법(절대 시간의 척도에서 볼 때 하나의 점에 속하는 시간에 벌어진 사건과 연관되어 있다고 보았다), 클라크(S. Clarke)의 접근법(상호 동일하게 보이는 물리적 사건들의 상호 관계), 칸트의 접근법(그는 동시성의 관계를 통합integrity의 관계와 연결했다) 등을 따져 보았다.

다소 빈약한 이 모든 단편적인 이론들은 철학 분야에서 가장 심하게 분산되어 나타났다. 그러나 이러한 철학적 입장들은 동시성에 대해 일관되고 논리적인 정의를 내리지 못했을 뿐더러 심지어는 그러한 정의 자체가 불필요하다는 인식까지 심어 주었다.

동시성의 문제는 지난 19세기 후반부에 다시 한 번 주목을 받았다. 이때는 경험적으로 동시성을 입증해 보이려 했으나 성공하지 못했다. 푸앵카레는 주관적인 수준에서 동시성을 다루었으나 역시 성공하지 못했다. 푸앵카레와는 대조적으로 아인슈타인은 종래의 정의와 질적으로 다른 유명한 해결책을 제시했다. 아인슈타인의 해결책이 널리 인정받게 된 데는 다음과 같은 두 가지 상황과 관련이 있다고 몰차노프는 주장했다.

첫째로, 그것은 실증주의자들이 뉴턴의 절대 공간 및 절대 시간 개념을 비판함으로써 물리학 방법론에서 첨예한 문제로 떠오른 과제를 해결했다. 즉 '시간 관계(temporal relations)'와 '동시성(simultaneity)'이라는 개념에 대해 경험적인 지위를 부여했다. 좀더 정확히 얘기하면 이 개념들을 실제의 물리적인 상호 작용과 연계시켜 경험적으로 입증했다는 것이다.

둘째, 이 경험적인 입증을 통해 시간이 유물론과 관계 있는 개념이라는 것을 알게 됐다. 유물론에서는 시간 관계들이 실제의 물리적인 상호 작용들이 갖는 속성에서 유도된다고 본다.

아쿠린(I. A. Akchurin)과 아쿤도프(M. D. Akhundov)는 물리학사에서 공간 개념이 변화해온 과정에 대해 집중적으로 연구했다. 뉴턴과 아인슈타인의 개념을 비교 분석해 그들의 역사적인 위치를 밝히고 오늘날 이 개념들이 어떤 방향으로 발전하고 있는가를 드러내 보였다. 이것과 관련해 이 두 학자는 위상적으로 층이 진 공간, 변화하는 위상을 가진 공간, 물리학에서의 일반적인 위상 구조 등도 탐구했다.

고레릭(G. E. Gorelik)은 시공의 중요한 특성 중의 하나인 차원(dimensionality)의 문제에 전념했다. 그는 이 문제가 복합적인 성격을 지닌다는 것을 알았기 때문에 수학·물리학·철학의 관점으로부터——비록 이것들이 차원이라는 개념의 전체적인 내용을 속속들이 규명해 주지 못할지라도——분석해 들어갔다. 그는 역사적으로 접근하면서 그 중에서도 특히 아인슈타인에게 차원이 갖는 의미에 주목했다. 왜냐하면 시간과 공간의 본질이 아인슈타인의 이론에서 가장 완벽하게 드러났기 때문이다. 이 논문은 또 현대 물리학의 관점에서 차원의 개념이 갖는 경험적인 지위와 본질도 다루었다. 고레릭은 다음과 같이 결론지었다.

공간의 차원에 관한 문제를 철학적·인식론적으로 분석해 보면 3차원 공간만이 보편적인 것은 아니라는 것을 알게 될 뿐 아니라, 공간에 대한 이론적인 모델을 구축하기 위해 수학과 물리학에도 '지시'를 내릴 수 있다는 것——이 경우 차원은 어떤 다른 조건, 특히 현상(사건)의 규모에 의존할 것이다——을 알게 된다. 현대 수학에서 공간의 모델을 채택하면서 유한성을 고집한다면 그것은 (인식론의 관점에서 볼 때) 절대적 진리와 상대적 진리 사이의 관계를 인정하지 않는다는 것을 의미한다.

모스테파넨코(A. M. Mostepanenko)는 물리학과 기하학의 상호 의존성에 대한 아인슈타인과 푸앵카레의 입장을 분석했다. 그는 아인슈타인의 방법이 물리학 발달에 훨씬 더 유익하다고 결론지었다. 아인슈타인은 실험 데이터를 좀더 다른 방법으로 처리함으로써 실재가 갖는 시공적인 특성을 적절히 설명해 냈다. 반면 푸앵카레는 자신이 인정하듯이 합의에 기초해 문제를 해결하려고 했다. 물리학의 밑바닥에는 가장 단순한 기하학 모델이 항상 있어야 한다는 푸앵카레의 주장은 그릇된 것으로 판명됐다. 그러나 모스테파넨코는 푸앵카레가 제기한 문제가 아직도 완전히 해결되지 않았다고 보았다.

물리학 이론에서 기하학적 요소와 비기하학적 요소 사이에는 일종의 상보성이 있으며 물리학 이론을 구성하고 발전시켜 나가기 위해서는 이 점을 고려해야 한다고 주장한 점에서 푸앵카레의 주장이 옳았다.

추디노프는 두 가지 문제에 매달렸다. 첫 번째 문제는 고전 물리학과 상대론 물리학에서 다루는 무한의 문제였다. 그는 무한의 개념이 고전 물리학과 상대론 물리학에서 일치하지 않는다는 결론에 이르렀다.

상대론적 우주론에서는 우주를 유클리드 기하학적인 무한의 이미지로 보는 것은 적절치 않다고 규정한다. 이것은 유한주의(finitism)로 해석될 소지가 있고 실제로 그렇게 해석되었다. 그러나 우리가 총체적으로 상대론적 우주론을 생각해 본다면 이것은 물질 세계를 유한주의자의 관점으로 보는 것과 거리가 멀다는 사실을 알게 된다. 오히려 고전적인 우주론보다 무한에 대해 훨씬 깊이 있고 완벽한 개념을 제공하고 있음을 깨닫게 된다.

또 다른 문제는 조작주의(operationalism)* 철학에 대한 비판으로, 특히 브리지먼(P. W. Bridgman)이 상대성이론에 조작주의를 적용한 데 대해 비판했다. 추디노프는 아인슈타인이 물리 이론의 본질을 이해하는 데 탁월했다고 주장하면서 브리지먼의 해석과는 반대로 아인슈타인은 물리 이론의 경험적 기초를 인정했다고 강조했다. 한편 추디노프는 아인슈타인의 방법론이 이상화될 수는 없다고 생각했다. 그것이 실제의 물리 과정에 완전하게 들어맞지는 않는다고 본 것이다.

그의 방법론은 한쪽으로 편향되어 있으며 그렇기 때문에 그는 양자 역학을 정확히 평가하는 데 실패했다. 아인슈타인은 모든 물리 대상이 거기에 대응하는 수학적 모델을 통해 다소간 '사색적'으로 인식될 수 있다고 믿었다. 이 수학적인 모델이 정확한지 여부는 이론에서 유도되는 실험을 통해서만 입증될 수 있는 것이다.

확률적이고 통계적인 방법론은 이제 물리학에서 보편적으로 이용되고 있다.

---

* 과학적 개념들이 객관적 실재의 반영인 그 내용에 의해 결정되는 것이 아니라 그것을 얻고 사용하는 데 기여한 조작들을 통해 결정된다는 것이다.

이 새로운 경향은 아직은 철학적으로 검증될 필요가 있다. 사코프(Y. V. Sachkov)는 이 문제를 해결하기 위해 역사적으로 접근했다. 그는 클라우지우스(R. J. E. Clausius), 맥스웰, 볼츠만(L. E. Boltzmann), 깁스(J. W. Gibbs) 등 물리학에서 통계적인 방법론을 형성하는 데 결정적인 영향을 끼쳤던 과학자들의 방법론에 대해 고찰했다. 사코프는 통계적인 방법론을 우연 및 확률이라는 범주와 연계시켜 생각했다. 고전 물리학에서 확률이 얼마나 중요한지에 대해 얘기하면서 그는 다음과 같이 주장했다.

물리학 체계의 어떤 부문에서 확률은 구조적인 특성이다. 통계적인 방법은 탐구 대상이 갖는 미시적인 특성과 거시적인 특성 사이의 상호 의존성과 상호 전이 과정을 발견하도록 도와준다.

양자 역학은 확률적인 방법론이 발달하는 데 또 다른 추진력이 되었다. 이점과 관련해 사코프는 아인슈타인과 보어 사이에 있었던 유명한 논쟁에 대해 강조하면서 양자역학을 이해하는 새로운 방법론에 대해 그들이 어떤 태도를 취했는지를 밝혔다.

양자 역학에서 확률이 중요한 까닭은 무엇보다도 (확률을 통해) 대상——이 대상은 독립성 또는 자율성이라는 어떤 특성을 포함하는 두 단계의 복잡한 구조를 가지고 있——의 법칙을 탐구하고 이론적으로 묘사하는 것이 가능하기 때문이다. 확률이 갖는 주요한 의미는 그 대상의 구조와 구조를 설명하는 방법을 이처럼 연결시키는 데 있는 것이다.

일라리오노프(S. V. Illarionov)는 아인슈타인과 보어가 벌인 논쟁의 내용을 세 단계로 나누어 자신의 논문에서 다루었다. 첫 단계는 양자역학과 불확정성 원리 사이의 관계에 대한 논쟁이고, 두 번째 단계는 양자역학의 완전함을 놓고 벌인 논쟁이며, 세 번째는 논쟁의 깊이와 내용이 명확해지기 시작한 최근의 토론이라고 그는 분류했다.

이 논쟁이 과학적인 중요성뿐 아니라 철학적으로도 특별한 의미를 갖는 이유에 대해 일라리오노프는 이 논쟁과 상호 연관된 문제들이 많기 때문이라고 보았다.

실험 데이터를 종합해 물리 법칙을 얻는 것과는 반대로 일반 원리로부터 구체적인 물리 법칙을 유도하는 문제, 인식의 모순성에 반대되는 지식의 확실성과 명료성, 세계의 불연속성 대 과정의 연속성, 보편적인 인과 관계 대 우연성 등 모든 문제들이 과학자들의 일반적인 세계관과 인식론에 가장 밀접히 연관되어 있다.

델로카로프(K. Kh. Delokarov)는 두 가지 문제를 다루었다. 하나는 러시아 철학에서는 상대성이론을 역사적·방법론적으로 어떻게 해석하느냐는 것이고, 다른 하나는 '아인슈타인-마흐' 사이의 관계를 고찰하고 있다. 나는 여기서 두 번째 문제에 대해서만 언급하겠다. 델로카로프는 과연 상대성이론이 철학 체계로서의 마흐주의와 관계가 있는지 여부에 해답을 제시하고자 했다. 자연 과학자들이 왜 마흐와 그의 추종자들에게 경도되었는지 원인을 밝혀내려고 노력했던 것이다. 그는 그 원인을 당시 변증법적 유물론이 형이상학과 칸트의 선험론 등을 극복하고 있었는데도 과학자 집단에 광범위하게 알려져 있지 않았기 때문이라고 보았다. 게다가 뉴턴 역학의 기초에 관한 어떤 비판도, 그것이 새로운 물리학을 방법론적으로 좀더 지지한다고 보여지면 과학자들의 주의를 끌었다. 그러므로 그들은 마흐의 사상에 관심을 보인 것이다. 그는 그들을 사로잡았던 또 다른 분위기에 대해서도 지적했다.

일부 자연 과학자들 사이에 마흐의 사상을 포함해 실증주의 사상이 영향을 끼칠 수 있었던 이유를 부분적으로 설명한다면, 현대 서구의 다른 철학 유파나 분파들은 본질적으로 비합리적이고 선험적이며 주관적이어서 자연 과학이 거둔 업적을 무시하고 과학적 지식의 발달에 대해 부정적이거나 회의적인 태도를 취했기 때문이라고 볼 수 있다.

델로카로프는 마흐의 인식론은 아인슈타인이 상대성이론을 발견하는 데 기여를 못했다고 주장했다. 이 점과 관련해 그는 몇몇 서양 철학자들과 논쟁을 벌였다.

공간 · 시간 · 중력에 관한 새로운 이론이 마흐와 그의 추종자들이 내세운 인식론적 개념이 다양하게 변형되어서 나타난 것이라면 그것은 둘 사이에 개념적으로 공통된 근원을 갖기 때문이라기보다는 단지 역사적으로 연관을 맺고 있기 때문이다. 기본적으로 상대성이론은 방법론에서 마흐주의에 의해 자극을 받은 점이 없으며 마흐주의의 철학적 원리가 상대성이론에 제공되었다고도 볼 수 없다.

많은 저명한 물리학자들이 이 논문집에 글을 썼으며 그들 가운데는 알렉산드로프, 포크, 마르코프(M. A. Markov), 긴즈버그(V. L. Ginzburg), 바라셴코프(V. S. Barashenkov), 로디체프(V. I. Rodichev) 등이 포함되어 있다.

글을 마치며

지금까지 제기된 문제들을 분석해 보면 다음과 같은 결론을 내릴 수 있다. 즉 아인슈타인은 철학과 과학의 통일을 일관되게 옹호해 왔다는 사실이다.

아인슈타인이 유물론 일반을 부정했다고 지적할 만한 근거는 전혀 없다. 그는 마르크스 이전의 유물론이 가진 형이상학적이고 기계적인 한계를 비판하면서 동시에 그것이 가진 장점을 놓치지 않았다. 세계가 물질적으로 통일돼 있다는 확신, 자연 현상의 인과 관계, 원자 이론의 개념, 세계의 인식 가능성 등은 유물론이 이룩한 거대한 성과라고 아인슈타인은 생각했다. 그러나 그는 또 형이상학적 유물론의 한계도 발견했다. 고전 역학의 창시자들인 코페르니쿠스·케플러·갈릴레이·뉴턴이 거둔 업적과 전자기학의 개념들, 그리고 그 밖의 여러 과학 문제들을 연구한 결과 변증법에 의지하는 것이 필요하다는 결론을 얻고 나중에는 거의 확신하기에 이르렀다. 그의 철학적 관점은 과학의 영향을 받았을 뿐 아니라 그리스 철학과 형이상학적 유물론의 전제들을 비판적으로 재해석하고, 또한 다양한 철학 체계들로부터 변증법적 개념을 받아들임으로써 형성되었다. 그의 이런 관점은 고전 역학과 전자기학의 성과를 평가하고 인과율, 과학적 개념과 이론들, 절대적 진리와 상대적 진리, 경험적인 것과 합리적인 것 등의 본질을 해석할 때 가상 극명하게 드러났다. 아인슈타인은 직관적인 유물론자이자 변증법자에 속한다고 볼 수 있다.

그의 저술을 잘 살펴보면 버클리주의·마흐주의·신실증주의·인습주의·신학 등과는 전혀 관계가 없음을 알 수 있다. 그의 철학적 관점은 이들 체계의 어떤 것과도 일치하지 않는다. 그는 변증법의 개별 전제들을 끌어오기 위해 그들의 도움을 청했을 뿐이다. 버클리·흄·칸트의 저술은 그가 지식에 대해 (경험적이든 합리적이든) 형이상학적 태도를 취하지 않도록 하는 데 도움을 주었다. 마하가 아인슈타인의 흥미를 끈 이유는 마흐는 자신의 역사적·비판적 저술을 통해 고전 역학의 절대성을 부정하고 고전 역학의 개념과 원리들이 상대적 성격을 지녔다는 것을 처음으로 밝힌 사상가 중의 한 명이었기 때문이었다. 아인슈타인이 '우주적 종교(cosmic religion)'를 거론하면서 표현하고자 했던 것은 과학자라면 누구나 필요로 하는 열정, 즉 창조적 충동을 얘기하고자 했을 뿐이었지 그 외 다른 뜻은 전혀 없었다.

상대성이론의 과학적·철학적 전제에 대해 얘기할 때 일반적으로 시간·공간·운동 이 세 가지 범주만을 떠올리기 쉬우나 여기에 물질이라는 범주가 반드시 포함돼야 한다. 물리학사 및 철학사를 통해 볼 때 시간과 공간 이론이 발달하는 데는 상반되는 두 가지 흐름이 있었으나 결국에는 각각 입자와 장의 상태에서 발견되는 물질의 속성을 연구하는 것으로 결합되었다. 상대성이론의 기원과 기초를 따질 때 단지 시공 관계만을 볼 것이 아니라 물질적 관계로도 눈을 돌려야 한다. 또 피조나 마이컬슨의 실험뿐 아니라 패러데이와 맥스웰의 실험 및 이론화 작업에도 접근을 해야 한다. 이런 접근을 통해 아인슈타인의 이론을 양적이고 수학적인 측면뿐 아니라 질적인 측면에서도 바라볼 수 있게 되며 나아가 상대성이론의 발견을 누가 먼저 했느냐 하는 오래된 논제에 대해서도 해결책을 찾게 될 것이다.

방법론적으로 볼 때 물리학을 두 가지 발전 단계, 즉 입자 물질(particle matter)의 속성을 연구하던 단계와 장 물질(field matter)을 연구하던 단계로 나누면 가끔 편리할 때가 있다. 아인슈타인이 최초로 물질 세계의 하나의 독립된 영역으로써 장의 이론을 수립했다는 것은 의심의 여지가 없다. 이것은 상대성이론이 발달하는 데 심대한 영향력을 발휘했다.

상대성이론은 아인슈타인이 유물론과 변증법의 기본 개념을 무의식적으로 사용함으로써 탄생했다. 그렇기 때문에 상대성이론에 등장하는 물리 법칙들은 그 이전에 변증법적 유물론이 (시간과 공간의 범주에 대해) 끌어냈던 철학적 결론들과 완전히 일치하는 것이다.

상대성이론은 물리학을 철학의 문제 영역으로 전환시키는 데 고무적인 역할을 했다. 상대성이론은 과학적 개념에 혁명적 변화를 가져왔으며 물리 과학의 개념 도구들을 방법론적·인식론적으로 분석해 볼 필요가 있음을 제기했다. 장·입자·에테르·질량 등과 같이 물질과 직접 연관된 문제들이 상대성이론의 영역 안에서 증명되었을 뿐만 아니라 시간·공간·운동에 관한 개념들도 혁명적으로 바뀌었으며 우주론에서 우주 창조의 문제 그리고 구체적인 많은 물리 개념들을 취급하는 데도 근본적인 변화를 가져왔다.

상대성이론은 지식의 다른 분야와는 달리 레닌의 과학적 결론──현대 물리학은 변증법적 유물론을 탄생시키고 있다──이 옳았음을 입증해 보인 셈이다.

옮긴이의 글

저자가 밝혔듯이 이 책은 현대 물리학, 특히 그 중에서도 상대성이론과 변증법적 유물론과의 관계를 규명하고자 한다. 즉 상대성이론은 변증법적 유물론을 그 철학적 기반으로 삼고 있으며, 반대로 변증법적 유물론은 상대성이론으로 말미암아 내용이 더욱 풍부해지고 그 정당성이 입증됐다는 것을 보이려는 것이다. 이와 같은 상호 관계를 드러내 보이기 위해 저자는 지나치게 꼼꼼하다고 할 만큼 관련 과학·철학 서적과 논문들을 인용하면서 자신의 논지를 펴나가고 있다.

사실 이 책은 10월 혁명 이후 러시아에서 활발히 전개되었던 (상대성이론을 둘러싼) 철학적 논쟁의 결과물로 볼 수 있다. 논쟁의 초기인 1920~1930년대에는 상대성이론의 물리적 의미 자체를 제대로 이해하지 못한 상태였기 때문에 관념론의 여러 유파와 유물론자들이 각기 아전인수(我田引水) 격으로 자신들의 사상 체계에 상대성이론을 끼워 맞춰 해석이 난무하고 통일되지 못했다. 그러던 것이 1940년대 말 이후 제대로 입장이 통일되기 시작해 상대성이론은 변증법적 유물론과 모순되지 않으며 오히려 지지하는 것으로 공식 수용되기에 이르렀다.

최근 동유럽과 소련 등 사회주의권이 급격히 변신하면서 그 국가들이 기초하고 있던 사회·경제적 제도가 와해돼 가는 것을 볼 수 있다. 이와 함께 그들을 지탱하고 있던 사상적 원칙, 즉 이데올로기까지 붕괴의 위험에 처해 있지 않은가라는 의구심을 많은 사람들이 갖게 됐다.

이런 시점에서 변증법적 유물론을 거론한다는 것은 '죽은 자식 고추 만지는' 식의 어떤 안타까움의 발로로 비쳐질지도 모르겠다. 하지만 유물론, 특히 변증법적 유물론은 근대 과학의 발생과 더불어 그 내용을 더욱 확장하면서 발전해온 인류 사상의 거대한 한 봉우리인 것을 누구도 부인하지 못한다. 백 보 양보해서 한 국가나 사회 체제의 기초 원리로서 마르크스-레닌주의가 완전히 포기된다고 할지라도 사상으로서의 변증법적 유물론 자체는 면면히 살아남아 그 영향력을 계속 발휘할 것이다. 그것은 허다한 관념론과 형이상학적·기계적 유물론의 대항 세력으로서 인류의 사상을 지킬 것이다. 물론 경직되고 고여 있는 상태로서가 아니라 발전해 가는 여러 과학들의 새로운 발견들을 흡수·소화하는 유연함을 발휘하면서 말이다.

독자들은 이 책을 통해 저자가 상대성이론과 변증법적 유물론이 긴밀히 연관돼 있다는 것을 보이기 위해 얼마나 끈질기고 일관된 논리로 자신의 주장을 펴나가는지 감탄하게 될 것이다. 이것은 독자가 사상으로서의 변증법적 유물론에 동의하든 하지 않든 상관없이 세계를 보는 새로운 시각을 얻는 데 작은 도움이 될 것으로 믿는다.

몇 년 전부터 서점가에는 현대 물리학을 동양 사상으로 접근·해석한 책들이 속속 선보이기 시작해 일부로부터 호응을 얻고 있는 것으로 알고 있다. 한두 마디로 이런 책들의 성격을 규정할 수는 없으나 이들은 대개 데카르트 이후 근대 과학의 기초가 돼 왔던 이분법을 극복하고 동양 사상의 전체론적 관점으로 자연을 재해석해야 한다고 주장하거나(신과학 운동), 불확정성 원리 등을 예로 들어 물질이 객관적 성격(물질이 우리의 의식과는 독립적으로 존재한다는 성질)을 부정하고 마치 물질을 우리의 정신이나 관념의 산물로 설명하려는 부류 등이 있다. 이들 주장의 옳고 그름을 여기서 일일이 따질 수는 없으나 단 한 가지, 모든 자연 과학은 연구 대상의 객관적 성격, 즉 물질 세계(유기물이든 무기물이든)가 인간의 의식과는 상관없이 독립적으로 존재한다는 믿음에 근거해 있다는 것만은 누구도 부인할 수 없는 확실한 사실이다. 그런데도 정신이나 관념

등으로 자연 과학의 결과물들을 해석해 마치 우주나 물질 세계가 관념의 덩어리인 것처럼 주장해 사람들을 미혹하는 것은 극복해야 할 사상의 오염물이라고 할 수 있다. 우리가 우주나 물질 세계를 어떻게 보느냐 하는 것은 우리의 인생관과 세계관 등에 직접적으로 영향을 끼치기 때문에 올바른 물질관을 갖는 것은 무엇보다 중요하다는 얘기이다.

20세기 초에 발견된 상대성이론이나 양자 역학 등은 지금까지도 여전히 그 위력을 잃지 않고 있는 현대 물리학의 혁명이었다. 그런만큼 이를 둘러싼 해석이 아직 하나로 통일되고 있지 못한 게 사실이다. 앞으로의 새로운 과학적 업적들이 이 혼돈에 길을 잡아줄 것이다. 어쨌든 이 책이 현대 물리학이 갖는 철학적 성격을 이해하는 데 독자들에게 자그마한 도움이라도 된다면 더 바랄 게 없다.

2001년 6월 베를린에서
이영기

아인슈타인 연보

1879년 3월 14일	독일의 울름(Ulm)에서 태어남.
1886년	스위스 취리히 연방공과대학 입학. 여기서 민코프스키의 강의를 듣고 그로스만과 사귐.
1900년	연방공과대학을 졸업했으나 대학에 남지 못하고, 2년간 교사와 가정 교사로 생활을 꾸림.
1902년 6월	그로스만 아버지의 주선으로 스위스 특허국에 취직.
1905년	물리학의 새 장을 여는 3개의 논문을 동시에 발표. 하나는 '브라운 운동'에 관한 것이고, 다른 하나는 '광양자설'이며, 나머지가 특수 상대성이론을 확립한 '운동하는 물체의 전기역학에 관하여'이다.
1908년	아인슈타인의 이론을 플랑크가 널리 알려 마침내 학계의 인정을 받게 됨. 베를린 대학의 강사가 됨.
1909년	취리히 대학의 이론 물리학 교수가 됨.
1911년	체코 프라하 대학에 이론 물리학 교수로 초빙됨.
1914년	프러시아 과학아카데미에 초빙돼 베를린에 머무름.
1915년	일반상대성이론 완성.
1919년 5월	영국 관측대에 의해 아인슈타인의 예언이 옳다는 것이 밝혀짐에 따라 온 세계가 발칵 뒤집히고 하루아침에 대중적으로 유명 인사가 됨.
1921년	노벨 물리학상 수상.
1929년	통일장 이론 연구에 착수.
1933년	히틀러가 정권을 잡자 과학아카데미에 사표를 내고 미국 프린스턴 고급연구소에서 종신 연구원으로 일하게 됨.
1955년 4월 18일	심장병으로 사망.

인명색인

ㄱ

가우스(K. F. Gauss) · 247
갈릴레이(G. Galilei) · 23~28, 31, 34~35, 45, 102, 104, 153~5, 158, 159, 198, 212, 218, 241, 242, 251, 320, 334, 371
게흐르케(Gehrcke) · 314
고레릭(G. E. Gorelik) · 374
괴테(J. W. von Goethe) · 137
그로브(W. Grove) · 38
긴즈버그(V. L. Ginzburg) · 379
깁스(J. W. Gibbs) · 377

ㄴ

나안(G. I. Naan) · 337, 338, 341, 367
뉴턴(I. Newton) · 31~35, 37, 46, 53, 72, 74, 75, 102, 104, 112~115, 153~155, 159, 163, 183, 187, 198, 199, 211, 212, 214, 220, 229, 235, 237, 243, 259, 269, 282, 297, 301, 316, 321, 322, 329

ㄷ

다윈(C. R. Darwin) · 38, 42
데모크리토스(Democritos) · 33, 35, 56, 57, 61, 67
데카르트(R. Descartes) · 67, 118, 329, 372
델로카로프(K. Kh. delokarov) · 378
델브뤼크(M. Delbrück) · 137
도플러(C. Doppler) · 263
뒤링(K. E. Dühring) · 196
뒤엠(P. Duhem) · 298, 313
드리슈너(M. Drieschner) · 296
디바이(P. J. W. Debye) · 315
디드로(D. Diderot) · 201

ㄹ

라모르(J. Larmor) · 314
라부아지에(A. L. Lavoisier) · 160
라우에(M. Laue) · 314
라이엘(C. J. Lyell) · 37
라이프니츠(G. W. Leibniz) · 86, 283, 329
라이헨바흐(H. Reichenbach) · 174
라자레프(P. P. Lazarev) · 216
랑주뱅(P. Langevin) · 145, 315
러셀(B. Russell) · 287, 291
럼퍼드(T. B. C. Rumford) · 161
레나르트(P. E. A. Lenard) · 314, 315, 331
레닌(V. I. Lenin) · 72, 86, 98, 101, 113, 114, 119, 146, 178, 180, 195, 196, 197, 208, 225, 281
레비치비타(T. Levi-Civita) · 247, 315
레싱(G. E. Lessing) · 184

렌츠(H. F. E. Lenz) · 215
로디체프(V. I. Rodichev) · 379
로렌츠(H. A. Lorentz) · 52, 153, 170, 212~220, 233, 234, 241, 242, 250, 256, 269, 309, 315, 329, 334, 346
로모노소프(M. V. Lomonosov) · 38, 329
로바체프스키(N. I. Lobachevsky) · 192~194, 254, 306, 340
로첸코(N. M. Rozhenko) · 361
뢴트겐(W. C. Röntgen) · 178
롤런드(H. A. Rowland) · 49
루스벨트(F. D. Roosevelt) · 138, 139
루크레티우스(Lucretius) · 56, 57, 61, 103, 187, 330
리만(B. Riemann) · 192, 247, 254, 257
리치(C. Ricci) · 247

ㅁ
마르코프(M. A. Markov) · 379
마르크스(K. Marx) · 86, 101, 120, 122
마이어슨(E. Meyerson) · 274
마이컬슨(A. A. Michelson) · 214, 215, 218, 329
마흐(E. Mach) · 16, 86, 298, 312, 313, 314, 319, 320, 327, 344, 357, 378, 379
막시모프(A. A. Maximov) · 306~312, 335, 337, 344
매들러(J. H. Mädler) · 20
매키논(E. M. Mackinnon) · 298, 299

맥스웰(J. C. Maxwell) · 49, 58, 123, 153, 156, 168~170, 181, 183, 243, 269, 329, 371, 377
머피(J. Murphy) · 89, 90
멘델레예프(D. I. Mendeleyev) · 43
멜륜킨(S. T. Melyunkhin) · 368
모스테파넨코(A. M. Mostepanenko) · 375
몰리(E. W. Morley) · 214
몰차노프(Y. B. Molchanov) · 373
미세스(R. Mises) · 75
미트케비치(V. F. Mitkevich) · 328~330, 365
민코프스키(H. Minkowski) · 247, 272, 277, 334

ㅂ
바라셴코프(V. S. Barashenkov) · 379
바빌로프(N. I. Vavilov) · 125, 174, 303, 329, 330
바센코(V. A. Basenko) · 367
바에르(K. Baer) · 37
바이란트(P. Weyland) · 314
바자로프(V. A. Bazarov) · 342
버클리(G. Berkeley) · 61, 62, 64~66, 71, 79, 85, 86, 91, 100, 318, 344
베르그송(H. L. Bergson) · 312
베소(M. A. Besso) · 123
베이컨(F. Bacon) · 162
보그다노프(A. A. Bogdanov) · 312, 314
보른(M. Born) · 109, 137, 217, 258,

274, 315
보어(N. Bohr) · 67, 106, 173, 184,
  299, 377
볼츠만(L. E. Boltzmann) · 377
볼프(C. Wolff) · 37
뵐러(F. Wöhler) · 38
브라헤(T. Brahe) · 29
브렌타노(F. C. Brentano) · 137
브루노(G. Bruno) · 154, 372
블로킨체프(D. I. Blokhintsev) · 334
비헤르트(E. Wiechert) · 178
빈(W. Wien) · 261, 294
빌니츠키(M. B. Vilnitsky) · 340, 360

ㅅ ....
사코프(G. V. Sachkov) · 377
샘부르스키(S. Sambursky) · 300
셈코프스키(S. G. Semkovsky) · 303,
  315, 317~320
소머펠트(A. Sommerfeld) · 315
솔로빈(M. Solovine) · 16, 77, 118
쇼펜하우어(A. Schopenhauer) · 344
수우(J. P. Hsu) · 296, 297
쉬로코프(M. F. Shirokov) · 339, 349,
  350, 364
슈뢰딩거(E. Schrödinger) · 173
슈미트(O. Schmidt) · 327
슈반(T. Schwann) · 41
슐라이덴(M. J. Schleiden) · 41
스비더스키(V. I. Svidersky) · 350, 365,
  366

스태프(H. P. Stapp) · 293
스피노자(B. Spinoza) · 16, 61, 67, 104,
  105, 118, 127, 162, 344

ㅇ ....
아라고(D. Arago) · 329
아론스(L. Arons) · 145
아리스토텔레스(Aristoteles) · 22, 25,
  26, 29, 33, 61, 68, 104, 157, 159,
  189, 190, 211, 372, 373
아베나리우스(R. H. Avenarius) · 89
아브라함(M. Abraham) · 170
아에피누스(Aepinus) · 164
아우어바흐(F. Auerbach) · 312
아쿠린(I. A. Akchurin) · 374
아쿤도프(M. D. Akundov) · 374
알렉산더(S. Alexander) · 291
알렉산드로프(A. D. Alexandrov) · 332,
  333, 336, 341, 345~351, 379
알렉시프(I. S. Alexeev) · 363
앙페르(A. M. Ampère) · 166, 168
어거스킨(St. Augustine) · 302
에딩턴(A. S. Eddington) · 271, 291,
  292, 312, 315
에피쿠로스(Epicuros) · 33, 35, 56, 57,
  67, 187
엥겔스(F. Engels) · 19, 21, 37~41, 43,
  46, 47, 51, 54, 55, 58, 76, 86, 96,
  99, 102, 115, 120~122, 195,
  204~206, 223
영(T. Young) · 53, 165

오멜리야노프스키
  (M. E. Omelyanovsky) · 175
오프친니코프(N. F. Ovchinnikov) · 351
오스트발트(W. Ostwald) · 73,
  206~208
오일러(L. Euler) · 164, 329
오켄(L. Oken) · 37
외르스테드(H. C. Oersted) · 36, 48,
  156, 166~168, 181
외트뵈슈(R. Eötvös) · 250
우에모프(A. I. Uemov) · 362
윌슨(Wilson) · 264
유쉬케비치(D. S. Yushkevich) · 312,
  313
유클리드(Euclid) · 69, 187, 192, 194,
  211, 231, 232, 247, 253, 254, 261,
  269, 305, 306, 319, 333, 376
인펠트(L. Infeld) · 36, 40, 278, 279
일라리오노프(S. V. Illarionov) · 377

ㅈ

자노시(L. Janosy) · 351~357
잼머(M. Jammer) · 283
조페(A. F. Joffe) · 303, 329, 330
줄(J. P. Joule) · 38
지디민(J. Giedymin) · 297
진스(J. H. Jeans) · 291, 292, 341

ㅊ

추디노프(E. M. Chudinov) · 369, 375,
  376

ㅋ

카르드(P. G. Kard) · 353~355
카르민(A. S. Karmin) · 368
카르포프(M. M. Karpov) · 344
카린(N. N. Kharin) · 338, 342
카스테린(N. P. Kasterin) · 303, 331
카시러(E. Cassirer) · 312
칸트(I. Kant) · 37, 61~64, 67~70, 84,
  98, 100, 101, 104, 122, 137, 171,
  236, 296, 312, 318, 319, 344, 373
캐프라(F. Capra) · 295
케플러(J. Kepler) · 28~32, 34, 35,
  102, 104, 154
코테스(R. Cotes) · 329
코페르니쿠스(N. Copernicus) · 21~25,
  29~31, 35, 102, 154, 158, 278,
  338, 339, 372
콜럼버스(C. Columbus) · 372
쿠르사노프(G. A. Kursanov) · 338, 339
쿠즈네초프(B. G. Kuznetsov) · 371,
  372
쿨롱(C. A. de Coulomb) · 164
퀴비에(G. Cuvier) · 37
크라우스(O. Kraus) · 127
크리스토펠(O. Christoffel) · 247
클라우지우스(R. J. E. Clausius) · 377
클라크(S. Clarke) · 373

ㅌ

타고르(R. Tagore) · 65, 66, 99
탈보트(M. Talbot) · 294

탐(I. Y. Tamm) · 303
털레츠키(J. P. Terletsky) · 332, 333, 336
톨런드(J. Toland) · 189~191, 199, 200
톰슨(J. J. Thomson) · 170, 178, 331
톰슨(Sir W. L. K. Thomson) · 113
티미랴제프(A. K. Timiryazev) · 303~306, 318, 319, 331

ㅍ

파르뉴크(M. A. Parnyuk) · 363
패러데이(M. Faraday) · 36, 49, 58, 156, 167, 168, 170, 181, 183, 213, 269, 328~330
페이어라벤트(P. Feyerabend) · 297
페트루센코(A. N. Petrusenko) · 365
포크(V. A. Fok) · 303, 334, 335, 343, 379
폴리카로프(A. Polikarov) · 356, 357
푸앵카레(J. H. Poincare) · 97, 98, 153, 196, 212, 213, 218~234, 256~258, 269, 297, 298, 313, 373, 375
프랑크(P. Frank) · 292, 341
프레넬(A. J. Fresnel) · 53, 165, 218, 227, 329
프레더릭(V. K. Fredericks) · 303
프렌켈(Y. I. Frenkel) · 303, 329
프리드만(A. A. Friedman) · 262~264, 303
프리취(H. Fritzsch) · 298
프톨레마이오스(C. Ptolemaeos) · 22, 33, 68, 157, 158, 278~280, 338
플라톤(Platon) · 118, 372
플랑크(M. Planck) · 171, 315
피어슨(K. Pearson) · 196, 298, 313
피조(A. H. L. Fizeau) · 213, 214, 218
피츠제럴드(G. F. Fitzgerald) · 215, 222
피타고라스(Pythagoras) · 21, 47

ㅎ

하이젠베르크(W. K. Heisenberg) · 109, 173, 293
헤겔(G. W. F. Hegel) · 20, 47, 51~54, 61, 85, 86, 118, 171, 203, 204, 236, 274, 300, 301
헤라클레이토스(Heracleitos) · 56, 198
헤르젠(A. I. Herzen) · 162
헤르츠(G. L. Hertz) · 49, 156, 170
헤비사이드(O. Heaviside) · 170
헤스(Hess) · 38
헬름홀츠(H. Helmholtz) · 38, 39, 46, 47
호이겐스(C. Huygens) · 53, 164
홀바흐(P. Holbach) · 162, 202
홀튼(G. Holton) · 299
화이트헤드(A. N. Whitehead) · 293
휠러(J. A. Wheeler) · 294
흄(D. Hume) · 16, 61~64, 66~68, 76, 84~86, 98, 100, 344

사항 색인

ㄱ

가상 입자 · 155
각속도(角速度 : angular velocity) · 248
갈릴레이 변환 방정식 · 241, 242
갈릴레이의 과학 방법론 · 27
갈릴레이의 상대성 원리 · 334, 371
감각과 이성 · 58
감각 자료 · 30
강체(剛體 : rigid body) · 253, 255~7, 269, 333
개념 혁명 · 299
객관적 관념론 · 291
객관적 실재 · 212, 225
결정 격자(crystal lattice) · 173
결정론 · 31, 51
경체(硬體 : hard body) · 160
경험론의 관념론적 변종 · 117
경험론의 유물론적 변형 · 117
고속 입자 · 331
고에너지 광자 · 365
고전 물리학 · 16, 44, 47, 62, 67, 106, 107, 109, 115, 155, 162, 164, 171, 174, 180, 213, 220, 222, 234, 241, 242, 271, 280, 281, 321, 330, 343, 361, 362, 363, 370, 371, 375, 377
고전 역학(mechanics) · 30, 35, 44, 46~49, 62, 70, 74, 75, 104, 114, 124, 149, 153, 156~158, 164, 174, 178, 187, 198, 241, 259, 274, 275, 371
고전 역학의 혁명적 성격 · 35
고전적 운동학 · 333
곡률(曲率) · 319
공간 · 54, 58, 63, 74, 96, 124, 154, 159, 193, 229, 237, 247, 271, 291, 312
공간의 균일성 · 334
공간의 축약 · 321
공간 좌표 · 241, 242, 300
공간적 · 시간적 실재 · 300
공간적 현재 · 300
공리적 방법 · 360
공변 방정식(covariant equation) · 256
공변(共變)의 정리 · 334
공액량 · 107
과학 혁명 · 307, 372
관념론 · 53, 54, 61, 65, 72, 74, 89, 113, 117, 179, 208, 222, 292, 296, 302, 312, 319, 339, 343
관념론적 변증법 · 54
관념론적 이원론 · 312
관념적 실체 · 291
관성 · 26, 32, 123, 162, 301, 308
관성계 · 216, 217, 234, 241, 242, 249,

354
관성력의 장 · 250
관성 법칙 · 34, 123, 269
관성 질량 · 300, 308, 310, 311
관찰자 · 294~296, 318, 319, 322, 347, 352~356
광속 · 293, 297, 305, 309
광속 불변의 원리 · 234, 235, 236, 242, 371
광속의 등방성 · 297
광양자론 · 331
광자 · 266
광전자 효과 · 172
구면기하학 · 194
국가주의 · 137
국부적 시간(local time) · 215, 217, 221, 222
군비 축소 · 140
궤도의 객관성 · 337
궤도의 물리적 상대성 · 337
기계적 세계관 · 48, 49, 170, 292, 295
기계적 에너지 · 40
기계적 운동 · 40, 46, 55
기계적 유물론 · 177, 197
기계적 철학
　(mechanistic philosophy) · 203
기계적 통일성 · 45
기계주의 · 44~47, 49
기저(unexcited) · 176
기준 좌표계 · 243, 239, 240, 250, 256, 259, 281, 333, 334, 336~339, 346, 347, 351, 356, 357
기체 운동론 · 123
기하학적 시공 · 358

ㄴ

나치즘 · 138
논리실증주의 · 291
뉴턴의 고리 · 165
뉴턴의 운동 제1법칙 · 32

ㄷ

단자론 · 86
달의 구심 가속도 · 32
도플러 효과 · 263
독일 고전 철학 · 20
동물 전기(animal electricity) · 36
동시성 · 220, 221, 237~239, 243, 310, 312, 373, 374
동역학 · 342
동역학 법칙 · 106, 107, 108
동역학 이론 · 47, 73
동전기 · 168
동태적 이론 · 169
등가속도 운동 · 250
등방성(isotropy) · 278, 279
등속 직선 운동 · 212, 217, 249, 251, 259, 309
등질성 · 372

ㄹ ....
러셀-아인슈타인 선언 · 141
로렌츠 공변 · 352
로렌츠 변환 방정식 · 309, 316, 334, 216, 219, 241, 242
로렌츠 수축 · 215, 217, 218, 221
로렌츠의 변환 · 309, 250
로렌츠 축약 · 256, 346
로바체프스키 기하학 · 231
리만 기하학 · 258

ㅁ ....
마르크스주의 · 303, 306, 308
마이컬슨-몰리 실험 · 214
마찰 전기 · 36
마흐주의 · 312, 319, 320, 344, 378, 379
만유인력 · 32, 33, 309
맥스웰-로렌츠 전기 역학 방정식 · 153
맥스웰-로렌츠 편미분 방정식 · 153
맥스웰 방정식 · 123, 216, 243
모순(contradiction) · 217
무한 · 367, 368
무한성 · 350, 363
물리적 실재(physical reality) · 174, 180~184, 233
물자체 · 68
물질 · 19, 25, 33, 37, 38, 47, 50, 55, 56, 58, 62, 72, 74, 97, 99, 101, 109, 110, 114, 154~164, 169, 174, 208, 213, 224, 228, 244, 264, 271, 275, 291, 332, 345, 350
물질의 구체적 형태(material form) · 155
물질의 장 형태(field form) · 155
물체의 축약 · 321
미립자 · 173, 175
미립자 빔(beam) · 173
미분 · 32
미분 법칙 · 34
미세 물질(finer matter) · 159
미시 입자 · 159
미터법(metrics) · 260
민족주의 · 136
민주주의 · 132, 141

ㅂ ....
반(反)상대주의운동 · 314
반(反)입자 · 176, 365
배경 복사(background radiation) · 264
백색 왜성 · 265
버클리주의 · 380
범기하학(pangeometry) · 194
벡터량 · 328
변증법 · 20, 50, 54, 58, 61, 62, 86, 115, 171, 196, 273, 366, 370
변증법적 유물론 · 20, 45, 54, 56, 86, 101, 108, 111, 115, 119, 121, 122, 171, 178, 180, 182, 194, 195, 196, 204, 206, 242, 260, 275, 281, 302,

327, 336, 341, 363, 369, 378
변증법적 직관 · 101
분석기하학 · 337
불가지론 · 63, 65, 66, 86, 100, 225, 226
불의 원소(element of fire) · 159
불확정성 원리 · 320, 378
브라운 운동 · 331
블랙 홀 · 155, 266, 294
비결정론 · 31, 51, 105, 127
비고전물리학 · 46, 47
비관성계 · 249, 250, 253, 256, 278
비선형(non-linean) 좌표 변화 · 250
비유클리드 기하학 · 192, 194, 247, 254, 258, 305, 269
비중력적 힘 · 265
빅뱅(big bang) · 263, 264, 265

ㅅ ··
사고 실험(mental experiment) · 249, 253
사상(事象)의 지평선(the event horizon) · 270
4차원의 이론 · 334
4차원적 기하학 · 341
4차원적인 상대론적 우주 · 300
사회주의 · 127, 131, 144
상대 공간 · 316
상대 궤도 · 337
상대론적 물리학 · 212, 215, 291, 292, 299, 341, 363, 369, 371, 372, 373,
상대론적 세계관 · 287
상대론적 역학 · 371
상대론적 우주론 · 264, 357, 363, 369, 376
상대 시간 · 316, 346
상대 운동 · 316
상대적 진리 · 270
상대 질량 · 346
상보성의 원리 · 173, 174
생기론 · 107
선험 · 111
선험론 · 122, 378
선험적 · 63, 68, 69, 287
선험적 범주 · 296
선험적 종합 판단 · 69
선험적 추론 · 69
세계점(world point) · 258
세포 이론 · 38, 41, 42
소립자 · 177, 266, 272, 275
소립자 물리학 · 272
소박 실재론(naive realism) · 181
수성의 근일점(近日点) 이동 · 312
수집하는 과학(collecting science) · 120
수학적 추상화 · 330
스콜라 철학 · 104
시간 · 24, 28, 34, 49, 54, 56, 63, 68, 71, 110, 149, 187, 215, 291, 292, 300, 302, 309, 312, 333, 336, 338, 340, 349, 367, 379

시간 좌표 · 242, 300
시계의 변화율 · 305
시공간 좌표계 · 346
시공 관계 · 341, 345, 351
시공 구조 · 349
시공 연속체(space-time continuum) · 198, 260
시공의 상대성 · 346
신비주의 · 394, 395, 396
신실증주의 · 380
신칸트주의 · 312, 344
신칸트 학파 · 296
신학적 방법론 · 117
심리경험 · 314
실용주의 · 284
실재론적 철학 · 296
실제적 기하학(practical geometry) · 256, 258
실증주의 · 61, 65, 75~79, 291, 379

ㅇ

아리스토텔레스의 우주관 · 372
아리스토텔레스의 운동론 · 25, 26
양성자 · 266
양자 · 172, 175
양자론 · 172, 300
양자 물리학 · 110, 184, 280
양자 역학 · 67, 105, 107, 109, 293, 343, 369, 376
양전자 · 176

양전자 빔(beam) · 176
에너지 · 38, 39, 168, 202, 205, 207, 243, 275, 292, 300
에너지 덫(energy trap) · 266
에너지 보존 및 변환 법칙 · 38, 40, 299, 331
에테르 · 49, 158, 163~165, 170, 213~217, 281, 309, 316, 328, 357
여기(excited) · 176
역사주의 · 74
역선(力線: lines of force) · 167, 294
역학 · 62, 300, 340
역학 방정식 · 49
역학 법칙 · 212, 249
역학 에너지 · 38
열역학 · 48
열역학 법칙 · 48
열전기 · 36
올림피아 아카데미 · 16
우주 모델 · 262, 368
우주 시간 · 297
우주의 종교적 감흥 · 82, 83
우주적 종교(cosmic religion) · 82, 298, 381
우주 진화 · 264
운동 · 22, 26, 28, 34, 74, 81, 106, 113, 149, 155~158, 196, 197, 300, 312, 330, 366
운동 방정식 · 361
운동학 · 333, 342

운명예정설 · 105
원격 작용 · 237, 329
원자 구조 · 157
원자론 · 52, 56, 57, 73, 78, 98, 104, 157, 171
원자론적 불연속성 · 300
원자론적 세계관 · 57
원자 물리학 · 331
유도 전류 · 167
유명론(nominalism) · 233
유물론 · 19, 20, 44, 45, 47, 50, 57, 58, 66, 89, 99, 162, 195, 196, 292, 302, 318, 374
유물론적 변증법 · 54, 196
유물론적 직관 · 62
유아론 · 65, 79
유클리드 기하학 · 96, 192, 194, 253, 254, 256, 257, 258, 261, 269, 305, 306, 319, 376
유클리드 제5공리(평행선 공리) · 192
유한 · 365, 367
유한성 · 368, 375
유한주의(finitism) · 376
의식 · 314, 79, 179
음극선 · 172
이데아 · 118
이상 물질 · 158
이율배반론 · 85, 86, 171
인간중심주의(anthropocentrism) · 28, 31

인과관계 · 34, 35, 56, 63, 67, 80, 86, 378
인과론 · 28
인 과 율 · 57, 67, 68, 100, 103, 167~110, 124
인과적 절대성(causal absoluteness) · 282
인력 · 46, 164, 166, 203
인습주의(conventionalism) · 256, 296, 297, 298, 313
일반 공변의 개념 · 335
입자 · 155, 158, 159, 162, 169, 171, 173~179, 188, 190, 213, 224, 234, 275, 276, 281, 283, 294, 332, 365
입자 물질 · 213, 244
입자설 · 53, 164~166
입자-파동 이원론 · 107, 173, 183

ㅈ
자기 · 36, 204, 371
자기력 · 38, 167
자기소(素) · 190
자기 작용 · 36
자기장 · 36, 48, 166, 167, 168
자기 전기 · 36
자기학 · 164
자기 현상 · 164, 166, 167, 189
자본주의 · 131, 132
자연 방사선 · 178
자연 변증법 · 73

자유 낙하 법칙 · 34
자유 의지 · 107, 109, 127, 128
작용(Action) · 200
장(field) · 156, 159, 163, 164, 168, 169, 170~172, 175~177, 182, 281, 294, 300
장물리학 · 164
장 물질 · 251, 252, 264
장 방정식(field equation) · 49, 263
장양자 이론 · 175
장의 양자 형태 · 176
장이론 · 154
적색 편이 현상 · 263
전기 · 36, 38, 204, 234, 371
전기 동역학의 장(electrodynamic field) · 224
전기력 · 167
전기 역학 · 153, 215, 234, 235
전기장 · 166~168
전기적 물질 · 163
전기적 현상 · 36
전기학 · 164
전 우주(metagalaxy) · 239, 240
전자 · 176, 178, 265, 310
전자기 · 160, 247
전자기 방정식 · 219
전자기 법칙 · 169, 249, 348
전자기 복사 · 251, 348
전자기장 · 49, 55, 154, 161, 163, 168, 168, 169, 170, 176, 216, 234, 243, 248, 339, 365
전자기장이론 · 49, 58
전자기적 과정 · 48, 49, 252
전자기파 · 170, 263, 265, 310, 328, 333
전자기학 · 183, 215, 269, 300, 333, 370, 371
전자기 현상 · 36, 48, 53, 161, 164, 166, 168~172, 178, 234, 241, 249
전자기 효과 · 49
전통주의 · 312
정전기 · 168
절대 공간 · 190, 191, 214, 235, 237, 240, 241, 308, 316, 353, 355, 374
절대 궤도 · 337
절대량 · 273
절대 미분학 · 247
절대 시간 · 191, 220, 221, 240, 241, 297, 308, 316, 333, 353, 355, 374
절대 운동 · 198, 218, 235, 316
절대 정신 · 52, 204
절대주의 · 269
절대지 · 323
절대 진공 · 190
절대 진리 · 380
정교한 리얼리즘 · 58
정성적(定性的, qualitative) · 16
정신적 실재 · 190
정신적 실험 · 310
정지 좌표계 · 317

정지 질량 · 371
조작주의(operationalism) · 376
좌표 격자 · 336
좌표계 · 212, 216, 217, 234, 278
좌표계 변환 · 314
종교 · 79~83, 145
종의 기원과 진화 · 38
주관적 관념론 · 65, 66, 71, 72, 79, 85, 296, 355
주관주의 · 283, 312
주기율표 · 43
준구형(quasi-spherical) · 262
준성(quasar) · 265
준폐쇄적 세계 · 363
중간자 · 177
중력 · 177, 219, 220, 247, 252, 260, 300, 301, 308, 309, 311, 334, 379
중력 가속도 · 250
중력 반경 · 266
중력 법칙 · 34
중력 에너지의 비보존 법칙 · 177
중력의 보편 법칙 · 350
중력 이론 · 258, 259, 261, 278, 305, 335, 360, 371
중력장 · 247, 248, 250, 251, 252, 253, 266, 294, 311, 312, 318, 339, 359, 364, 366
중력장 방정식 · 263
중력 질량 · 300, 308, 310, 311, 371
중력 질량과 관성 질량의 등가 원리 · 123, 247, 250, 259
중성미자(neutrino) · 264
중성자 물체 · 266
중성자별(neutron star) · 265, 266
지구 역학 · 47
지구 중력 · 32
지구 중력장 · 270
지구중심설 · 31, 158
지동설 · 338, 278
직관적 변증법 · 102, 111, 115
직관적 유물론 · 68
직교 좌표계 · 314
직선 운동 · 26, 32
진리의 상대성과 절대성 · 114
진자 · 220
진화 · 52, 370
진화론 · 42, 43
질량 · 160, 171, 178, 179, 243, 275, 277, 381, 300, 311, 319
질량 입자(masspoints) · 58
질점(material point) · 34
질점(point body) · 264

ㅊ

차원(dimension) · 374
참여자 · 294, 295
척력(斥力) · 46, 164, 167, 203, 262
천동설 · 338, 278
천체 역학 · 47

초기 원칙 · 157
초기 충격(initial impulse) · 37, 40, 199
초은하계 · 368
총체적 운동 · 199, 200
최우선(first-rate) 좌표계 · 217
최초의 충격(first impulse) · 196
최후 원인(final cause) · 196
추상적 유물론 · 318
충격량 · 172, 365

ㅋ

칸트의 구성론 · 98
칸트주의 · 61, 86
코펜하겐 해석 · 174

ㅌ

타원 궤도 · 32
태양중심설(heliocentrism) · 23, 29, 68, 158
태양 흑점(sunspots) · 25
통계적 방법론 · 376, 377
통일장 이론 · 369
통합 과학 · 370
특성의 다발 · 78
특이점(singularity) 현상 · 270

ㅍ

파(wave) · 169
파동 · 107, 294
파동설 · 53, 164, 165, 166

파동 역학 · 173
파이(π) 중간자 · 272
팽창우주설 · 263
펄사(pulsar, 맥동성) · 265, 266
플로지스톤(phlogiston) · 160, 161

ㅎ

합리주의 · 117~122
항성계(stellar world) · 261
행렬 역학(metrix mechanics) · 173
허블(Hubble) 상수 · 263
헤겔 변증법 · 54
헤겔주의 · 86
형이상학 · 19, 20, 36, 52, 56, 236, 294, 378
형이상학적 방법론 · 22
형이상학적 세계관 · 33
형이상학적 유물론 · 50, 56, 61, 62, 117, 119, 181, 204, 224, 234, 275, 303
확률 · 107, 108, 377
회절 · 165, 172, 213
흑체 복사(black radiation) · 172